微积分及其应用教程
（上册）

主　编　潘　军　　徐苏焦
副主编　冉素真　　贵竹青

ZHEJIANG UNIVERSITY PRESS
浙江大学出版社

图书在版编目（CIP）数据

微积分及其应用教程. 上册 / 潘军, 徐苏焦主编.
—杭州：浙江大学出版社，2017.8 (2019.7 重印)
ISBN 978-7-308-17297-4

Ⅰ. ①微… Ⅱ. ①潘… ②徐… Ⅲ. ①微积分—高等
—学校—教材 Ⅳ. ①O172

中国版本图书馆 CIP 数据核字(2017)第 201721 号

微积分及其应用教程(上册)

潘 军 徐苏焦 主编

责任编辑	王 波	
责任校对	王元新 陈 宇	
封面设计	续设计	
出版发行	浙江大学出版社	
	（杭州市天目山路 148 号 邮政编码 310007）	
	（网址：http://www.zjupress.com）	
排 版	杭州中大图文设计有限公司	
印 刷	绍兴市越生彩印有限公司	
开 本	787mm×1092mm 1/16	
印 张	15	
字 数	328 千	
版 印 次	2017 年 8 月第 1 版 2019 年 7 月第 2 次印刷	
书 号	ISBN 978-7-308-17297-4	
定 价	38.00 元	

前　言

进入 21 世纪后,世界各国的高等教育界逐渐形成了一种新的认识,即培养大学生实践能力和创新能力是提高大学生社会职业素养和就业竞争力的重要途径."应用型本科"是对新型的本科教育和新层次的高职教育相结合的教育模式的探索,是新一轮高等教育发展的历史性选择.应用型本科需要以应用型为办学定位,其发展同时也需要其他各方面协同发展,这当然也包括应用型本科教材这个相当重要的环节.

"微积分"作为应用型本科院校各相关专业学生必修的一门重要的公共基础课程,不仅肩负着为其他后继课程提供强大的运算工具和逻辑基础的职能,还主要承担着培养学生的逻辑推理、抽象思维、分析和解决问题能力的重任,在高素质应用型人才的培养过程中具有不可替代的作用.目前,国内面向本科生的微积分教材种类繁多,但专门面向应用型本科院校的微积分教材为数尚少.事实上,许多应用型本科院校仍在使用国内流行的普通高校的微积分教材,这也为我们加快应用型本科配套教材的建设提供了天然的动力.本书正是在为了适应新形势发展,夯实应用型本科院校课程教学质量与改革工程的背景下编写的.

浙江海洋大学东海科学技术学院十分重视微积分教材的编写工作,对教材的编写提出了"厚基础、宽应用、分层次"的指导性要求,2014 年开始组织潘军、徐苏焦、冉素真、贵竹青等教师编写《微积分及其应用教程》和《微积分及其应用导学》,这两本教材在学院内试用一年后,现由浙江大学出版社正式出版.

这两本教材的主要特点是以为经济社会发展培养具有较强的实践能力和创新能力的应用型高级人才服务为宗旨,内容设计注重强化知识基础、降低理论难度、体现分层次教学优化模式、面向学科应用的特点.内容体系设计有弹性,它将微积分相对直观的核心内容安排在本科第一学年进行学习,而将难度相对较大、相对较复杂的选学部分(打"＊"的内容)放在本科第二学年,通过开展"通识选修课"的形式让学生选学.实践证明,这种分层次教学改革比较适合应用型本科院校的学生求学特点,师生反映良好.

《微积分及其应用教程》分上、下两册,本书为上册,主要内容包括函数、极限与连续、一元函数微分学、一元函数积分学、常微分方程初步.全书由潘军、徐苏焦主编,冉素真、贵竹青等教师参与了部分编写工作.

借本书出版之机,向关心与支持本书的广大师生与读者表示衷心的感谢!由于水平有限,书中不妥或者错误之处在所难免,恳请广大专家、师生和读者批评指正.

编　者

2017 年 5 月于舟山

目　　录

第1章 一元函数、极限与连续

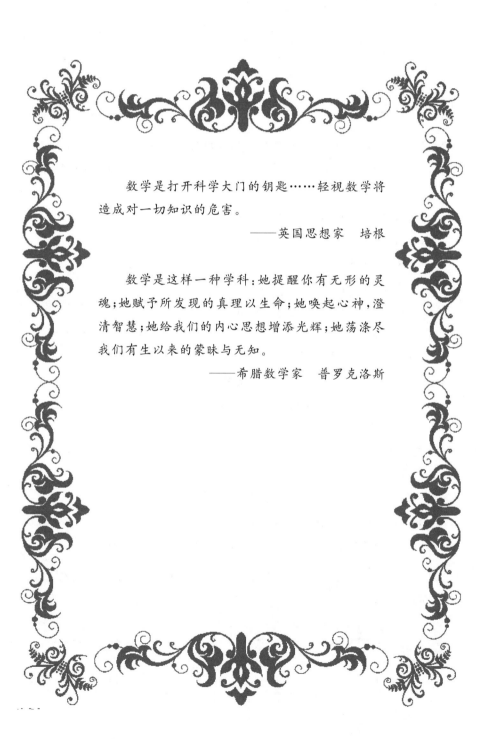

数学是打开科学大门的钥匙……轻视数学将造成对一切知识的危害。

——英国思想家　培根

数学是这样一种学科：她提醒你有无形的灵魂；她赋予所发现的真理以生命；她唤起心神，澄清智慧；她给我们的内心思想增添光辉；她荡涤尽我们有生以来的蒙昧与无知。

——希腊数学家　普罗克洛斯

本章主要讨论函数、极限与连续的基础知识和基本方法,它是学习微积分学的必要基础.函数是现代数学的基本概念之一,是微积分的主要研究对象;极限概念是微积分的理论基础,极限方法是微积分的基本分析方法,因此理解极限概念、掌握极限方法是学好微积分的关键;函数的连续性是函数的一个重要性态,微积分中的其他许多概念或运算都与函数的连续性有关.

1.1 函 数

1.1.1 区间与邻域

在中学数学中,我们已经学习了有关数集和区间的内容,现简要整理如下.

常用的数集有:自然数集 $\mathbf{N}$,正整数集 $\mathbf{Z}^+$,整数集 $\mathbf{Z}$,有理数集 $\mathbf{Q}$,实数集 $\mathbf{R}$,正实数集 $\mathbf{R}^+$ 等.

区间是一种特殊的实数集,常用来表示变量的取值范围.

设 $a,b\in\mathbf{R}$,且 $a<b$,则

$(a,b)=\{x\in\mathbf{R}\,|\,a<x<b\}$ 称为开区间;

$[a,b]=\{x\in\mathbf{R}\,|\,a\leqslant x\leqslant b\}$ 称为闭区间;

$[a,b)=\{x\in\mathbf{R}\,|\,a\leqslant x<b\}$ 与 $(a,b]=\{x\in\mathbf{R}\,|\,a<x\leqslant b\}$ 称为半开半闭区间.

以上这些区间都称为有限区间,a、b 称为这些区间的端点,数 $b-a$ 称为这些区间的长度.此外还有以下几个无限区间:

$(-\infty,b)=\{x\in\mathbf{R}\,|\,x<b\}$;$(-\infty,b]=\{x\in\mathbf{R}\,|\,x\leqslant b\}$;

$(a,+\infty)=\{x\in\mathbf{R}\,|\,x>a\}$;$[a,+\infty)=\{x\in\mathbf{R}\,|\,x\geqslant a\}$;

$(-\infty,+\infty)=\{x\in\mathbf{R}\}$.

在叙述某些数学事实、不需要明确所论区间的类型时,我们常将其简称为"区间",且习惯上用字母 I 表示.

当要表示变量在某个数(点)的邻近时,常需要用如下邻域的概念.

设 $x_0,\delta\in\mathbf{R},\delta>0$,称开区间 $(x_0-\delta,x_0+\delta)=\{x\in\mathbf{R}\,|\,|x-x_0|<\delta\}$ 为点 x_0 的 δ 邻域,记作 $U(x_0,\delta)$,点 x_0 称为邻域的中心,δ 称为邻域的半径,如图 1-1 所示.

若将邻域 $U(x_0,\delta)$ 的中心 x_0 去掉,则称其为点 x_0 的去心 δ 邻域,记作 $\overset{\circ}{U}(x_0,\delta)$,如图 1-2 所示,即有

图 1-1　　　　　　　　　　　　图 1-2

$$\mathring{U}(x_0,\delta)=(x_0-\delta,x_0)\bigcup(x_0,x_0+\delta)=\{x\in\mathbf{R}\,|\,0<|x-x_0|<\delta\}.$$

当不需要指明邻域的半径时,我们常说"点 x_0 的某一邻域"(或"点 x_0 的某一去心邻域"),并记为 $U(x_0)$(或 $\mathring{U}(x_0)$).

1.1.2　函数

1.函数的定义

定义 1.1　如果 X 是一非空实数集,设有一个对应法则 f,使对每一个 $x\in X$,都有唯一确定的实数 y 与之对应,则称这个对应法则 f 为定义在 X 上的一个函数关系,或称变量 y 为变量 x 的函数,记作 $y=f(x),x\in X$. 称 X 为定义域,x 为自变量,y 为因变量.

由函数定义可知,函数是由定义域和对应法则确定,与用什么符号表示无关,所以定义域和对应法则是构成函数最本质的两个要素.如果两个函数的定义域和对应法则分别相同,则这两个函数相等.

注　(1)当 x 取遍 X 中的每个数值时,对应的函数值的全体组成的数集 $Y=\{y\,|\,y=f(x),x\in X\}$ 称为函数 $f(x)$ 的值域.

(2)习惯上用小写字母 f、g 或 φ、ψ 等表示函数的记号,定义域 X 也常用 D 或 D_f 表示.

(3)关于函数的定义域,在实际问题中应根据问题的实际意义具体确定.如果讨论的是纯数学问题,则应该取使函数的表达式有意义的一切实数所构成的集合作为该函数的定义域,这种定义域又称为函数的自然定义域.

例如,函数 $y=\dfrac{1}{x\sqrt{1-x^2}}$ 的(自然)定义域即为 $(-1,0)\bigcup(0,1)$.

2.函数的表示法

表示函数关系的主要方法有解析法、列表法和图像法.其中图像法是利用函数图像来表示函数,称平面上的点集 $\{(x,y)\,|\,y=f(x),x\in X\}$ 为函数 $y=f(x),x\in X$ 的图像.以下是几个重要的函数:

(1)绝对值函数

$$y=|x|=\begin{cases}x,&x\geqslant0,\\-x,&x<0,\end{cases}$$

其定义域为 $(-\infty,+\infty)$,值域为 $[0,+\infty)$,它的图像如图 1-3 所示.

(2)符号函数

$$y=\mathrm{sgn}\,x=\begin{cases}1,&x>0,\\0,&x=0,\\-1,&x<0,\end{cases}$$

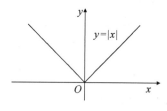

图 1-3

其定义域为$(-\infty,+\infty)$,值域为数集$\{-1,0,1\}$,它的图像如图 1-4 所示.由函数相等的意义,绝对值函数与符号函数有如下的关系:
$$x=\mathrm{sgn}x\cdot|x|.$$

(3)取整函数

取整函数 $y=[x]$ 是这样定义的:当 $n\leqslant x<n+1(n\in\mathbf{Z})$ 时,$[x]=n$,该函数的定义域为 $(-\infty,+\infty)$,值域为整数集 $\mathbf{Z}$.其图像如图 1-5 所示,该图像又称为阶梯形曲线.

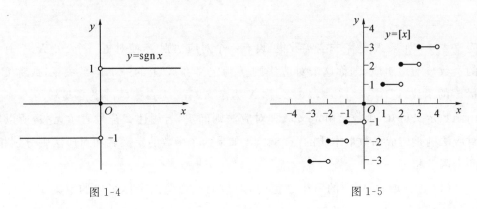

图 1-4   图 1-5

取整函数有下面的性质:

(1)$[x]\leqslant x<[x]+1$ 或 $x-1<[x]\leqslant x,x\in\mathbf{R}$;

(2)$[x+n]=[x]+n,x\in\mathbf{R},n\in\mathbf{Z}$.

像绝对值函数、符号函数和取整函数,这类在其定义域的不同范围具有不同的解析表达式的函数称为分段函数.

1.1.3 函数的特性

1.函数的奇偶性

定义 1.2 设函数 $y=f(x)$ 的定义域 X 关于原点对称,若对于任意 $x\in X$,都有 $f(-x)=f(x)$,则称 $y=f(x)$ 为偶函数;若对于任意 $x\in X$,都有 $f(-x)=-f(x)$,则称 $y=f(x)$ 为奇函数.既不是偶函数也不是奇函数的函数称为非奇非偶函数.

在平面直角坐标系中,偶函数的图像关于 y 轴对称,奇函数的图像关于原点对称.在集合 X 上既是偶函数又是奇函数的函数是常数函数 $y=0$.

2.函数的单调性

定义 1.3 设 $y=f(x)$ 为定义在 X 上的一个函数,区间 $I\subseteq X$,若对任意 x_1、$x_2\in I$,如果当 $x_1<x_2$ 时,总有 $f(x_1)\leqslant f(x_2)(f(x_1)<f(x_2))$,则称此函数在 I 内是单调增加(严格单调增加)的;如果当 $x_1<x_2$ 时,总有 $f(x_1)\geqslant f(x_2)(f(x_1)>f(x_2))$,则称此函数在 I 内是单调减少(严格单调减少)的.

一个函数如果在某区间 I 内单调增加或单调减少,就称此函数在 I 内具有单调性,且区

间 I 称为此函数的单调区间. 从图形上看, 单调增加函数的图像是沿 x 轴正向上升的曲线, 单调减少函数的图像是沿 x 轴正向下降的曲线.

3. 函数的周期性

定义 1.4　设函数 $y=f(x)$ 的定义域为 X, 如果存在一个正数 l, 使得对一切 $x\in X$ 有 $f(x\pm l)=f(x)$, 则称 $f(x)$ 为 X 上的**周期函数**, l 为 $f(x)$ 的一个**周期**.

显然, 若 l 为 $f(x)$ 的一个周期, 则 $nl(n\in \mathbf{Z}, n\neq 0)$ 也是 $f(x)$ 的一个周期. 若在周期函数 $f(x)$ 的所有周期中有一个最小的正周期, 则称此最小正周期为 $f(x)$ 的**基本周期**, 或简称周期. 我们通常所称的周期即为基本周期.

4. 函数的有界性

定义 1.5　设函数 $y=f(x)$ 是定义在 X 上的函数, 若存在 $M>0$ 使得对任意 $x\in X$, 都有 $|f(x)|\leqslant M$, 则称 $y=f(x)$ 为 X 上的**有界函数**. $M(-M)$ 称为 $y=f(x)$ 的一个上 (下) 界.

若不存在这样的 M, 即对任意 $M>0$, 存在 $x\in X$, 使得 $|f(x)|>M$, 则称 $y=f(x)$ 为 X 上的**无界函数**.

从图形上看, 有界函数的图像一定介于两条平行于 x 轴的直线 $y=-M$ 和 $y=M$ 之间; 无界函数的图像一定会沿着 y 轴正向向上无限延伸或者沿着 y 轴负向向下无限延伸.

一个函数的有界性与自变量 x 取值区间有关, 如 $f(x)=\dfrac{1}{x}$ 在其定义域中是无界函数, 但在区间 $(-\infty,-a]\bigcup[a,+\infty)(a>0)$ 上是有界函数.

例 1.1　证明函数 $f(x)=\dfrac{x}{x^2+1}$ 在其定义域上是有界函数.

证明　易知函数 $f(x)$ 的定义域为 $(-\infty,+\infty)$, 由基本不等式 $x^2+1\geqslant 2|x|$ 可得

$$|f(x)|=\frac{|x|}{x^2+1}\leqslant \frac{1}{2}(x\in(-\infty,+\infty)),$$

所以 $f(x)=\dfrac{x}{x^2+1}$ 在定义域上是有界函数.

1.1.4　复合函数与反函数

1. 复合函数

对于函数 $y=\sin x^3$, 我们可以引入中间变量 u, 使得函数 $y=\sin x^3$ 可看成函数 $y=\sin u$, $u=x^3$ 的合成, 从而将较复杂的函数看成两个较简单的函数的合成, 以便于对其进行研究, 这就需要给出复合函数的概念.

定义 1.6　设函数 $y=f(u)$ 的定义域为 D_f, 函数 $u=g(x)$ 的值域为 Z_g, 且 $D_f\bigcap Z_g\neq\varnothing$, 则称 $y=f(g(x))=f\circ g(x)$ 为**复合函数**, x 为自变量, y 为因变量, u 称为中间变量, 其定义域 $D_{f\circ g}=\{x\,|\,x\in D_g, g(x)\in D_f\}$.

由定义知, 只有当 $y=f(u)$ 的定义域与 $u=g(x)$ 的值域的交集非空时, 这两个函数才可

以复合成函数 $y=f(g(x))$，否则复合而成的函数 $y=f(g(x))$ 的定义域是空集，即这样的复合函数是没有意义的. 例如，$y=\sqrt{u}$ 的定义域是 $[0,+\infty)$，$u=-x^2-1$ 的值域是 $(-\infty,-1]$，所以函数 $y=\sqrt{-x^2-1}$ 不存在. 另外复合函数可以由两个以上的函数经过复合构成.

2. 反函数

正方形的面积 S 与其边长 a 之间，若已知 a 的值，则 S 由 $S=a^2(a>0)$ 确定，这里 a 是自变量，S 是因变量；若已知 S 的值，则 a 由 $a=\sqrt{S}(S>0)$ 确定，这里 S 是自变量，a 是因变量. 可称函数 $a=\sqrt{S}$ 为函数 $S=a^2$ 的反函数.

定义 1.7 设 $y=f(x)$ 是定义在 D_f 上的一个函数，值域为 Z_f，如果对于任意 $y\in Z_f$ 有一个唯一确定的且满足 $y=f(x)$ 的 $x\in D_f$ 与之对应，其对应法则记为 f^{-1}，则称这个定义在 Z_f 上的函数 $x=f^{-1}(y)$ 为 $y=f(x)$ 的反函数，或称它们互为反函数.

注 (1)对于函数 $y=f(x)$，x 为自变量，定义域为 D_f，y 为因变量，值域为 Z_f；对于函数 $x=f^{-1}(y)$，y 为自变量，定义域为 Z_f，x 为因变量，值域为 D_f.

(2)对于 $x=f^{-1}(y)$，由于我们习惯上用 x 表示自变量，y 表示因变量，故此函数也可记为 $y=f^{-1}(x)$，但定义域和值域仍然分别为 Z_f 和 D_f. 由于在函数 $x=f^{-1}(y)$ 中 x 与 y 进行了互换，因此在图形上看，$y=f(x)$ 与 $y=f^{-1}(x)$ 的图像关于直线 $y=x$ 对称.

例 1.2 求下列函数的反函数：

(1)$y=x^2-1(x\leqslant 0)$；　　　　　　　　(2)$y=\dfrac{2x}{x+1}$.

解 (1)因为 $x\leqslant 0$，所以由已知解得 $x=-\sqrt{y+1}$，且 $y\geqslant -1$，于是所求反函数是

$$y=-\sqrt{x+1},x\in[-1,+\infty).$$

(2)由已知解得 $x=\dfrac{y}{2-y}$，且 $y\neq 2$，于是所求反函数是

$$y=\dfrac{x}{2-x},x\in(-\infty,2)\bigcup(2,+\infty).$$

1.1.5 初等函数

在中学数学中，我们已经学习了指数函数，对数函数，幂指数为 1、2、3、-1、$\dfrac{1}{2}$ 的幂函数，正弦函数、余弦函数和正切函数这三个三角函数，上述这些函数的图像与性质在中学教材中已有详述，这里不再重复. 下面再对其他函数的有关内容做些补充.

1. 常值函数

常值函数 $y=C$（C 为常数）的定义域为 $\mathbf{R}$，值域为单元素集 $\{C\}$，其图像是通过点 $(0,C)$ 且平行于 x 轴的直线.

2.幂函数

幂函数 $y = x^{\mu}$（μ 为常数），由于 μ 取值的不同，其图像与性质都有显著的不同，必须对 μ 的取值进行分类讨论，我们将在《微积分及其应用导学（上册）》①1.1 节中详述，这里再补充当 μ 取 $\frac{1}{3}$、$\frac{2}{3}$、-2、$-\frac{1}{2}$ 时，幂函数 $y = x^{\mu}$ 的图像与某些性质.

$y = x^{\frac{1}{3}}$ 的定义域和值域都为 $\mathbf{R}$，奇函数；$y = x^{\frac{2}{3}}$ 的定义域为 $\mathbf{R}$，值域为 $[0, +\infty)$，偶函数. 它们的图像如图 1-6 所示. $y = x^{-2}$ 的定义域为 $(-\infty, 0) \cup (0, +\infty)$，值域为 $(0, +\infty)$，偶函数；$y = x^{-\frac{1}{2}}$ 的定义域和值域都为 $(0, +\infty)$；它们的图像如图 1-7 所示.

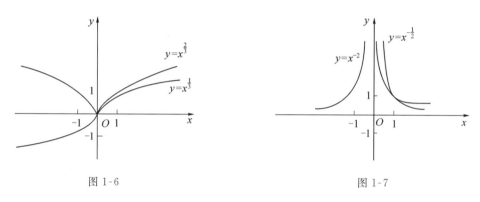

图 1-6　　　　　　　　　　　　图 1-7

3.余切函数、正割函数与余割函数

余切函数 $y = \cot x$，其中 $\cot x = \dfrac{\cos x}{\sin x}$，定义域为 $(k\pi, k\pi + \pi)$（$k \in \mathbf{Z}$），值域为 $\mathbf{R}$，其图像如图 1-8 所示.

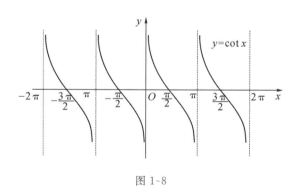

图 1-8

正割函数 $y = \sec x$，其中 $\sec x = \dfrac{1}{\cos x}$，定义域为 $\left(k\pi - \dfrac{\pi}{2}, k\pi + \dfrac{\pi}{2}\right)$（$k \in \mathbf{Z}$），值域为 $(-\infty, -1] \cup [1, +\infty)$，偶函数，其图像如图 1-9 所示.

余割函数 $y = \csc x$，其中 $\csc x = \dfrac{1}{\sin x}$，定义域为 $(k\pi, k\pi + \pi)$（$k \in \mathbf{Z}$），值域为 $(-\infty, -1]$

① 徐苏焦、潘军.微积分及其应用导学（上册）.杭州:浙江大学出版社,2017.下同

∪$[1,+\infty)$,奇函数,其图像如图 1-10 所示.

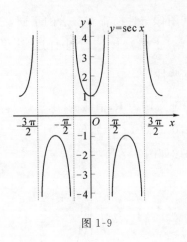

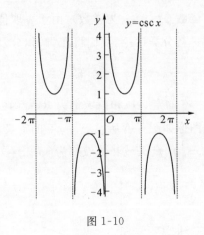

图 1-9   图 1-10

4.反三角函数

当 $y=\sin x$ 的自变量 x 的取值限制在 $\left[-\dfrac{\pi}{2},\dfrac{\pi}{2}\right]$ 时,$y=\sin x$ 在 $\left[-\dfrac{\pi}{2},\dfrac{\pi}{2}\right]$ 上严格单调增

加,此时它存在反函数 $y=\arcsin x$,称为**反正弦函数**,其定义域为 $[-1,1]$,值域为 $\left[-\dfrac{\pi}{2},\dfrac{\pi}{2}\right]$,图

像如图 1-11 所示.

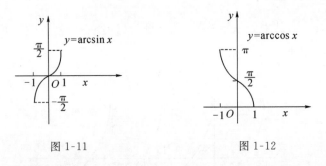

图 1-11   图 1-12

当 $y=\cos x$ 的自变量 x 的取值限制在 $[0,\pi]$ 时,$y=\cos x$ 在 $[0,\pi]$ 上严格单调减少,此时它存在反函数 $y=\arccos x$,称为**反余弦函数**,其定义域为 $[-1,1]$,值域为 $[0,\pi]$,图像如图 1-12所示.

当 $y=\tan x$ 的自变量 x 的取值限制在 $\left(-\dfrac{\pi}{2},\dfrac{\pi}{2}\right)$ 时,$y=\tan x$ 在 $\left(-\dfrac{\pi}{2},\dfrac{\pi}{2}\right)$ 上严格单调

增加,此时它存在反函数 $y=\arctan x$,称为**反正切函数**,其定义域为 **R**,值域为 $\left(-\dfrac{\pi}{2},\dfrac{\pi}{2}\right)$,图

像如图 1-13 所示.

当 $y=\cot x$ 的自变量 x 的取值限制在 $(0,\pi)$ 时,$y=\cot x$ 在 $(0,\pi)$ 上严格单调减少,此时它存在反函数 $y=\operatorname{arccot} x$,称为**反余切函数**,其定义域为 **R**,值域为 $(0,\pi)$,图像如图 1-14所示.

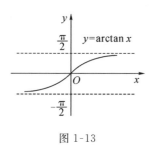

图 1-13

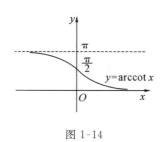

图 1-14

例 1.3 求函数 $y = \sin x \left(\dfrac{\pi}{2} \leqslant x \leqslant \pi \right)$ 的反函数.

解 由已知得 $y = \sin(\pi - x)$,且 $0 \leqslant \pi - x \leqslant \dfrac{\pi}{2}$,所以 $\pi - x = \arcsin y$,即 $x = \pi - \arcsin y$,又已知函数的值域为 $[0,1]$,于是所求反函数为

$$y = \pi - \arcsin x, x \in [0,1].$$

注 若 $y = \sin \varphi(x)$,当 $\varphi(x) \in X \subseteq \left[-\dfrac{\pi}{2}, \dfrac{\pi}{2} \right]$,可得 $\varphi(x) = \arcsin y$.

5. 初等函数

微积分研究的主要对象是初等函数,而初等函数是由基本初等函数构成的.

我们把下列函数称为基本初等函数:

(1) 常值函数 $y = C$(C 为常数).

(2) 幂函数 $y = x^{\mu}$(μ 为常数).

(3) 指数函数 $y = a^x$($a > 0, a \neq 1, a$ 为常数).

(4) 对数函数 $y = \log_a x$($a > 0, a \neq 1, a$ 为常数).

(5) 三角函数 $y = \sin x, y = \cos x, y = \tan x, y = \cot x, y = \sec x, y = \csc x$.

(6) 反三角函数 $y = \arcsin x, y = \arccos x, y = \arctan x, y = \operatorname{arccot} x$.

注 数 $e = 2.718281828459045\cdots$ 是无理数,以后经常要用到以 e 为底的指数函数 $y = e^x$ 与对数函数 $y = \log_e x$,并把 $\log_e x$ 记为 $\ln x$(称为自然对数).

> 基本初等函数的性质和图像要熟记哦!

由基本初等函数经过有限次四则运算和有限次复合并且只能用一个式子表示的函数称为初等函数.不是初等函数的其他函数,称为非初等函数.

例如 $y = x^2 \sin x, y = \dfrac{x+1}{e^x}, y = |x| = \sqrt{x^2}, y = \arcsin(1 - x^2)$ 都是初等函数,而符号函数 $y = \operatorname{sgn} x$,取整函数 $y = [x]$ 都是非初等函数.

此外在工程技术中,还有一类用得较普遍的函数称为双曲函数,它们分别是双曲正弦函数 $y = \operatorname{sh} x = \dfrac{e^x - e^{-x}}{2}, x \in \mathbf{R}$;双曲余弦函数 $y = \operatorname{ch} x = \dfrac{e^x + e^{-x}}{2}, x \in \mathbf{R}$;双曲正切函数 $y = \operatorname{th} x$

$=\dfrac{e^x-e^{-x}}{e^x+e^{-x}}, x\in \mathbf{R}.$ 它们的图像与性质将在《微积分及其应用导学(上册)》1.1节中详述.

例 1.4 设置中间变量,将下列函数分解成简单函数的复合:

(1) $y=e^{\arctan\ln\frac{1}{x}}$;
$\qquad\qquad\qquad\qquad$ (2) $y=\sqrt{\ln\cos^3(1-x^2)}$.

解 (1)所给函数是由 $y=e^u, u=\arctan v, v=\ln w, w=\dfrac{1}{x}$ 这四个函数复合而成.

(2)所给函数是由 $y=\sqrt{u}, u=\ln v, v=w^3, w=\cos t, t=1-x^2$ 这五个函数复合而成.

习 题 1.1

1.求下列函数的定义域:

(1) $y=\dfrac{\sqrt{1-x}}{x^2-1}$;
$\qquad\quad$ (2) $y=\dfrac{\sqrt{1-x^2}}{\ln x}$;
$\qquad\quad$ (3) $y=\arcsin\dfrac{1}{x}-\ln(3-x)$.

2.下列各对函数中哪些相同? 哪些不同? 并说明理由.

(1) $f(x)=\ln x^2, g(x)=2\ln x$;
$\qquad\quad$ (2) $f(x)=\sqrt[3]{(x+1)^3}, g(x)=x+1$;

(3) $f(x)=x, g(x)=\sin(\arcsin x)$;
$\qquad\quad$ (4) $f(x)=x, g(x)=\tan(\arctan x)$.

3.下列函数哪些是奇函数? 哪些是偶函数? 并说明理由.

(1) $f(x)=\text{sh} x$;
$\qquad\qquad\qquad\qquad$ (2) $f(x)=x\arctan x$;

(3) $f(x)=\begin{cases} -x+1, & 0\leqslant x\leqslant 1, \\ x+1, & -1\leqslant x<0. \end{cases}$

4.求下列周期函数的最小正周期:

(1) $f(x)=\sin^2 x$;
$\qquad$ (2) $f(x)=|\tan x|$;
$\qquad$ (3) $f(x)=x-[x]$.

5.求下列函数的反函数:

(1) $y=\dfrac{e^x-e^{-x}}{2}$;
$\qquad$ (2) $y=\cos x(-\pi\leqslant x\leqslant 0)$;
$\qquad$ (3) $y=\begin{cases} x^2, & 0\leqslant x\leqslant 1, \\ e^x, & x>1. \end{cases}$

6.设置中间变量,将下列函数分解成简单函数的复合:

(1) $y=\arcsin\sqrt{x^2-1}$;
$\qquad$ (2) $y=e^{(\cos\sqrt{x})^2}$;
$\qquad$ (3) $y=\arctan e^{\sin\frac{1}{x}}$.

7.已知 $f(x)=e^x, f(g(x))=x^2-1$,求 $g(x)$ 的解析式及其定义域.

8.已知 $f(g(x))=1-\cos x, g(x)=\cos\dfrac{x}{2}$,求 $f(x)$ 的解析式.

9.证明函数 $f(x)=\dfrac{1}{x}$ 在其定义域内是无界函数.

10.将函数 $y=\text{sgn}(\sin x)$ 写成分段函数的形式,并判断它是否具有奇偶性和周期性.

习题 1.1 详解

1.2 数列极限的概念和性质

1.2.1 数列极限的概念

1. 数列

在中学数学中,我们已经学习了数列的概念以及某些特殊的数列. 当时我们关注的是数列的通项公式与前 n 项和公式,但在微积分中,我们关注的是当数列项数无限增多时数列的变化趋势,即构成一个数列的数有无穷多个.

无穷多个数按照一定次序排列起来,即

$$x_1, x_2, x_3, \cdots, x_n, \cdots$$

称为无穷数列,简称数列,记为 $\{x_n\}$. 其中每一个数称为数列的项, x_n 称为通项. 从函数的角度看,给定一个数列 $\{x_n\}$,也就给定了一个定义在正整数集 $\mathbf{Z}^+$ 上的函数

$$f(n) = x_n, n \in \mathbf{Z}^+.$$

上述函数称为整标函数. 例如整标函数 $\dfrac{1}{2^n}, \dfrac{n-1}{n}, n^2, (-1)^{n-1}$ 所对应的数列分别为

$$\left\{\frac{1}{2^n}\right\}: \frac{1}{2}, \frac{1}{4}, \frac{1}{8}, \cdots, \frac{1}{2^n}, \cdots;$$

$$\left\{\frac{n-1}{n}\right\}: 0, \frac{1}{2}, \frac{2}{3}, \cdots, \frac{n-1}{n}, \cdots;$$

$$\{n^2\}: 1, 4, 9, \cdots, n^2, \cdots;$$

$$\{(-1)^{n-1}\}: 1, -1, 1, \cdots, (-1)^{n-1}, \cdots.$$

2. 数列极限的定义

从以上具体数列可以看出,随着 n 无限增大,数列的变化趋势有两种情形:一种情形是数列趋于稳定,即数列无限接近于某一常数,如数列 $\left\{\dfrac{1}{2^n}\right\}$ 和 $\left\{\dfrac{n-1}{n}\right\}$,当 n 无限增大时,分别无限接近于 0 和 1;另一种情形是数列的变化趋势不稳定,即它不与任何一个常数无限接近,如数列 $\{n^2\}$ 当 n 无限增大时无限变大,数列 $\{(-1)^{n-1}\}$ 当 n 无限增大时始终在 1 与 -1 两数间来回跳动而不接近任何一个常数.

为了刻画数列的这种变化趋势,需要引入"极限"的概念. 下面给出数列极限的描述定义:

对于数列 $\{x_n\}$,如果当 n 无限增大时, x_n 无限接近(或等于)某一确定的常数 a,则称 a 为数列 $\{x_n\}$ 的极限,记作 $\lim\limits_{n \to \infty} x_n = a$,或 $x_n \to a$(当 $n \to \infty$ 时).

数列 $\{x_n\}$ 如果存在极限,就称它为收敛数列;如果不存在极限,就称它为发散数列.

对于一些简单的数列,利用上述数列极限的描述定义,通过观察数列$\{x_n\}$当n无限增大时,x_n的变化趋势就可以求出$\lim\limits_{n\to\infty}x_n$,例如,$\lim\limits_{n\to\infty}\dfrac{1}{n^k}=0(k>0$的常数$)$,$\lim\limits_{n\to\infty}q^n=0(|q|<1$的常数$)$.

这些结论可以作为公式.

但数列极限的描述定义,不能用于与数列极限有关的理论证明.因此,需要给出数列极限的严格定义.

定义 1.8 设有一个数列$\{x_n\}$和一个确定的常数a,如果对于任意给定的$\varepsilon>0$,总存在$N\in\mathbf{Z}^+$,使当$n>N$时,总有$|x_n-a|<\varepsilon$,则称a为数列$\{x_n\}$的极限,记作$\lim\limits_{n\to\infty}x_n=a$,或$x_n\to a$(当$n\to\infty$时).

注(1)在数学中习惯上用符号"$\forall$"和"$\exists$"分别表示"任意给定"和"存在".因此上述数列极限的定义可以简单写成:

$$\lim\limits_{n\to\infty}x_n=a\Leftrightarrow\forall\varepsilon>0,\exists N\in\mathbf{Z}^+,\text{当}n>N\text{时},\text{总有}|x_n-a|<\varepsilon.$$

数列极限的严格定义称为"ε-N"定义,符号"$\Leftrightarrow$"表示"当且仅当",也即表示"充要条件".

(2)上述定义中的"任意给定"和"存在"两个词很重要.由于$\varepsilon>0$的任意性,所以ε可以比任何一个确定的正常数还要小,而正整数N的存在与ε有关,但这样的N并不是唯一的,因此N不是ε的函数.

例 1.5 利用"ε-N"定义证明$\lim\limits_{n\to\infty}q^n=0(|q|<1$的常数$)$.

证明 当$q=0$时,结论显然成立.

当$0<|q|<1$时,$\forall\varepsilon>0$(因正数ε任意小,不妨设$\varepsilon<1$),要使$|q^n-0|<\varepsilon$,上式等价于$n>\dfrac{\ln\varepsilon}{\ln|q|}$.从而可取$N=\left[\dfrac{\ln\varepsilon}{\ln|q|}\right]$,则当$n>N$时,$|q^n-0|<\varepsilon$,所以此时结论也成立.

1.2.2 数列极限的性质

与函数的有界性定义类似,我们可以给出有界数列的概念.

对于数列$\{x_n\}$,如果$\exists M>0$,使得对于$\forall n\in\mathbf{Z}^+$都有$|x_n|\leqslant M$,则称数列$\{x_n\}$是有界的;如果这样的$M>0$不存在,就称数列$\{x_n\}$是无界的.

例如数列$\left\{\dfrac{n+\sin n}{n}\right\}$是有界的,因为对$\forall n\in\mathbf{Z}^+$,都有$\left|\dfrac{n+\sin n}{n}\right|\leqslant 2$.而数列$\{2^n\}$是无界的,因为当$n$无限增大时,$2^n$可超过任何给定的正数.

从数轴上看,对应于有界数列的点x_n都落在闭区间$[-M,M]$内.

如果数列收敛,例如$\lim\limits_{n\to\infty}\dfrac{n-1}{n}=1$,可得$\left|\dfrac{n-1}{n}\right|\leqslant 1$,即此数列有界,一般地有以下定理:

定理 1.1(收敛数列的有界性) 收敛数列$\{x_n\}$必有界.

证明 设 $\lim\limits_{n\to\infty}x_n=a$，则对于 $\varepsilon=1$，$\exists N\in\mathbf{Z}^+$，当 $n>N$ 时，有 $|x_n-a|<1$. 因此，当 $n>N$ 时，有

$$|x_n|=|(x_n-a)+a|\leqslant|x_n-a|+|a|<1+|a|,$$

取 $M=\max\{|x_1|,|x_2|,\cdots,|x_N|,1+|a|\}$，则 $|x_n|\leqslant M(\forall n\in\mathbf{Z}^+)$，即 $\{x_n\}$ 有界.

由上述定理知，无界数列必发散. 例如数列 $\{2^n\}$ 无界，所以发散. 但有界数列未必收敛，例如数列 $\{(-1)^{n-1}\}$ 有界，但它却是发散的.

通过观察某些收敛数列的极限，我们发现极限值只有一个，即有以下定理：

定理 1.2(收敛数列的唯一性) 收敛数列 $\{x_n\}$ 的极限是唯一的.

证明 用反证法，假设 $\lim\limits_{n\to\infty}x_n=a$，$\lim\limits_{n\to\infty}x_n=b$，且 $a\neq b$，不妨设 $a<b$.

则对于 $\varepsilon=\dfrac{b-a}{2}>0$，$\exists N_1\in\mathbf{Z}^+$，当 $n>N_1$ 时，有

$$|x_n-a|<\frac{b-a}{2}\Leftrightarrow a-\frac{b-a}{2}<x_n<a+\frac{b-a}{2}\Rightarrow x_n<\frac{a+b}{2},$$

也 $\exists N_2\in\mathbf{Z}^+$，当 $n>N_2$ 时，有

$$|x_n-b|<\frac{b-a}{2}\Leftrightarrow b-\frac{b-a}{2}<x_n<b+\frac{b-a}{2}\Rightarrow x_n>\frac{a+b}{2}.$$

取 $N=\max\{N_1,N_2\}$，则当 $n>N$ 时，不等式 $x_n<\dfrac{a+b}{2}$ 和 $x_n>\dfrac{a+b}{2}$ 同时成立，矛盾.

现在我们来观察下面两个数列 $\left\{\dfrac{10n+1}{9n}\right\}$ 和 $\left\{\dfrac{n+1}{n}\right\}$ 的变化趋势，发现 $\lim\limits_{n\to\infty}\dfrac{10n+1}{9n}=\dfrac{10}{9}$，$\lim\limits_{n\to\infty}\dfrac{n+1}{n}=1$，且 $\dfrac{10}{9}>1$，再通过计算得，当 $n>8$ 时，总有 $\dfrac{10n+1}{9n}>\dfrac{n+1}{n}$.

一般地有以下定理：

定理 1.3(收敛数列的保号性) 若 $\lim\limits_{n\to\infty}x_n=a$，$\lim\limits_{n\to\infty}y_n=b$，且 $a>b$，则 $\exists N\in\mathbf{Z}^+$，当 $n>N$ 时，$x_n>y_n$.

证明 因为 $\lim\limits_{n\to\infty}x_n=a$，$\lim\limits_{n\to\infty}y_n=b$，则对于 $\varepsilon=\dfrac{a-b}{2}>0$，$\exists N_1\in\mathbf{Z}^+$，当 $n>N_1$ 时，有

$$|x_n-a|<\frac{a-b}{2}\Leftrightarrow a-\frac{a-b}{2}<x_n<a+\frac{a-b}{2}\Rightarrow x_n>\frac{a+b}{2},$$

也 $\exists N_2\in\mathbf{Z}^+$，当 $n>N_2$ 时，有

$$|y_n-b|<\frac{a-b}{2}\Leftrightarrow b-\frac{a-b}{2}<y_n<b+\frac{a-b}{2}\Rightarrow y_n<\frac{a+b}{2}.$$

取 $N=\max\{N_1,N_2\}$，则当 $n>N$ 时，不等式 $x_n>\dfrac{a+b}{2}$ 和 $y_n<\dfrac{a+b}{2}$ 同时成立，从而 $x_n>y_n$.

利用定理 1.3，可以直接得到以下结论：

你知道这是为什么吗？

推论 1 若 $\lim\limits_{n\to\infty}x_n=a,\lim\limits_{n\to\infty}y_n=b$，且 $\exists N\in\mathbf{Z}^+$，当 $n>N$ 时，$x_n\leqslant y_n$，则 $a\leqslant b$.

在定理 1.3 中令 $y_n=b(n\in\mathbf{Z}^+)$，因为显然有 $\lim\limits_{n\to\infty}y_n=b$，则有推论 2：

推论 2 若 $\lim\limits_{n\to\infty}x_n=a$，且 $a>b$（或 $a<b$），则 $\exists N\in\mathbf{Z}^+$，当 $n>N$ 时，有 $x_n>b$（或 $x_n<b$）.

在推论 2 中令 $b=0$，则有推论 3：

推论 3 若 $\lim\limits_{n\to\infty}x_n=a$，且 $a>0$（或 $a<0$），则 $\exists N\in\mathbf{Z}^+$，当 $n>N$ 时，有 $x_n>0$（或 $x_n<0$）.

注 实际上可以证明更常用的结论：若 $\lim\limits_{n\to\infty}x_n=a$，且 $a>0$，则 $\exists N\in\mathbf{Z}^+$，当 $n>N$ 时，有 $x_n>\dfrac{a}{2}$.

事实上，由 $\lim\limits_{n\to\infty}x_n=a$，所以对于 $\varepsilon=\dfrac{a}{2}>0$，$\exists N\in\mathbf{Z}^+$，当 $n>N$ 时，有

$$|x_n-a|<\frac{a}{2}\Leftrightarrow a-\frac{a}{2}<x_n<a+\frac{a}{2}\Rightarrow x_n>\frac{a}{2}.$$

定理 1.4（四则运算法则） 设 $\lim\limits_{n\to\infty}x_n=a,\lim\limits_{n\to\infty}y_n=b$，则

(1) $\lim\limits_{n\to\infty}(x_n\pm y_n)=a\pm b$；

(2) $\lim\limits_{n\to\infty}(x_n\cdot y_n)=a\cdot b$；

(3) $\lim\limits_{n\to\infty}\dfrac{x_n}{y_n}=\dfrac{a}{b}$（当 $b\neq0$ 时）.

数列极限的四则运算法则的证明与 1.4 节中的函数极限的四则运算法则的证明类似，故从略.

例 1.6 求下列数列的极限：

(1) $\lim\limits_{n\to\infty}\left(\dfrac{1^2}{n^3}+\dfrac{2^2}{n^3}+\cdots+\dfrac{n^2}{n^3}\right)$； (2) $\lim\limits_{n\to\infty}(\sqrt{n^2-n}-\sqrt{n^2+2n})$.

解 (1) $\lim\limits_{n\to\infty}\left(\dfrac{1^2}{n^3}+\dfrac{2^2}{n^3}+\cdots+\dfrac{n^2}{n^3}\right)=\lim\limits_{n\to\infty}\dfrac{1^2+2^2+\cdots+n^2}{n^3}$

$=\lim\limits_{n\to\infty}\dfrac{n(n+1)(2n+1)}{6n^3}=\lim\limits_{n\to\infty}\dfrac{1}{6}\left(1+\dfrac{1}{n}\right)\left(2+\dfrac{1}{n}\right)=\dfrac{1}{3}$.

(2) $\lim\limits_{n\to\infty}(\sqrt{n^2-n}-\sqrt{n^2+2n})=\lim\limits_{n\to\infty}\dfrac{-3n}{\sqrt{n^2-n}+\sqrt{n^2+2n}}$

$=\lim\limits_{n\to\infty}\dfrac{-3}{\sqrt{1-\dfrac{1}{n}}+\sqrt{1+\dfrac{2}{n}}}=-\dfrac{3}{2}$.

定理 1.5（夹逼准则） 若 $\lim\limits_{n\to\infty}x_n=\lim\limits_{n\to\infty}z_n=a$，且对 $\forall n\in\mathbf{Z}^+$，有 $x_n\leqslant y_n\leqslant z_n$，则 $\lim\limits_{n\to\infty}y_n=a$.

证明 $\forall\varepsilon>0$，由 $\lim\limits_{n\to\infty}x_n=\lim\limits_{n\to\infty}z_n=a$，$\exists N_1\in\mathbf{Z}^+$，当 $n>N_1$ 时，有

$$|x_n-a|<\varepsilon\Leftrightarrow a-\varepsilon<x_n<a+\varepsilon\Rightarrow x_n>a-\varepsilon,$$

也 $\exists N_2\in\mathbf{Z}^+$，当 $n>N_2$ 时，有

$$|z_n-a|<\varepsilon\Leftrightarrow a-\varepsilon<z_n<a+\varepsilon\Rightarrow z_n<a+\varepsilon.$$

取 $N=\max\{N_1,N_2\}$，则当 $n>N$ 时，结合不等式 $x_n\leqslant y_n\leqslant z_n$，得

$$a-\varepsilon<x_n\leqslant y_n\leqslant z_n<a+\varepsilon\Rightarrow|y_n-a|<\varepsilon,$$

所以,由数列极限定义,得 $\lim\limits_{n\to\infty}y_n=a$.

例 1.7 利用夹逼定理求下列数列的极限:

$$(1)\lim_{n\to\infty}\left(\frac{1}{n^2+1}+\frac{2}{n^2+2}+\cdots+\frac{n}{n^2+n}\right);\qquad (2)\lim_{n\to\infty}\frac{n!}{n^n}.$$

解 (1)因为

$$\frac{1+2+\cdots+n}{n^2+n}<\frac{1}{n^2+1}+\frac{2}{n^2+2}+\cdots+\frac{n}{n^2+n}<\frac{1+2+\cdots+n}{n^2+1},$$

即

$$\frac{1}{2}<\frac{1}{n^2+1}+\frac{2}{n^2+2}+\cdots+\frac{n}{n^2+n}<\frac{n^2+n}{2(n^2+1)},$$

而 $\lim\limits_{n\to\infty}\dfrac{n^2+n}{2(n^2+1)}=\lim\limits_{n\to\infty}\dfrac{1+\dfrac{1}{n}}{2\left(1+\dfrac{1}{n^2}\right)}=\dfrac{1}{2}$,由夹逼定理,得原极限为 $\dfrac{1}{2}$.

(2)因为
$$0<\frac{n!}{n^n}=\frac{n(n-1)\cdots2\cdot1}{n\cdot n\cdot\cdots\cdot n}\leqslant\frac{\overbrace{n\cdot n\cdot\cdots\cdot n}^{(n-1)\uparrow}\cdot1}{\underbrace{n\cdot n\cdot\cdots\cdot n}_{n\uparrow}}\leqslant\frac{1}{n},$$

而 $\lim\limits_{n\to\infty}\dfrac{1}{n}=0$,由夹逼定理,得 $\lim\limits_{n\to\infty}\dfrac{n!}{n^n}=0$.

注 欲利用夹逼定理求数列极限 $\lim\limits_{n\to\infty}y_n$,关键在于恰当运用放缩法,得到不等式链 $x_n\leqslant y_n\leqslant z_n$,且数列 $\{x_n\}$ 和 $\{z_n\}$ 具有相同的极限.

习 题 1.2

1. 观察下列各数列的变化趋势,指出其是否存在极限,如果存在,请指出其极限.

$(1)\left\{\dfrac{n+(-1)^{n-1}}{n}\right\}$; $\qquad (2)\{e^{\frac{1}{n}}\}$; $\qquad (3)\{e^{-n}\}$;

$(4)\left\{\dfrac{e^n+e^{-n}}{e^n-e^{-n}}\right\}$ $\qquad (5)\left\{\sin\dfrac{n\pi}{2}\right\}$ $\qquad (6)\{\arctan n\}$.

2. 用数列极限的严格定义证明:

$(1)\lim\limits_{n\to\infty}\dfrac{\sin n}{\sqrt{n}}=0$; $\qquad\qquad (2)\lim\limits_{n\to\infty}\dfrac{n-1}{n+1}=1$.

3. 设 $\lim\limits_{n\to\infty}x_n=a$,证明 $\lim\limits_{n\to\infty}|x_n|=|a|$,并举例说明:如果数列 $\{|x_n|\}$ 收敛,但数列 $\{x_n\}$ 未必收敛.

4. 设数列 $\{x_n\}$ 有界,又 $\lim\limits_{n\to\infty}y_n=0$,证明 $\lim\limits_{n\to\infty}x_ny_n=0$.

5.求下列数列的极限:

$(1)\lim\limits_{n\to\infty}\dfrac{n^2}{1+2+\cdots+n}$;

$(2)\lim\limits_{n\to\infty}(\sqrt{n^2-n}-n)$;

$(3)\lim\limits_{n\to\infty}\dfrac{3^n+(-1)^n}{3^{n+1}-2^n}$;

$(4)\lim\limits_{n\to\infty}\left(1-\dfrac{1}{2^2}\right)\left(1-\dfrac{1}{3^2}\right)\cdots\left(1-\dfrac{1}{n^2}\right)$.

6.利用夹逼准则求下列极限:

$(1)\lim\limits_{n\to\infty}\left(\dfrac{1}{\sqrt{n^2+1}}+\dfrac{1}{\sqrt{n^2+2}}+\cdots+\dfrac{1}{\sqrt{n^2+n}}\right)$; $(2)\lim\limits_{n\to\infty}\sqrt[n]{a}\,(a>1$ 为常数$)$;

$(3)\lim\limits_{n\to\infty}\sqrt[n]{1^n+2^n+\cdots+k^n}\,(k\in\mathbf{Z}^+)$(提示:利用前面第(2)小题的结论);

$(4)\lim\limits_{n\to\infty}\dfrac{a^n}{n!}\,(a>0$ 为常数$)$.

习题 1.2 详解

1.3 函数极限的概念和性质

我们知道,数列$\{x_n\}$可以看成定义在正整数集 $\mathbf{Z}^+$ 上的函数 $f(n)=x_n,n\in\mathbf{Z}^+$.它的极限是一种特殊函数的极限.如果将数列极限概念中的函数为 $f(n)$ 而自变量的变化过程为 $n\to\infty$ 等特殊性撇开,这样可以给出函数极限的描述定义:设函数在某个区间上有定义,在自变量的某个变化过程中,如果对应的函数值无限接近于某个确定的常数,那么这个确定的常数就称为自变量在这一变化过程中函数的极限.而这个极限又与自变量的变化过程密切相关,因此自变量的变化过程不同,函数的极限就有不同的表现形式.

1.3.1 函数极限的概念

1.当 $x\to\infty$ 时函数 $f(x)$ 的极限

与数列极限的严格定义类似,如果自变量 x 的变化过程是 $|x|$ 无限增大(表示为 $x\to\infty$),我们可以给出当 $x\to\infty$ 时函数 $f(x)$ 的极限的严格定义.

定义 1.9 设函数 $f(x)$ 在无穷区间 $(-\infty,c_1)\bigcup(c_2,+\infty)$ 上有定义,A 是一个确定的常数.如果对于任意给定的 $\varepsilon>0$,总存在 $X>0$,使当 $|x|>X$ 时,总有 $|f(x)-A|<\varepsilon$,则称 A 为

函数 $f(x)$ 当 $x \to \infty$ 时的极限,记作

$$\lim_{x \to \infty} f(x) = A, \text{ 或 } f(x) \to A(\text{当 } x \to \infty \text{ 时}).$$

上述函数极限的严格定义用"ε-X"语言可简述为:

$$\lim_{x \to \infty} f(x) = A \Leftrightarrow \forall \varepsilon > 0, \exists X > 0, \text{当 } |x| > X \text{ 时},\text{总有 } |f(x) - A| < \varepsilon.$$

设函数 $f(x)$ 分别在无穷区间 $(c, +\infty)$ 或 $(-\infty, c)$ 上有定义,如果自变量 x 的变化过程是 x 取正值且无限增大(表示为 $x \to +\infty$)或 x 取负值且无限减小(表示为 $x \to -\infty$),则可以类似地给出当 $x \to +\infty$ 时或当 $x \to -\infty$ 时函数 $f(x)$ 的极限的严格定义.用"ε-X"语言可分别简述为:

$$\lim_{x \to +\infty} f(x) = A \Leftrightarrow \forall \varepsilon > 0, \exists X > 0, \text{当 } x > X \text{ 时},\text{总有 } |f(x) - A| < \varepsilon.$$

$$\lim_{x \to -\infty} f(x) = A \Leftrightarrow \forall \varepsilon > 0, \exists X > 0, \text{当 } x < -X \text{ 时},\text{总有 } |f(x) - A| < \varepsilon.$$

由上述函数极限的定义,不难发现如下结论:

$$\lim_{x \to \infty} f(x) = A \Leftrightarrow \lim_{x \to +\infty} f(x) = \lim_{x \to -\infty} f(x) = A.$$

> 你能用"ε-X 语言"给出证明吗?

对于某些简单函数的上述极限,可以利用函数图像,通过观察在自变量 x 的某个变化过程中,函数值的变化趋势而获得,例如,$\lim\limits_{x \to \infty} c = c(c \text{ 为常数})$,$\lim\limits_{x \to \infty} \dfrac{1}{x^k} = 0(k > 0 \text{ 的常数})$.

> 这些结论可以作为公式.

如果当 $x \to \infty$,$x \to +\infty$ 或 $x \to -\infty$ 时,函数 $f(x)$ 的值不与某个确定的常数无限接近,我们就称在 x 的此变化过程中,$f(x)$ 的极限不存在.

例 1.8　利用函数图像,直接写出极限 $\lim\limits_{x \to +\infty} \arctan x$ 和 $\lim\limits_{x \to -\infty} \arctan x$ 的值.

解　观察图 1-13,当 $x \to +\infty$ 和 $x \to -\infty$ 时函数值的变化趋势可得

$$\lim_{x \to +\infty} \arctan x = \frac{\pi}{2}, \lim_{x \to -\infty} \arctan x = -\frac{\pi}{2}.$$

由于 $\lim\limits_{x \to +\infty} \arctan x \ne \lim\limits_{x \to -\infty} \arctan x$,因此 $\lim\limits_{x \to \infty} \arctan x$ 不存在.

例 1.9　利用函数图像,写出极限 $\lim\limits_{x \to -\infty} e^x$ 的值,并用"ε-X"语言证明.

解　利用 $y = e^x$ 的图像可得 $\lim\limits_{x \to -\infty} e^x = 0$.下面用"$\varepsilon$-$X$"语言证明.

$\forall \varepsilon > 0$(不妨设 $\varepsilon < 1$),要使 $|e^x - 0| < \varepsilon$,这等价于 $x < \ln\varepsilon$,于是可取 $X = -\ln\varepsilon > 0$,则当 $x < -X$ 时,就有 $|e^x - 0| < \varepsilon$,故 $\lim\limits_{x \to -\infty} e^x = 0$.

2. 当 $x \to x_0$ 时函数 $f(x)$ 的极限

我们先考察函数 $f(x) = \dfrac{x^2 - 4}{x - 2}$ 当 x 趋近于 2 时(表示为 $x \to 2$)的变化趋势.

从图 1-15 可以看出,虽然函数在 $x = 2$ 无定义,但当 $x \to 2(x \ne 2)$ 时,对应的函数值能无

限地接近于确定的常数 4. 因为当 $x \neq 2$ 时有
$$|f(x) - 4| = |x - 2|,$$

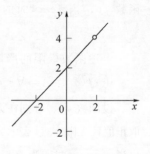

图 1-15

所以, 要使 $|f(x) - 4|$ 小于任意给定的无论多么小的正数 ε, 只要 $|x - 2| < \varepsilon$ 即可, 也就是存在正数 $\delta = \varepsilon$, 当 $0 < |x - 2| < \delta$ 时(因 $x \neq 2$, 所以 $0 < |x - 2|$), 上述不等式表示 $x \to 2$, 总有 $|f(x) - 4| < \varepsilon$, 即 $f(x)$ 无限接近于定数 4.

下面给出函数当 $x \to x_0$ 时极限的严格定义.

定义 1.10 设函数 $f(x)$ 在 x_0 的某去心邻域内有定义, A 是一个确定的常数. 如果对于任意给定的 $\varepsilon > 0$, 总存在 $\delta > 0$, 使当 $0 < |x - x_0| < \delta$ 时, 总有 $|f(x) - A| < \varepsilon$, 则称 A 为函数 $f(x)$ 当 $x \to x_0$ 时的极限, 记作

$$\lim_{x \to x_0} f(x) = A, \text{ 或 } f(x) \to A (\text{当 } x \to x_0 \text{ 时}).$$

上述函数极限的严格定义用 "ε-δ" 语言可简述为:

$$\lim_{x \to x_0} f(x) = A \Leftrightarrow \forall \varepsilon > 0, \exists \delta > 0, \text{ 当 } 0 < |x - x_0| < \delta \text{ 时}, \text{ 总有 } |f(x) - A| < \varepsilon.$$

我们把以 x_0 为左端点的开区间称为 x_0 的右邻域, 而把 x_0 为右端点的开区间称为 x_0 的左邻域.

设函数 $f(x)$ 在 x_0 的某右邻域内或在 x_0 的某左邻域内有定义, 如果自变量 x 的变化过程是从 x_0 的右侧趋于 x_0 (表示为 $x \to x_0^+$) 或 x_0 的左侧趋于 x_0 (表示为 $x \to x_0^-$), 则可以类似地给出当 $x \to x_0^+$ 时或当 $x \to x_0^-$ 时函数 $f(x)$ 的极限的严格定义. 用 "ε-δ" 语言可分别简述为:

$$\lim_{x \to x_0^+} f(x) = A \text{ 或 } f(x_0 + 0) = A \Leftrightarrow \forall \varepsilon > 0, \exists \delta > 0, \text{ 当 } 0 < x - x_0 < \delta \text{ 时}, \text{ 总有 } |f(x) - A| < \varepsilon;$$

$$\lim_{x \to x_0^-} f(x) = A \text{ 或 } f(x_0 - 0) = A \Leftrightarrow \forall \varepsilon > 0, \exists \delta > 0, \text{ 当 } 0 < x_0 - x < \delta \text{ 时}, \text{ 总有 } |f(x) - A| < \varepsilon.$$

上述极限分别称为函数 $f(x)$ 在 x_0 处的右极限和左极限.

类似地, 由上述函数极限的定义, 也易发现如下结论:

$$\lim_{x \to x_0} f(x) = A \Leftrightarrow \lim_{x \to x_0^+} f(x) = \lim_{x \to x_0^-} f(x) = A.$$

你能用 "ε-δ" 语言给出证明吗?

对于简单函数的极限, 可以利用函数图像, 通过观察当 $x \to x_0$ 时, 函数值的变化趋势而获得, 例如

$$\lim_{x \to x_0} c = c (c \text{ 为常数}), \lim_{x \to x_0} x^\alpha = x_0^\alpha (x_0 > 0, \alpha > 0 \text{ 为常数}).$$

例 1.10　用"ε-δ"语言证明 $\lim\limits_{x \to x_0}\sqrt{x}=\sqrt{x_0}$($x_0 > 0$ 为常数).

证明　$\forall \varepsilon > 0$,要使

$$\left|\sqrt{x}-\sqrt{x_0}\right|=\frac{|x-x_0|}{\sqrt{x}+\sqrt{x_0}} \leqslant \frac{|x-x_0|}{\sqrt{x_0}}<\varepsilon,$$

只要 $|x-x_0|<\sqrt{x_0}\varepsilon$,可取 $\delta=\sqrt{x_0}\varepsilon$,当 x 同时满足 $x>0$ 和 $0<|x-x_0|<\delta$ 时,总有

$$\left|\sqrt{x}-\sqrt{x_0}\right|<\varepsilon,$$

所以
$$\lim\limits_{x \to x_0}\sqrt{x}=\sqrt{x_0}.$$

例 1.11　设函数 $f(x)=\begin{cases}\mathrm{e}^x, & x \geqslant 0, \\ x^2+1, & x<0,\end{cases}$ 求 $\lim\limits_{x \to 0}f(x)$.

解　通过观察函数 $y=\mathrm{e}^x(x \geqslant 0)$ 和 $y=x^2+1(x<0)$ 的图像,可得

$$\lim\limits_{x \to 0^+}f(x)=\lim\limits_{x \to 0^+}\mathrm{e}^x=1,\ \lim\limits_{x \to 0^-}f(x)=\lim\limits_{x \to 0^-}(x^2+1)=1,$$

所以有
$$\lim\limits_{x \to 0}f(x)=1.$$

例 1.12　设函数 $f(x)=\begin{cases}x-1, & x>0, \\ 0, & x=0, \\ x+1, & x<0,\end{cases}$ 求 $\lim\limits_{x \to 0}f(x)$.

解　函数 $f(x)$ 的图像如图 1-16 所示,由此可得

$$\lim\limits_{x \to 0^+}f(x)=\lim\limits_{x \to 0^+}(x-1)=-1,$$
$$\lim\limits_{x \to 0^-}f(x)=\lim\limits_{x \to 0^-}(x+1)=1,$$

所以 $\lim\limits_{x \to 0^+}f(x) \neq \lim\limits_{x \to 0^-}f(x)$,于是 $\lim\limits_{x \to 0}f(x)$ 不存在.

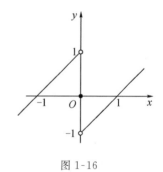

图 1-16

1.3.2　极限 $\lim\limits_{x \to \infty}f(x)=A$ 的几何意义与水平渐近线

前面我们提到,对于某些简单函数的极限,可以利用函数图像通过观察函数值的变化趋势求得,这其实就是利用了极限的几何意义.

对于极限 $\lim\limits_{x \to +\infty}f(x)=A$,它的几何意义是,当 x 趋于正无穷大时,函数 $y=f(x)$ 的图像与直线 $y=A$ 无限接近(表现为 $|f(x)-A| \to 0$),如图 1-17 所示.例如 $\lim\limits_{x \to +\infty}\mathrm{e}^{-x}=0$,在几何上看就是当 x 趋于正无穷大时,函数 $y=\mathrm{e}^{-x}$ 的图像与直线 $y=0$ 无限接近.

对于极限 $\lim\limits_{x \to -\infty}f(x)=A$,它的几何意义是,当 x 趋于负无穷大时,函数 $y=f(x)$ 的图像

与直线 $y=A$ 无限接近,如图 1-18 所示.例如 $\lim\limits_{x\to-\infty}e^x=0$,在几何上看就是当 x 趋于负无穷大时,函数 $y=e^x$ 的图像与直线 $y=0$ 无限接近.

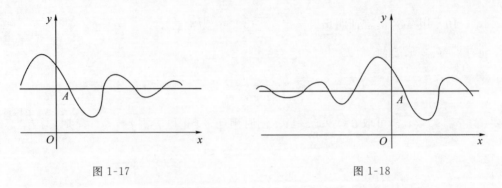

图 1-17   图 1-18

对于极限 $\lim\limits_{x\to\infty}f(x)=A$,它的几何意义是,当 x 趋于正无穷大或 x 趋于负无穷大时,函数 $y=f(x)$ 的图像与直线 $y=A$ 无限接近,如图 1-19 所示.例如 $\lim\limits_{x\to\infty}\dfrac{1}{x}=0$,在几何上看就是 x 趋于正无穷大或 x 趋于负无穷大时,函数 $y=\dfrac{1}{x}$ 的图像与直线 $y=0$ 无限接近.

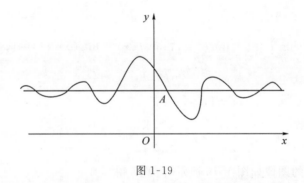

图 1-19

由上述三种不同形式极限的几何意义,我们可以给出函数的水平渐近线的定义.

如果 $\lim\limits_{x\to\infty}f(x)=A$,$\lim\limits_{x\to+\infty}f(x)=A$ 或 $\lim\limits_{x\to-\infty}f(x)=A$,我们称直线 $y=A$ 为函数 $y=f(x)$ 的水平渐近线.因此我们可得函数 $y=\dfrac{1}{x}$,$y=e^x$ 和 $y=e^{-x}$ 的水平渐近线都是直线 $y=0$.

你能求出函数 $y=\arctan x$ 的水平渐近线吗?

1.3.3 函数极限的性质

函数极限也有类似于收敛数列极限的性质.对于函数极限的概念,根据自变量 x 的不同变化过程,一共有以下六种形式的极限:$x\to\infty$,$x\to+\infty$,$x\to-\infty$,$x\to x_0$,$x\to x_0^+$,$x\to x_0^-$.

下面每一个极限定理都有大同小异的六种形式的表述,我们以 $x\to x_0$ 为例叙述这些性质.

请你与收敛数列极限的相应性质进行对照.

定理 1.6（唯一性）　若 $\lim\limits_{x \to x_0} f(x)$ 存在，则极限是唯一的.

证明　用反证法，假设 $\lim\limits_{x \to x_0} f(x) = A$，$\lim\limits_{x \to x_0} f(x) = B$，不妨设 $A < B$.

则对于 $\varepsilon = \dfrac{B-A}{2} > 0$，$\exists \delta_1 > 0$，当 $0 < |x - x_0| < \delta_1$ 时，有

$$|f(x) - A| < \frac{B-A}{2} \Leftrightarrow A - \frac{B-A}{2} < f(x) < A + \frac{B-A}{2} \Rightarrow f(x) < \frac{A+B}{2},$$

也 $\exists \delta_2 > 0$，当 $0 < |x - x_0| < \delta_2$ 时，有

$$|f(x) - B| < \frac{B-A}{2} \Leftrightarrow B - \frac{B-A}{2} < f(x) < B + \frac{B-A}{2} \Rightarrow f(x) > \frac{A+B}{2}.$$

取 $\delta = \min\{\delta_1, \delta_2\}$，则当 $0 < |x - x_0| < \delta$ 时，不等式 $f(x) < \dfrac{A+B}{2}$ 和 $f(x) > \dfrac{A+B}{2}$ 同时成立，矛盾.

定理 1.7（局部有界性）　若 $\lim\limits_{x \to x_0} f(x) = A$，则 $\exists M > 0$ 与 $\delta > 0$，当 $0 < |x - x_0| < \delta$ 时，有 $|f(x)| \leqslant M$.

证明　设 $\lim\limits_{x \to x_0} f(x) = A$，则对于 $\varepsilon = 1$，$\exists \delta > 0$，当 $0 < |x - x_0| < \delta$ 时，有 $|f(x) - A| \leqslant 1$. 因此，当 $0 < |x - x_0| < \delta$ 时，有

$$|f(x)| = |(f(x) - A) + A| \leqslant |f(x) - A| + |A| < 1 + |A|.$$

定理 1.8（局部保号性）　若 $\lim\limits_{x \to x_0} f(x) = A$，$\lim\limits_{x \to x_0} g(x) = B$，且 $A > B$，则 $\exists \delta > 0$，当 $0 < |x - x_0| < \delta$ 时，有 $f(x) > g(x)$.

证明　因为 $\lim\limits_{x \to x_0} f(x) = A$，$\lim\limits_{x \to x_0} f(x) = B$，则对于 $\varepsilon = \dfrac{A-B}{2} > 0$，$\exists \delta_1 > 0$，当 $0 < |x - x_0| < \delta_1$ 时，有

$$|f(x) - A| < \frac{A-B}{2} \Leftrightarrow A - \frac{A-B}{2} < f(x) < A + \frac{A-B}{2} \Rightarrow f(x) > \frac{A+B}{2},$$

也 $\exists \delta_2 > 0$，当 $0 < |x - x_0| < \delta_2$ 时，有

$$|g(x) - B| < \frac{A-B}{2} \Leftrightarrow B - \frac{A-B}{2} < g(x) < B + \frac{A-B}{2} \Rightarrow g(x) < \frac{A+B}{2}.$$

取 $\delta = \min\{\delta_1, \delta_2\}$，则当 $0 < |x - x_0| < \delta$ 时，不等式 $f(x) > \dfrac{A+B}{2}$ 和 $g(x) < \dfrac{A+B}{2}$ 同时成立，所以 $f(x) > g(x)$.

与收敛数列的相应性质一样，利用定理 1.8，可以直接得到以下推论：

推论 1　若 $\lim\limits_{x \to x_0} f(x) = A$，$\lim\limits_{x \to x_0} g(x) = B$，且 $\exists \delta > 0$，当 $0 < |x - x_0| < \delta$ 时，$f(x) \leqslant g(x)$，则 $A \leqslant B$.

推论 2 若 $\lim\limits_{x \to x_0} f(x) = A$,且 $A > B$(或 $A < B$),则 $\exists \delta > 0$,当 $0 < |x - x_0| < \delta$ 时,有 $f(x) > B$(或 $f(x) < B$).

推论 3 若 $\lim\limits_{x \to x_0} f(x) = A$,且 $A > 0$(或 $A < 0$),则 $\exists \delta > 0$,当 $0 < |x - x_0| < \delta$ 时,有 $f(x) > 0$(或 $f(x) < 0$).

实际上推论 3 可改进为:若 $\lim\limits_{x \to x_0} f(x) = A$,且 $A > 0$,则 $\exists \delta > 0$,当 $0 < |x - x_0| < \delta$ 时,有 $f(x) > \dfrac{A}{2}$.

定理 1.9(夹逼准则) 设 $\lim\limits_{x \to x_0} g(x) = \lim\limits_{x \to x_0} h(x) = A$,若 $\exists \delta > 0$,当 $0 < |x - x_0| < \delta$ 时,总有 $g(x) \leqslant f(x) \leqslant h(x)$,则 $\lim\limits_{x \to x_0} f(x) = A$.

证明 $\forall \varepsilon > 0$,由 $\lim\limits_{x \to x_0} g(x) = \lim\limits_{x \to x_0} h(x) = A$,$\exists \delta_1 > 0$,当 $0 < |x - x_0| < \delta_1$ 时,有

$$|g(x) - A| < \varepsilon \Leftrightarrow A - \varepsilon < g(x) < A + \varepsilon \Rightarrow g(x) > A - \varepsilon,$$

也 $\exists \delta_2 > 0$,当 $0 < |x - x_0| < \delta_2$ 时,有

$$|h(x) - A| < \varepsilon \Leftrightarrow A - \varepsilon < h(x) < A + \varepsilon \Rightarrow h(x) < A + \varepsilon.$$

取 $\delta' = \min\{\delta_1, \delta_2, \delta\}$,则当 $0 < |x - x_0| < \delta$ 时,不等式 $g(x) > A - \varepsilon$,$h(x) < A + \varepsilon$ 与 $g(x) \leqslant f(x) \leqslant h(x)$ 同时成立,于是

$$A - \varepsilon < g(x) \leqslant f(x) \leqslant h(x) < A + \varepsilon \Rightarrow |f(x) - A| < \varepsilon,$$

所以,由函数极限定义,得 $\lim\limits_{x \to x_0} f(x) = A$.

例 1.13 利用夹逼准则证明 $\lim\limits_{x \to 0} x\left[\dfrac{1}{x}\right] = 1$.

证明 因为 $\dfrac{1}{x} - 1 < \left[\dfrac{1}{x}\right] \leqslant \dfrac{1}{x}$,当 $x > 0$ 时,可得 $1 - x < x\left[\dfrac{1}{x}\right] \leqslant 1$,又显然有 $\lim\limits_{x \to 0^+} (1 - x) = 1$,所以 $\lim\limits_{x \to 0^+} x\left[\dfrac{1}{x}\right] = 1$. 当 $x < 0$ 时,可得 $1 \leqslant x\left[\dfrac{1}{x}\right] < 1 - x$,而 $\lim\limits_{x \to 0^-} (1 - x) = 1$,所以 $\lim\limits_{x \to 0^-} x\left[\dfrac{1}{x}\right] = 1$,于是 $\lim\limits_{x \to 0} x\left[\dfrac{1}{x}\right] = 1$.

1.3.4 函数极限与数列极限的关系

前面我们已经看到,函数极限的性质与数列极限的性质相类似,这并不奇怪,因为函数极限与数列极限有着密切的联系,沟通二者的"桥梁"就是下面的定理,这个定理揭示了连续变量和离散变量之间的内在联系.

定理 1.10(海涅定理) $\lim\limits_{x \to x_0} f(x) = A$ 的充要条件是对于在点 x_0 的某去心邻域内的任何收敛于 x_0 的数列 $\{x_n\}$(即 $\lim\limits_{n \to \infty} x_n = x_0$,但 $x_n \neq x_0$),都有

$$\lim_{n \to \infty} f(x_n) = A.$$

证明略.

上述定理的逆否命题,即下面的推论,对某些函数极限不存在提供了一种有效的证明方法.

推论　$\lim\limits_{x \to x_0} f(x)$ 不存在的充要条件是:(1)存在 $\{x'_n\}$,$\{x''_n\} \subset \overset{\circ}{U}(x_0)$,$\lim\limits_{n \to \infty} x'_n = \lim\limits_{n \to \infty} x''_n = x_0$,但 $\lim\limits_{n \to \infty} f(x'_n) = A$,$\lim\limits_{n \to \infty} f(x''_n) = B$,$A \neq B$;(2)存在 $\{x_n\} \subset \overset{\circ}{U}(x_0)$,$\lim\limits_{n \to \infty} x_n = x_0$,但 $\lim\limits_{n \to \infty} f(x_n)$ 不存在.

例 1.14　证明 $\lim\limits_{x \to 0} \cos\dfrac{1}{x}$ 不存在.

证明　取两个数列 $x'_n = \dfrac{1}{2n\pi}$,$x''_n = \dfrac{1}{2n\pi + \pi}$,则有 $\lim\limits_{n \to \infty} x'_n = \lim\limits_{n \to \infty} x''_n = 0$,

但

$$\lim_{n \to \infty} f(x'_n) = \lim_{n \to \infty} \cos 2n\pi = 1, \quad \lim_{n \to \infty} f(x''_n) = \lim_{n \to \infty} \cos(2n\pi + \pi) = -1,$$

即两个极限不相等,所以 $\lim\limits_{x \to 0} \cos\dfrac{1}{x}$ 不存在.

习　题　1.3

1. 利用函数图像,指出下列函数的极限是否存在,如果存在,请求出其极限.

(1) $\lim\limits_{x \to \infty} \dfrac{1}{\sqrt[3]{x}}$;　　　　　(2) $\lim\limits_{x \to \infty} \sin x$;　　　　　(3) $\lim\limits_{x \to +\infty} \dfrac{1}{\ln x}$;

(4) $\lim\limits_{x \to -\infty} \operatorname{arccot} x$;　　　　(5) $\lim\limits_{x \to 0} 2^{-x}$;　　　　(6) $\lim\limits_{x \to -\sqrt{2}} \dfrac{x^2 - 2}{x + \sqrt{2}}$.

2. 用函数极限的严格定义证明:

(1) $\lim\limits_{x \to \infty} \dfrac{1}{x^2} = 0$;　　　　(2) $\lim\limits_{x \to +\infty} \dfrac{x}{x + 1} = 1$;　　　　(3) $\lim\limits_{x \to 1} \dfrac{x^2 - 1}{x - 1} = 2$.

3. 设 $\lim\limits_{x \to x_0} f(x) = A$,证明 $\lim\limits_{x \to x_0} |f(x)| = |A|$,并举例说明上述结论的逆命题不成立.

4. 设函数 $f(x)$ 有界,又 $\lim\limits_{x \to x_0} g(x) = 0$,证明 $\lim\limits_{x \to x_0} f(x)g(x) = 0$.

5. 求下列函数的水平渐近线:

(1) $f(x) = \dfrac{1}{\sqrt{x}} - 1$;　　　　　　　　(2) $f(x) = \arctan x$;

(3) $f(x) = \operatorname{th} x$;　　　　　　　　　　(4) $f(x) = |\mathrm{e}^x - 1|$.

6. 求下列函数在指定点处的左极限与右极限,并问在该点处的极限是否存在,如果存在,请求出其极限.

(1) 设 $f(x) = \operatorname{sgn} x$,在 $x = 0$;

(2) 设 $f(x) = \dfrac{|x + 1|}{x + 1}$,在 $x = -1$;

(3)设 $f(x)=\begin{cases}\arcsin x, & -1\leqslant x\leqslant 1,\\ \dfrac{\pi}{2}x, & x>1,\end{cases}$ 在 $x=1$;

(4)设 $f(x)=[x]$,在 $x=-1,x=0,x=n(n\in \mathbf{Z})$.

7.证明$\lim\limits_{x\to 0}\sin \dfrac{1}{x}$不存在.

习题 1.3 详解

1.4 无穷小与函数极限的运算法则

通过上一节的学习,我们知道利用函数图像观察函数值的变化趋势,或者利用极限的定义,只能求出或者验证一些简单函数的极限.为求出一些比较复杂的函数极限,需要学习函数极限的四则运算法则和复合函数的极限运算法则.作为讨论极限运算法则的基础,我们先给出在理论和应用上都很重要的无穷小及其性质.

1.4.1 无穷小与无穷大

1.无穷小

在极限理论中,极限为 0 的函数起着重要作用,我们先对这类函数进行讨论,为此给出如下定义.

定义 1.11 如果函数 $\alpha(x)$ 在自变量 x 的某个变化过程中以 0 为极限,那么就称 $\alpha(x)$ 为在自变量 x 的这个变化过程中的无穷小.特别地,以 0 为极限的数列 $\{x_n\}$ 称为 $n\to \infty$ 时的无穷小.

例如,因为 $\lim\limits_{x\to -\infty}\mathrm{e}^x=0$,所以函数 e^x 是 $x\to -\infty$ 时的无穷小;因为$\lim\limits_{x\to 1}(x^2-1)=0,\lim\limits_{x\to -1}(x^2-1)=0$,所以函数 x^2-1 是 $x\to 1$ 时的无穷小,也是 $x\to -1$ 时的无穷小.

注 无穷小是以 0 为极限的函数,是针对自变量的某个变化过程而言的;任何一个绝对值很小的非零常数都不是无穷小.因为在自变量的任何一个变化过程中,常数 0 的极限为 0,所以 0 是自变量的任何一个变化过程中的无穷小.

与一般函数极限一样,无穷小的自变量的变化过程也有六种不同的形式,对于每一种形式,都可以给出无穷小的严格定义,例如有

$$\lim\limits_{x\to x_0}\alpha(x)=0\Leftrightarrow \forall \varepsilon>0,\exists \delta>0,当 0<|x-x_0|<\delta 时,有 |\alpha(x)|<\varepsilon.$$

利用无穷小的严格定义可以证明如下的无穷小的性质.

定理 1.11　(1)有限个无穷小之和或之积是无穷小；

(2)常数或有界函数与无穷小的乘积是无穷小.

证明　我们仅以 $x \to x_0$ 时的情形来证明定理.

(1)只证明有限个无穷小之和是无穷小.只需证明两个无穷小之和是无穷小即可.

+-+
+　想一想为什么?
+-+

设 $\lim\limits_{x \to x_0} \alpha(x) = 0, \lim\limits_{x \to x_0} \beta(x) = 0. \ \forall \varepsilon > 0, \exists \delta_1 > 0$，当 $0 < |x - x_0| < \delta_1$ 时，有 $|\alpha(x)| < \varepsilon$，也 $\exists \delta_2 > 0$，当 $0 < |x - x_0| < \delta_2$ 时，有 $|\beta(x)| < \varepsilon$. 取 $\delta = \min\{\delta_1, \delta_2\}$，则当 $0 < |x - x_0| < \delta$ 时，$|\alpha(x)| < \varepsilon$ 与 $|\beta(x)| < \varepsilon$ 同时成立，故

$$|\alpha(x) + \beta(x)| \leqslant |\alpha(x)| + |\beta(x)| < \varepsilon + \varepsilon = 2\varepsilon,$$

于是
$$\lim\limits_{x \to x_0}[\alpha(x) + \beta(x)] = 0.$$

(2)只证明有界函数与无穷小的乘积是无穷小.

设函数 $f(x)$ 在 $(x_0 - r, x_0) \bigcup (x_0, x_0 + r)$ 内有界，即 $\exists M > 0$ 使得 $|f(x)| \leqslant M$ 对 $\forall x \in (x_0 - r, x_0) \bigcup (x_0, x_0 + r)$ 成立；又设 $\lim\limits_{x \to x_0} \alpha(x) = 0$，即 $\forall \varepsilon > 0, \exists \delta_1 > 0$，当 $0 < |x - x_0| < \delta_1$ 时，有 $|\alpha(x)| < \varepsilon$，取 $\delta = \min\{r, \delta_1\}$，则当 $0 < |x - x_0| < \delta$ 时，$|f(x)| \leqslant M$ 与 $|\alpha(x)| < \varepsilon$ 同时成立，从而

$$|f(x)\alpha(x)| = |f(x)| \cdot |\alpha(x)| < M\varepsilon,$$

于是
$$\lim\limits_{x \to x_0} f(x)\alpha(x) = 0.$$

无穷小之所以重要，是因为函数极限与无穷小之间存在密切的关系.

定理 1.12　在自变量 x 的同一变化过程中，函数 $f(x)$ 以 A 为极限的充要条件是 $f(x)$ 可以表示成 A 与一个无穷小 $\alpha(x)$ 之和.

证明　我们也仅以 $x \to x_0$ 时的情形来证明定理.

即证 $\lim\limits_{x \to x_0} f(x) = A \Leftrightarrow f(x) = A + \alpha(x)$，其中 $\lim\limits_{x \to x_0} \alpha(x) = 0$.

必要性.设 $\lim\limits_{x \to x_0} f(x) = A$，所以 $\forall \varepsilon > 0, \exists \delta > 0$，当 $0 < |x - x_0| < \delta$ 时，有

$$|f(x) - A| < \varepsilon,$$

令 $\alpha(x) = f(x) - A$，则 $f(x) = A + \alpha(x)$，且 $|\alpha(x)| < \varepsilon$，故 $\lim\limits_{x \to x_0} \alpha(x) = 0$.

充分性.设 $f(x) = A + \alpha(x)$，其中 $\lim\limits_{x \to x_0} \alpha(x) = 0$，则 $\alpha(x) = f(x) - A$，且 $\forall \varepsilon > 0, \exists \delta > 0$，当 $0 < |x - x_0| < \delta$ 时，有 $|\alpha(x)| < \varepsilon \Rightarrow |f(x) - A| < \varepsilon$，故 $\lim\limits_{x \to x_0} f(x) = A$.

2.无穷大

前面我们已经看到，在自变量变化过程中，如果函数值不与某个确定的常数无限接近，此时函数的极限不存在.在自变量变化过程中函数没有极限时，将会出现各种不同情形，其中重要的一种就是在自变量变化过程中，函数的绝对值无限增大的情形.此时函数虽然没有

极限,但为了叙述方便,我们也说它的极限为无穷大.下面以 $x \to x_0$ 为例叙述无穷大的严格定义,其他自变量变化过程中的无穷大也可以类似给出它们的严格定义.

定义 1.12 设函数 $f(x)$ 在 x_0 的某去心邻域内有定义.如果对于任意给定的 $M>0$(无论它多么大),总存在 $\delta>0$,使当 $0<|x-x_0|<\delta$ 时,总有

$$|f(x)|>M,$$

则称函数 $f(x)$ 为当 $x \to x_0$ 时的无穷大,记作 $\lim\limits_{x \to x_0} f(x)=\infty$.

注 (1)无穷大是一个变量,不是某个确定的数,任何一个绝对值很大的常数都不是无穷大.无穷大不同于无界函数(数列),例如数列 $1,0,2,0,\cdots,n,0,\cdots$ 是无界数列,但不是当 $n \to \infty$ 时的无穷大.

(2)在上述定义中,若将 $|f(x)|>M$ 改成 $f(x)>M$ 或 $f(x)<-M$,则分别称函数 $f(x)$ 为当 $x \to x_0$ 时的正无穷大或负无穷大,分别记作 $\lim\limits_{x \to x_0} f(x)=+\infty$ 或 $\lim\limits_{x \to x_0} f(x)=-\infty$.

由函数 $f(x)=\dfrac{1}{x}$ 的图像可知,$\lim\limits_{x \to 0}\dfrac{1}{x}=\infty$,并且 $x=0$ 是函数 $f(x)=\dfrac{1}{x}$ 的铅直渐近线.一般地有,如果当 $x \to x_0,x \to x_0^+$ 或 $x \to x_0^-$ 时,函数 $f(x)$ 的极限为 $\infty,+\infty$ 或 $-\infty$,则直线 $x=x_0$ 是函数 $y=f(x)$ 的铅直渐近线.

下面的定理说明了无穷大与无穷小之间的关系.

定理 1.13 在自变量的同一变化过程中,若 $f(x)$ 为无穷大,则 $\dfrac{1}{f(x)}$ 为无穷小;反之,若 $f(x)$ 为无穷小,且 $f(x) \neq 0$,则 $\dfrac{1}{f(x)}$ 为无穷大.

> 为什么要有 $f(x) \neq 0$ 这个条件呢?

证明 我们也仅以 $x \to x_0$ 时的情形来证明定理.

设 $\lim\limits_{x \to x_0} f(x)=\infty$,则 $\forall M>0,\exists \delta>0$,当 $0<|x-x_0|<\delta$ 时,有

$$|f(x)|>M \Rightarrow \frac{1}{|f(x)|}<\frac{1}{M},$$

因 M 是任意大的正数,故 $\dfrac{1}{M}$ 是任意小的正数,所以 $\lim\limits_{x \to x_0}\dfrac{1}{f(x)}=0$.

设 $\lim\limits_{x \to x_0} f(x)=0$,且 $f(x) \neq 0$,则 $\forall \varepsilon>0,\exists \delta>0$,当 $0<|x-x_0|<\delta$ 时,有

$$|f(x)|<\varepsilon,\text{且 } f(x) \neq 0 \Rightarrow \frac{1}{|f(x)|}>\frac{1}{\varepsilon},$$

因 ε 是任意小的正数,故 $\dfrac{1}{\varepsilon}$ 是任意大的正数,所以 $\lim\limits_{x \to x_0} f(x)=\infty$.

1.4.2　函数极限的运算法则

与函数极限的性质一样，我们以 $x \to x_0$ 为例叙述函数极限的运算法则.

1.函数极限的四则运算法则

定理 1.14　设 $\lim\limits_{x \to x_0} f(x) = A, \lim\limits_{x \to x_0} g(x) = B$, 则

(1) $\lim\limits_{x \to x_0} [f(x) \pm g(x)] = A \pm B = \lim\limits_{x \to x_0} f(x) \pm \lim\limits_{x \to x_0} g(x)$;

(2) $\lim\limits_{x \to x_0} [f(x) g(x)] = AB = \lim\limits_{x \to x_0} f(x) \cdot \lim\limits_{x \to x_0} g(x)$;

(3) $\lim\limits_{x \to x_0} \dfrac{f(x)}{g(x)} = \dfrac{A}{B} = \dfrac{\lim\limits_{x \to x_0} f(x)}{\lim\limits_{x \to x_0} g(x)} (B \neq 0)$.

证明　因为 $\lim\limits_{x \to x_0} f(x) = A, \lim\limits_{x \to x_0} g(x) = B$, 由定理 1.12 知

$$f(x) = A + \alpha, g(x) = B + \beta,$$

其中 $\lim\limits_{x \to x_0} \alpha = 0, \lim\limits_{x \to x_0} \beta = 0.$ 于是

(1) $f(x) \pm g(x) = (A + \alpha) \pm (B + \beta) = (A \pm B) + (\alpha \pm \beta).$

由定理 1.11 的(1)知 $\alpha \pm \beta$ 是无穷小，所以由定理 1.12 便得

$$\lim\limits_{x \to x_0} [f(x) \pm g(x)] = A \pm B.$$

(2) $f(x) g(x) = (A + \alpha)(B + \beta) = AB + (A\beta + B\alpha + \alpha\beta).$

由定理 1.11 知 $A\beta + B\alpha + \alpha\beta$ 是无穷小，所以由定理 1.12 便得

$$\lim\limits_{x \to x_0} [f(x) g(x)] = AB.$$

(3) $\dfrac{f(x)}{g(x)} = \dfrac{A + \alpha}{B + \beta} = \dfrac{A}{B} + \dfrac{A + \alpha}{B + \beta} - \dfrac{A}{B} = \dfrac{A}{B} + \dfrac{B\alpha - A\beta}{B(B + \beta)}.$

因为 $\lim\limits_{x \to x_0} g(x) = B \neq 0$, 由定理 1.8 的推论 3 知，在 x_0 的某个去心邻域内，$g(x) \neq 0$, 从而函数 $\dfrac{f(x)}{g(x)}$ 有意义. 由定理 1.11 知 $B\alpha - A\beta$ 是无穷小，所以只要证明 $\dfrac{1}{B(B + \beta)}$ 是一个有界函数. 因为 $\lim\limits_{x \to x_0} \beta = 0$, 又 $B \neq 0$, 故对于 $\varepsilon = \dfrac{|B|}{2} > 0, \exists \delta > 0$, 当 $0 < |x - x_0| < \delta$ 时，有 $|\beta| < \varepsilon = \dfrac{|B|}{2}.$ 于是

$$|B + \beta| \geqslant |B| - |\beta| > |B| - \dfrac{|B|}{2} = \dfrac{|B|}{2},$$

因此

$$\left| \dfrac{1}{B(B + \beta)} \right| = \dfrac{1}{|B| \, |B + \beta|} < \dfrac{1}{|B| \dfrac{|B|}{2}} = \dfrac{2}{|B|^2},$$

即当 $0 < |x - x_0| < \delta$ 时，$\dfrac{1}{B(B + \beta)}$ 是一个有界函数.

注 定理 1.14 成立的条件是极限 $\lim\limits_{x \to x_0} f(x)$ 与 $\lim\limits_{x \to x_0} g(x)$ 都存在,并且(3)中要求 $\lim\limits_{x \to x_0} g(x)$ $\neq 0$;由(2)可得设 $\lim\limits_{x \to x_0} f(x) = A$,$k$ 为常数,则

$$\lim_{x \to x_0} k f(x) = kA = k \lim_{x \to x_0} f(x);$$

你会证明吗?

另外(1)(2)可以推广到有限个极限的情形,即

设 $\lim\limits_{x \to x_0} f_1(x), \lim\limits_{x \to x_0} f_2(x), \cdots, \lim\limits_{x \to x_0} f_n(x)$ 都存在,则

$$\lim_{x \to x_0} [f_1(x) \pm f_2(x) \pm \cdots \pm f_n(x)] = \lim_{x \to x_0} f_1(x) \pm \lim_{x \to x_0} f_2(x) \pm \cdots \pm \lim_{x \to x_0} f_n(x);$$

$$\lim_{x \to x_0} [f_1(x) f_2(x) \cdots f_n(x)] = \lim_{x \to x_0} f_1(x) \cdot \lim_{x \to x_0} f_2(x) \cdot \cdots \cdot \lim_{x \to x_0} f_n(x).$$

特别地,设 $\lim\limits_{x \to x_0} f(x)$ 存在,则 $\lim\limits_{x \to x_0} [f(x)]^n = [\lim\limits_{x \to x_0} f(x)]^n \ (n \in \mathbf{Z}^+)$.

2. 复合函数的极限运算法则

定理 1.15 设函数 $y = f(g(x))$ 由函数 $u = g(x)$ 与 $y = f(u)$ 复合而成,$y = f(g(x))$ 在点 x_0 的某去心邻域内有定义,且 $\lim\limits_{x \to x_0} g(x) = u_0$,$\lim\limits_{u \to u_0} f(u) = A$,若 $\exists \delta > 0$,当 $0 < |x - x_0| < \delta$ 时,$g(x) \neq u_0$,则 $\lim\limits_{x \to x_0} f(g(x)) = \lim\limits_{u \to u_0} f(u) = A$.

证明略.

注 上述定理表明,如果函数 $f(u)$、$g(x)$ 满足定理的条件,则做代换 $u = g(x)$,可把求 $\lim\limits_{x \to x_0} f(g(x))$ 化为求 $\lim\limits_{u \to u_0} f(u)$,这里 $u_0 = \lim\limits_{x \to x_0} g(x)$,所以此定理是用换元法求函数极限的理论依据.

例 1.15 求下列极限:

(1) $\lim\limits_{x \to -2} (x^2 + 2x - 3)$;   (2) $\lim\limits_{x \to 1} \dfrac{x^2 + 2x - 1}{x^3 + x - 3}$.

解 (1) $\lim\limits_{x \to -2} (x^2 + 2x - 3) = \lim\limits_{x \to -2} x^2 + \lim\limits_{x \to -2} 2x - \lim\limits_{x \to -2} 3$

$\qquad = (\lim\limits_{x \to -2} x)^2 + 2(\lim\limits_{x \to -2} x) - 3 = -3;$

(2) $\lim\limits_{x \to 1} \dfrac{x^2 + 2x - 1}{x^3 + x - 3} = \dfrac{\lim\limits_{x \to 1} (x^2 + 2x - 1)}{\lim\limits_{x \to 1} (x^3 + x - 3)} = \dfrac{2}{-1} = -2.$

注 当 $P(x)$ 是 x 的多项式时,有 $\lim\limits_{x \to x_0} P(x) = P(x_0)$;当 $P(x)$ 与 $Q(x)$ 都是 x 的多项式,且 $Q(x_0) \neq 0$ 时,有 $\lim\limits_{x \to x_0} \dfrac{P(x)}{Q(x)} = \dfrac{P(x_0)}{Q(x_0)}$,其中 $\dfrac{P(x)}{Q(x)}$ 称为有理分式函数.

例 1.16 求极限 $\lim\limits_{x \to \infty} \dfrac{2x^3 + 3x - 1}{3x^3 + x^2 - 4x + 2}$.

解 $\lim\limits_{x \to \infty} \dfrac{2x^3 + 3x - 1}{3x^3 + x^2 - 4x + 2} = \lim\limits_{x \to \infty} \dfrac{2 + \dfrac{3}{x^2} - \dfrac{1}{x^3}}{3 + \dfrac{1}{x} - \dfrac{4}{x^2} + \dfrac{2}{x^3}} = \dfrac{2}{3}.$

一般地，对于有理分式函数在无穷大处的极限，有以下方法：

设 a_0、$b_0 \neq 0$. 当 $m = n$ 时，有

$$\lim_{x \to \infty} \frac{a_0 x^m + a_1 x^{m-1} + \cdots + a_m}{b_0 x^n + b_1 x^{n-1} + \cdots + b_n} = \lim_{x \to \infty} \frac{a_0 + \dfrac{a_1}{x} + \cdots + \dfrac{a_m}{x^m}}{b_0 + \dfrac{b_1}{x} + \cdots + \dfrac{b_n}{x^n}} = \frac{a_0}{b_0};$$

当 $m < n$ 时，有

$$\lim_{x \to \infty} \frac{a_0 x^m + a_1 x^{m-1} + \cdots + a_m}{b_0 x^n + b_1 x^{n-1} + \cdots + b_n} = \lim_{x \to \infty} \frac{\dfrac{a_0}{x^{n-m}} + \dfrac{a_1}{x^{n-m+1}} + \cdots + \dfrac{a_m}{x^n}}{b_0 + \dfrac{b_1}{x} + \cdots + \dfrac{b_n}{x^n}} = 0;$$

当 $m > n$ 时，先利用前者的方法求得 $\lim\limits_{x \to \infty} \dfrac{b_0 x^n + b_1 x^{n-1} + \cdots + b_n}{a_0 x^m + a_1 x^{m-1} + \cdots + a_m} = 0$，再利用定理 1.13 得

$$\lim_{x \to \infty} \frac{a_0 x^m + a_1 x^{m-1} + \cdots + a_m}{b_0 x^n + b_1 x^{n-1} + \cdots + b_n} = \infty.$$

例 1.17　求下列极限：

(1) $\lim\limits_{x \to \infty} \dfrac{x^3 + 1}{2x^2 + 3x + 1}$;

(2) $\lim\limits_{x \to \infty} \dfrac{x^2 \arctan x}{x^3 + 3x^2 - 1}$.

解　(1) 因为 $\lim\limits_{x \to \infty} \dfrac{2x^2 + 3x + 1}{x^3 + 1} = \lim\limits_{x \to \infty} \dfrac{\dfrac{2}{x} + \dfrac{3}{x^2} + \dfrac{1}{x^3}}{1 + \dfrac{1}{x^3}} = 0$,

所以

$$\lim_{x \to \infty} \frac{x^3 + 1}{2x^2 + 3x + 1} = \infty.$$

(2) 因为 $\lim\limits_{x \to \infty} \dfrac{x^2}{x^3 + 3x^2 - 1} = \lim\limits_{x \to \infty} \dfrac{\dfrac{1}{x}}{1 + \dfrac{3}{x} - \dfrac{1}{x^3}} = 0$, $|\arctan x| < \dfrac{\pi}{2}$,

所以

$$\lim_{x \to \infty} \frac{x^2 \arctan x}{x^3 + 3x^2 - 1} = 0.$$

> 你知道这是为什么吗？

例 1.18　求下列极限：

(1) $\lim\limits_{x \to 1} \dfrac{x^2 + 3x - 4}{x^2 - 1}$;

(2) $\lim\limits_{x \to -1} \left(\dfrac{2}{1 - x^2} - \dfrac{3}{1 + x^3} \right)$.

解　(1) $\lim\limits_{x \to 1} \dfrac{x^2 + 3x - 4}{x^2 - 1} = \lim\limits_{x \to 1} \dfrac{(x-1)(x+4)}{(x-1)(x+1)} = \lim\limits_{x \to 1} \dfrac{x+4}{x+1} = \dfrac{5}{2}$.

(2) $\lim\limits_{x \to -1} \left(\dfrac{2}{1 - x^2} - \dfrac{3}{1 + x^3} \right) = \lim\limits_{x \to -1} \left[\dfrac{2}{(1+x)(1-x)} - \dfrac{3}{(1+x)(1-x+x^2)} \right]$

$\qquad = \lim\limits_{x \to -1} \dfrac{2x^2 + x - 1}{(1+x)(1-x)(1-x+x^2)} = \lim\limits_{x \to -1} \dfrac{2x - 1}{(1-x)(1-x+x^2)} = -\dfrac{1}{2}$.

注　在求有理分式函数的极限 $\lim\limits_{x \to x_0} \dfrac{P(x)}{Q(x)}$ 时，其中 $P(x)$ 与 $Q(x)$ 都是 x 的多项式，若 $P(x_0)=0$，$Q(x_0)=0$，此时函数的商的极限运算法则不能应用. 根据多项式的因式定理知，当 $P(x_0)=0$ 时，多项式 $P(x)$ 有因式 $x-x_0$，所以此时多项式 $P(x)$ 与 $Q(x)$ 有公因式 $x-x_0$，我们可以利用因式分解的方法，求出这个公因式，再把这个公因式约去，如果当 $x=x_0$ 时，分母的另一个因式不等于 0，就可以应用函数的商的极限运算法则计算此极限.

例 1.19　求极限 $\lim\limits_{x \to 0} \mathrm{e}^{\frac{1}{x}}$.

解　因为 $\lim\limits_{x \to 0^+} \dfrac{1}{x} = +\infty$，所以 $\lim\limits_{x \to 0^+} \mathrm{e}^{\frac{1}{x}} = +\infty$；当 $x \to 0^-$ 时，令 $x = -t$，则 $t \to 0^+$，所以

$$\lim\limits_{x \to 0^-} \mathrm{e}^{\frac{1}{x}} = \lim\limits_{t \to 0^+} \mathrm{e}^{-\frac{1}{t}} = \frac{1}{\lim\limits_{t \to 0^+} \mathrm{e}^{\frac{1}{t}}} = 0，于是 \lim\limits_{x \to 0} \mathrm{e}^{\frac{1}{x}} 不存在.$$

例 1.20　求极限 $\lim\limits_{x \to 0} \dfrac{1 - \sqrt[3]{x+1}}{x}$.

解

$$\lim\limits_{x \to 0} \frac{1 - \sqrt[3]{x+1}}{x} = \lim\limits_{x \to 0} \frac{(1 - \sqrt[3]{x+1})[1 + \sqrt[3]{x+1} + \sqrt[3]{(1+x)^2}]}{x[1 + \sqrt[3]{x+1} + \sqrt[3]{(1+x)^2}]}$$

$$= \lim\limits_{x \to 0} \frac{1 - (x+1)}{x[1 + \sqrt[3]{x+1} + \sqrt[3]{(1+x)^2}]} = \lim\limits_{x \to 0} \frac{-1}{1 + \sqrt[3]{x+1} + \sqrt[3]{(1+x)^2}} = -\frac{1}{3}.$$

对于无理函数的极限，如果在自变量的变化过程中，分子与分母的极限都是 0，可以利用分子有理化或者分母有理化，再约去分子和分母中的极限为 0 的公因式，最后就可以应用函数的商的极限运算法则计算此极限.

习　题　1.4

1. 利用无穷小的性质求下列极限：

(1) $\lim\limits_{n \to \infty} \dfrac{2n \sin n}{n^2 + 1}$；

(2) $\lim\limits_{x \to 0} x^2 \cos \dfrac{1}{x}$；

(3) $\lim\limits_{x \to \infty} \dfrac{\arctan x}{\mathrm{e}^x + \mathrm{e}^{-x}}$；

(4) $\lim\limits_{x \to \infty} \dfrac{x^3 \cos x - 2x^4}{x^4 + 3x^2 + 2}$.

2. 已知极限 $\lim\limits_{x \to -1} \dfrac{f(x)}{x+1}$ 存在，求 $\lim\limits_{x \to -1} f(x)$.

3. 求下列函数的铅直渐近线：

(1) $f(x) = \dfrac{2x}{x^2 - 1}$；

(2) $f(x) = \ln(1-x)$.

4. 证明函数 $f(x) = x \sin x$ 在其定义域内无界，但当 $x \to +\infty$ 时这个函数不是无穷大.

5. 求下列极限：

(1) $\lim\limits_{x \to \infty} \dfrac{3x^3 + x}{x^3 + 3x^2 + 2}$；

(2) $\lim\limits_{x \to \infty} \dfrac{(2x+3)^{14}(3x-2)^{18}}{(6x^2 - 3x + 1)^{16}}$；

$(3) \lim\limits_{x \to -2} \dfrac{x^2-3x-10}{x^2-4}$;

$(4) \lim\limits_{x \to 1} \dfrac{1-x^3}{3-2x-x^2}$;

$(5) \lim\limits_{x \to 1} \left(\dfrac{2}{1-x^2} - \dfrac{4}{1-x^4} \right)$;

$(6) \lim\limits_{x \to +\infty} \left(\sqrt{2x^2+x} - \sqrt{2x^2-2x} \right)$;

$(7) \lim\limits_{x \to -\infty} \left(\sqrt{x^2+x} + x \right)$;

$(8) \lim\limits_{x \to 0} \dfrac{x}{\sqrt{1+2x}-1}$;

$(9) \lim\limits_{x \to 1} \dfrac{1-\sqrt[3]{x}}{x-1}$;

$(10) \lim\limits_{x \to -8} \dfrac{1-\sqrt{x+9}}{2+\sqrt[3]{x}}$.

6.已知 $\lim\limits_{x \to \infty} \left(\dfrac{x^2+1}{x+1} - ax - b \right) = 1$,求常数 a、b 的值.

习题 1.4 详解

1.5 两个重要极限与无穷小的比较

求函数的导数是微分学的中心内容之一,而求函数的导数首先要推导基本初等函数的求导公式,这时就需要利用这一节要介绍的两个重要极限,为此先给出数列的单调有界收敛准则.

1.5.1 数列的单调有界收敛准则

与函数的单调性定义类似,数列中存在着一种特殊的数列——单调数列.

对于数列 $\{x_n\}$,如果对 $\forall n \in \mathbf{Z}^+$,都有 $x_n \leqslant x_{n+1}$ $(x_n \geqslant x_{n+1})$,则称数列 $\{x_n\}$ 为单调增加(减少)数列.单调增加数列与单调减少数列统称为单调数列.

在数轴上看,单调增加数列的各项所表示的点都向右移动,而单调减少数列的各项所表示的点都向左移动.因此利用数轴我们可以发现,对于有上界的单调增加数列或者有下界的单调减少数列 $\{x_n\}$,当 n 无限增大时,x_n 将无限接近于某一个确定的常数.即有结论:单调增加且有上界的数列或单调减少且有下界的数列必有极限.因此,一般地有以下定理:

定理 1.16(单调有界收敛准则) 单调有界数列必有极限.

此定理的证明需要实数理论知识,故略去.

1.5.2 两个重要极限

下面要给出的两个重要极限,就是如下的定理.

定理 1.17 (1)$\lim\limits_{x \to 0}\dfrac{\sin x}{x}=1$;(2)$\lim\limits_{x \to \infty}\left(1+\dfrac{1}{x}\right)^{x}=\mathrm{e}$.

证明 (1)因为$\dfrac{\sin x}{x}$是偶函数,所以只要证明$\lim\limits_{x \to 0^{+}}\dfrac{\sin x}{x}=1$.

> 想一想为什么?

为利用函数极限的夹逼准则证明这个公式,需要一个与$\dfrac{\sin x}{x}$有关的不等式链,为此我们用构造单位圆的方法来获得这个不等式链.

不妨设 $x\in\left(0,\dfrac{\pi}{2}\right)$,如图 1-20,作单位圆的四分之一,有

△AOB 的面积<扇形 AOB 的面积<△AOC 的面积,

即

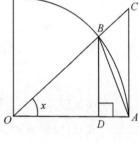

图 1-20

$$\frac{1}{2}\sin x<\frac{1}{2}x<\frac{1}{2}\tan x\left(0<x<\frac{\pi}{2}\right),$$

由此可得

$$\cos x<\frac{\sin x}{x}<1\left(0<x<\frac{\pi}{2}\right).$$

于是,有

$$0<1-\frac{\sin x}{x}<1-\cos x=2\sin^{2}\frac{x}{2}<2\sin\frac{x}{2}<x,$$

令 $x \to 0^{+}$,由夹逼定理,得

$$\lim\limits_{x \to 0^{+}}\left(1-\frac{\sin x}{x}\right)=0\Leftrightarrow\lim\limits_{x \to 0^{+}}\frac{\sin x}{x}=1.$$

另外,在以上的证明过程中,已经得到

$$0<1-\cos x<x,0<\sin x<x\left(0<x<\frac{\pi}{2}\right),$$

因此,有

$$\lim\limits_{x \to 0^{+}}(1-\cos x)=0\Leftrightarrow\lim\limits_{x \to 0^{+}}\cos x=1 \text{ 与 } \lim\limits_{x \to 0^{+}}\sin x=0.$$

再由 $\cos x$ 与 $\sin x$ 的奇偶性,便得$\lim\limits_{x \to 0}\cos x=1$,$\lim\limits_{x \to 0}\sin x=0$.

(2)先利用数列极限的单调有界准则证明$\lim\limits_{n \to \infty}\left(1+\dfrac{1}{n}\right)^{n}=\mathrm{e}$,即证明数列$\left\{\left(1+\dfrac{1}{n}\right)^{n}\right\}$单调增加且有上界.为此建立如下的不等式:

设 $a>b>0$,则对 $\forall n\in\mathbf{Z}^{+}$,有 $a^{n}\left[(n+1)b-na\right]<b^{n}$.

事实上,由乘法公式,得

$$a^{n+1}-b^{n+1}=(a-b)(a^n+a^{n-1}b+\cdots+b^n)<(n+1)a^n(a-b),$$

整理后,即得此不等式. 令 $a=1+\dfrac{1}{n}$, $b=1+\dfrac{1}{n+1}$,则有

$$\left(1+\frac{1}{n}\right)^n<\left(1+\frac{1}{n+1}\right)^{n+1}.$$

> 即证明了此数列单调增加.

再令 $b=1$, $a=1+\dfrac{1}{2n}$,则有

$$\frac{1}{2}\left(1+\frac{1}{2n}\right)^n<1\Rightarrow\left(1+\frac{1}{2n}\right)^n<2\Rightarrow\left(1+\frac{1}{2n}\right)^{2n}<4,$$

又已证 $\left\{\left(1+\dfrac{1}{n}\right)^n\right\}$ 单调增加,所以还有

$$\left(1+\frac{1}{2n-1}\right)^{2n-1}<\left(1+\frac{1}{2n}\right)^{2n}<4.$$

从而对 $\forall n\in\mathbf{Z}^+$,都有 $\left(1+\dfrac{1}{n}\right)^n<4$.

> 即证明了此数列有上界.

于是数列 $\left\{\left(1+\dfrac{1}{n}\right)^n\right\}$ 单调增加且有上界,所以数列 $\left\{\left(1+\dfrac{1}{n}\right)^n\right\}$ 必有极限,通常把此极限记作 e,即 $\lim\limits_{n\to\infty}\left(1+\dfrac{1}{n}\right)^n=\mathrm{e}$.

再证明 $\lim\limits_{x\to+\infty}\left(1+\dfrac{1}{x}\right)^x=\mathrm{e}$. 因 $[x]\leqslant x<[x]+1$,于是

$$\left(1+\frac{1}{[x]+1}\right)^{[x]}<\left(1+\frac{1}{x}\right)^x<\left(1+\frac{1}{[x]}\right)^{[x]+1}.$$

设 $n=[x]$,当 $x\to+\infty$ 时有 $n\to+\infty$,故

$$\lim_{x\to+\infty}\left(1+\frac{1}{[x]+1}\right)^{[x]}=\lim_{n\to+\infty}\left(1+\frac{1}{n+1}\right)^{n+1}\cdot\left(1+\frac{1}{n+1}\right)^{-1}=\mathrm{e},$$

$$\lim_{x\to+\infty}\left(1+\frac{1}{[x]}\right)^{[x]+1}=\lim_{n\to+\infty}\left(1+\frac{1}{n}\right)^n\cdot\left(1+\frac{1}{n}\right)=\mathrm{e}.$$

所以利用夹逼定理即得证明.

最后证明 $\lim\limits_{x\to-\infty}\left(1+\dfrac{1}{x}\right)^x=\mathrm{e}$. 做变量代换 $x=-(t+1)$,当 $x\to-\infty$ 时有 $t\to+\infty$,并利用上面刚证明的结果可得

$$\lim_{x\to-\infty}\left(1+\frac{1}{x}\right)^x=\lim_{t\to+\infty}\left(1-\frac{1}{t+1}\right)^{-(t+1)}=\lim_{t\to+\infty}\left(1+\frac{1}{t}\right)^{t+1}=\mathrm{e}.$$

综上所述，即得所要证明的公式.

利用复合函数的极限运算法则，上面两个重要极限有以下的变式：

$$\lim_{u(x)\to 0}\frac{\sin u(x)}{u(x)}=1;\quad \lim_{v(x)\to\infty}v(x)\sin\frac{1}{v(x)}=1;$$

$$\lim_{v(x)\to\infty}\left[1+\frac{1}{v(x)}\right]^{v(x)}=\mathrm{e};\quad \lim_{u(x)\to 0}\left[1+u(x)\right]^{\frac{1}{u(x)}}=\mathrm{e}.$$

例 1.21 求下列极限：

(1)$\lim\limits_{x\to 0}\dfrac{\tan x}{x}$;   (2)$\lim\limits_{x\to 0}\dfrac{\arcsin x}{x}$;   (3)$\lim\limits_{x\to 0}\dfrac{1-\cos x}{x^2}$.

解   (1)$\lim\limits_{x\to 0}\dfrac{\tan x}{x}=\lim\limits_{x\to 0}\dfrac{\sin x}{x\cos x}=\lim\limits_{x\to 0}\dfrac{\sin x}{x}\cdot\lim\limits_{x\to 0}\dfrac{1}{\cos x}=1\times 1=1.$

(2)设 $\arcsin x=t$，则 $x=\sin t$，且当 $x\to 0$ 时，$t\to 0$，所以

$$\lim_{x\to 0}\frac{\arcsin x}{x}=\lim_{t\to 0}\frac{t}{\sin t}=1.$$

(3)$\lim\limits_{x\to 0}\dfrac{1-\cos x}{x^2}=\lim\limits_{x\to 0}\dfrac{2\sin^2\frac{x}{2}}{x^2}=\lim\limits_{x\to 0}\dfrac{1}{2}\left(\dfrac{\sin\frac{x}{2}}{\frac{x}{2}}\right)^2=\dfrac{1}{2}\left(\lim\limits_{\frac{x}{2}\to 0}\dfrac{\sin\frac{x}{2}}{\frac{x}{2}}\right)^2=\dfrac{1}{2}.$

例 1.22 求下列极限：

(1)$\lim\limits_{x\to\infty}\left(1-\dfrac{2}{x}\right)^x$;   (2)$\lim\limits_{x\to\infty}\left(\dfrac{2x+3}{2x-1}\right)^{x-1}$;   (3)$\lim\limits_{x\to 1}x^{\frac{1}{2-2x}}$.

解   (1)$\lim\limits_{x\to\infty}\left(1-\dfrac{2}{x}\right)^x=\lim\limits_{\frac{-x}{2}\to\infty}\left[\left(1+\dfrac{2}{-x}\right)^{\frac{-x}{2}}\right]^{-2}=\mathrm{e}^{-2}.$

(2)$\lim\limits_{x\to\infty}\left(\dfrac{2x+3}{2x-1}\right)^{x-1}=\lim\limits_{x\to\infty}\left(1+\dfrac{4}{2x-1}\right)^{x-\frac{1}{2}-\frac{1}{2}}$

$\qquad=\lim\limits_{x\to\infty}\left[\left(1+\dfrac{4}{2x-1}\right)^{\frac{2x-1}{4}}\right]^2\left(1+\dfrac{4}{2x-1}\right)^{-\frac{1}{2}}=\mathrm{e}^2.$

(3)$\lim\limits_{x\to 1}x^{\frac{1}{2-2x}}=\lim\limits_{x-1\to 0}\left\{\left[1+(x-1)\right]^{\frac{1}{x-1}}\right\}^{-\frac{1}{2}}=\mathrm{e}^{-\frac{1}{2}}.$

1.5.3 无穷小的比较

1. 无穷小的阶的概念

由定理 1.11 易知，两个无穷小的和、差及积仍然无穷小，但两个无穷小的商则会出现各种不同的情形. 例如，当 $x\to 0$ 时，x、$2x$、x^2、$\sin x$ 都是无穷小，而且 $\lim\limits_{x\to 0}\dfrac{x^2}{2x}=0$，$\lim\limits_{x\to 0}\dfrac{\sin x}{x}=1$，$\lim\limits_{x\to 0}\dfrac{2x}{x}=2$，$\lim\limits_{x\to 0}\dfrac{x}{x^2}=\infty$. 两个无穷小的商的各种不同情形，反映了作为分子和分母的两个无穷小趋于 0 的"快慢"程度不同. 由以上四个极限的结果可知，当 $x\to 0$ 时，$x^2\to 0$ 比 $2x\to 0$ 要"快得多"，$\sin x\to 0$ 与 $x\to 0$"快慢程度相仿"，$2x\to 0$ 与 $x\to 0$"快慢程度大致差不多"，$x\to 0$ 比 $x^2\to 0$ 要"慢得多".

为了精确刻画在同一变化过程中,两个无穷小趋于 0 的"快慢"程度,我们引入无穷小的阶的概念.自变量的变化过程仍仅以 $x \to x_0$ 为例.

定义 1.13　设 $\lim\limits_{x \to x_0} \alpha(x) = 0, \lim\limits_{x \to x_0} \beta(x) = 0$,且 $\alpha(x)$ 与 $\beta(x)$ 都不为 0.

(1)如果 $\lim\limits_{x \to x_0} \dfrac{\alpha(x)}{\beta(x)} = 0$,则称 $x \to x_0$ 时 $\alpha(x)$ 是 $\beta(x)$ 的高阶无穷小,或也称 $x \to x_0$ 时 $\beta(x)$ 是 $\alpha(x)$ 的低阶无穷小,记作 $\alpha(x) = o[\beta(x)](x \to x_0)$;

(2)如果 $\lim\limits_{x \to x_0} \dfrac{\alpha(x)}{\beta(x)} = c \neq 0$,则称 $x \to x_0$ 时 $\alpha(x)$ 与 $\beta(x)$ 是同阶无穷小;

(3)如果 $\lim\limits_{x \to x_0} \dfrac{\alpha(x)}{\beta(x)} = 1$,则称 $x \to x_0$ 时 $\alpha(x)$ 与 $\beta(x)$ 是等价无穷小,记作 $\alpha(x) \sim \beta(x)(x \to x_0)$;

(4)如果 $\lim\limits_{x \to x_0} \dfrac{\alpha(x)}{[\beta(x)]^k} = c \neq 0, k > 0$,则称 $x \to x_0$ 时 $\alpha(x)$ 是关于 $\beta(x)$ 的 k 阶无穷小.

因此由前面的引例可得:

当 $x \to 0$ 时,x^2 是 $2x$ 的高阶无穷小,或者 $2x$ 是 x^2 的低阶无穷小,记作 $x^2 = o(2x)(x \to 0)$;

当 $x \to 0$ 时,$2x$ 与 x 是同阶无穷小;

当 $x \to 0$ 时,$\sin x$ 与 x 是等价无穷小,记作 $\sin x \sim x(x \to 0)$.

又由例 1.21 的(3)知 $\lim\limits_{x \to 0} \dfrac{1 - \cos x}{x^2} = \dfrac{1}{2}$,即 $\lim\limits_{x \to 0} \dfrac{1 - \cos x}{\frac{1}{2}x^2} = 1$,因此当 $x \to 0$ 时,$1 - \cos x$ 是 x 的二阶无穷小,或 $1 - \cos x$ 与 x^2 是同阶无穷小,或 $1 - \cos x$ 与 $\dfrac{1}{2}x^2$ 是等价无穷小.

2.等价无穷小

对于极限 $\lim\limits_{x \to 0} \dfrac{1 - \cos x}{x \sin x}$,我们可以利用公式 $\lim\limits_{x \to 0} \dfrac{\sin x}{x} = 1$ 求解,即有

$$\lim_{x \to 0} \frac{1 - \cos x}{x \sin x} = \lim_{x \to 0} \frac{2\sin^2 \frac{x}{2}}{2x \sin \frac{x}{2} \cos \frac{x}{2}} = \frac{1}{2} \lim_{x \to 0} \frac{\sin \frac{x}{2}}{\frac{x}{2}} \cdot \lim_{x \to 0} \frac{1}{\cos \frac{x}{2}} = \frac{1}{2}.$$

因为 $\sin x \sim x(x \to 0), 1 - \cos x \sim \dfrac{1}{2}x^2(x \to 0)$,如果我们分别用 x 与 $\dfrac{1}{2}x^2$ 代替此极限中的 $\sin x$ 与 $1 - \cos x$,同样可得正确的结果,即

$$\lim_{x \to 0} \frac{1 - \cos x}{x \sin x} = \lim_{x \to 0} \frac{\frac{1}{2}x^2}{x^2} = \frac{1}{2}.$$

因此我们可以用等价无穷小替换的方法简捷地求某些函数的极限.一般地有如下的等价无穷小替换定理(仍仅以 $x \to x_0$ 为例).

定理 1.18　设 $\alpha(x), \alpha'(x), \beta(x), \beta'(x)$ 都是当 $x \to x_0$ 时的无穷小,且 $\alpha(x) \sim \alpha'(x)$,$\beta(x) \sim \beta'(x)$,$\lim\limits_{x \to x_0} \dfrac{\alpha'(x)}{\beta'(x)}$ 存在,则 $\lim\limits_{x \to x_0} \dfrac{\alpha(x)}{\beta(x)} = \lim\limits_{x \to x_0} \dfrac{\alpha'(x)}{\beta'(x)}$.

证明 $\lim\limits_{x \to x_0} \dfrac{\alpha(x)}{\beta(x)} = \lim\limits_{x \to x_0} \dfrac{\alpha(x)}{\alpha'(x)} \cdot \dfrac{\alpha'(x)}{\beta'(x)} \cdot \dfrac{\beta'(x)}{\beta(x)}$

$$= \lim\limits_{x \to x_0} \dfrac{\alpha(x)}{\alpha'(x)} \cdot \lim\limits_{x \to x_0} \dfrac{\alpha'(x)}{\beta'(x)} \cdot \lim\limits_{x \to x_0} \dfrac{\beta'(x)}{\beta(x)} = 1 \cdot \lim\limits_{x \to x_0} \dfrac{\alpha'(x)}{\beta'(x)} \cdot 1 = \lim\limits_{x \to x_0} \dfrac{\alpha'(x)}{\beta'(x)}.$$

定理 1.18 表明,在求两个无穷小之比的极限时,分子及分母都可以用等价无穷小替换. 为此我们先给出 $x \to 0$ 时的一些常见的等价无穷小.

显然由等价无穷小的定义易知等价无穷小具有传递性.

定理 1.19 当 $x \to 0$ 时,有

$$x \sim \sin x \sim \tan x \sim \arcsin x \sim \arctan x \sim \ln(1+x) \sim e^x - 1; 1 - \cos x \sim \frac{1}{2}x^2; (1+x)^\alpha - 1 \sim$$

$\alpha x (\alpha \neq 0); a^x - 1 \sim x \ln a (a > 0).$

请记住这些等价无穷小哦!

证明 由定理 1.17 的(1)与例 1.21,可得

$$x \sim \sin x \sim \tan x \sim \arcsin x, 1 - \cos x \sim \frac{1}{2}x^2.$$

在 $\lim\limits_{x \to 0} \dfrac{\arctan x}{x}$ 中,设 $\arctan x = t$,则 $x = \tan t$,且当 $x \to 0$ 时,$t \to 0$,于是 $\lim\limits_{x \to 0} \dfrac{\arctan x}{x} =$ $\lim\limits_{t \to 0} \dfrac{t}{\tan t} = 1$,所以 $\arctan x \sim x (x \to 0)$.

因为 $\lim\limits_{x \to 0} \dfrac{\ln(1+x)}{x} = \lim\limits_{x \to 0} \ln(1+x)^{\frac{1}{x}} = \ln \lim\limits_{x \to 0} (1+x)^{\frac{1}{x}} = \ln e = 1$,所以 $\ln(1+x) \sim x (x \to 0)$.

在 $\lim\limits_{x \to 0} \dfrac{e^x - 1}{x}$ 中,设 $e^x - 1 = t$,则 $x = \ln(1+t)$,且当 $x \to 0$ 时,$t \to 0$,于是 $\lim\limits_{x \to 0} \dfrac{e^x - 1}{x} =$ $\lim\limits_{t \to 0} \dfrac{t}{\ln(1+t)} = 1$,所以 $e^x - 1 \sim x (x \to 0)$.

因为当 $x \to 0$ 时,$e^x - 1 \sim x$,$\ln(1+x) \sim x$,所以

$$(1+x)^\alpha - 1 = e^{\alpha \ln(1+x)} - 1 \sim \alpha \ln(1+x) \sim \alpha x (x \to 0).$$

因为当 $x \to 0$ 时,$e^x - 1 \sim x$,所以

$$a^x - 1 = e^{x \ln a} - 1 \sim x \ln a (x \to 0).$$

注 利用复合函数的极限运算法则,定理 1.19 中的这些结论可以推广为以下更有用的结论:在自变量 x 的某个变化过程中,如果 $u(x) \to 0$,则 $u(x) \sim \sin u(x) \sim \tan u(x) \sim \arcsin u(x)$ $\sim \arctan u(x) \sim \ln[1+u(x)] \sim e^{u(x)} - 1; 1 - \cos u(x) \sim \frac{1}{2}u^2(x); [1+u(x)]^\alpha - 1 \sim \alpha u(x) (\alpha > 0);$ $a^{u(x)} - 1 \sim u(x) \ln a (a > 0).$

例 1.23 求下列极限:

(1) $\lim\limits_{x \to 0} \dfrac{\sqrt[3]{1-x^2} - 1}{x \sin x}$;

(2) $\lim\limits_{x \to 0} \dfrac{(\arcsin 2x)^3}{(e^{x^2} - 1)\ln(1-4x)}$.

解   (1)因为当 $x \to 0$ 时，$\sin x \sim x$，$\sqrt[3]{1-x^2}-1 = (1-x^2)^{\frac{1}{3}}-1 \sim -\dfrac{x^2}{3}$，

所以
$$\lim_{x \to 0} \frac{\sqrt[3]{1-x^2}-1}{x\sin x} = \lim_{x \to 0} \frac{-\dfrac{x^2}{3}}{x^2} = -\frac{1}{3}.$$

(2)因为当 $x \to 0$ 时，$e^{x^2}-1 \sim x^2$，$\ln(1-4x) \sim -4x$，$\arcsin 2x \sim 2x$，所以

$$\lim_{x \to 0} \frac{(\arcsin 2x)^3}{(e^{x^2}-1)\ln(1-4x)} = \lim_{x \to 0} \frac{(2x)^3}{x^2 \cdot (-4x)} = -2.$$

例 1.24   求极限 $\lim\limits_{x \to 0} \dfrac{\tan x - \sin x}{\sqrt{1+2x\sin^2 x}-1}$.

错解   因为当 $x \to 0$ 时，$\tan x \sim x$，$\sin x \sim x$，所以

$$\lim_{x \to 0} \frac{\tan x - \sin x}{\sqrt{1+2x\sin^2 x}-1} = \lim_{x \to 0} \frac{x-x}{\sqrt{1+2x\sin^2 x}-1} = 0.$$

你能指出为什么错了吗？

解   应先将 $\tan x - \sin x$ 化为积的形式，才可以利用等价无穷小替换.

因为 $\tan x - \sin x = \tan x - \tan x\cos x = \tan x(1-\cos x)$，且当 $x \to 0$ 时，$\sin x \sim x$，$\tan x \sim x$，$1-\cos x \sim \dfrac{1}{2}x^2$，于是 $\sqrt{1+2x\sin^2 x}-1 \sim \dfrac{1}{2} \cdot 2x\sin^2 x \sim x^3$，所以

$$\lim_{x \to 0} \frac{\tan x - \sin x}{\sqrt{1+2x\sin^2 x}-1} = \lim_{x \to 0} \frac{\tan x(1-\cos x)}{\sqrt{1+2x\sin^2 x}-1} = \lim_{x \to 0} \frac{x \cdot \dfrac{1}{2}x^2}{x^3} = \frac{1}{2}.$$

例 1.25   求极限 $\lim\limits_{x \to -1} \dfrac{\sqrt{2}-\sqrt{x+3}}{\sqrt[3]{x-7}+2}$.

解   因为当 $x \to -1$ 时，$\sqrt{2}-\sqrt{x+3} = -\sqrt{2}\left(\sqrt{1+\dfrac{x+1}{2}}-1\right) \sim -\sqrt{2} \cdot \dfrac{1}{2} \cdot \dfrac{x+1}{2}$，

$\sqrt[3]{x-7}+2 = -2\left(\sqrt[3]{1-\dfrac{x+1}{8}}-1\right) \sim -2 \cdot \dfrac{1}{3}\left(-\dfrac{x+1}{8}\right)$，所以

$$\lim_{x \to -1} \frac{\sqrt{2}-\sqrt{x+3}}{\sqrt[3]{x-7}+2} = \lim_{x \to -1} \frac{-\sqrt{2} \cdot \dfrac{1}{2} \cdot \dfrac{x+1}{2}}{-2 \cdot \dfrac{1}{3}\left(-\dfrac{x+1}{8}\right)} = -3\sqrt{2}.$$

习　题　1.5

1.求下列极限：

$(1)\lim\limits_{n \to \infty} n\sin\dfrac{x}{n}$;

$(2)\lim\limits_{x \to 0} x\cot 3x$;

$(3)\lim\limits_{x \to \pi} \dfrac{\sin 2x}{x-\pi}$;

$(4)\lim\limits_{x\to 0}\dfrac{2x+\sin x}{x-2\sin x}$;　　　　$(5)\lim\limits_{x\to 1}\dfrac{\sin(x-1)}{1-x^{2}}$;　　　　$(6)\lim\limits_{x\to 0^{-}}\dfrac{\sqrt{1-\cos x}}{x}$.

2．求下列极限：

$(1)\lim\limits_{x\to\infty}\left(\dfrac{2+x}{x}\right)^{3x}$;　　　　$(2)\lim\limits_{x\to\infty}\left(\dfrac{x}{x+1}\right)^{2x+3}$;　　　　$(3)\lim\limits_{x\to\infty}\left(\dfrac{x-a}{x+a}\right)^{x}$（$a\neq 0$ 的常数）

$(4)\lim\limits_{x\to 0}(1-2x)^{\frac{1}{2x}}$;　　　　$(5)\lim\limits_{x\to -1}(-x)^{\frac{2}{x+1}}$;　　　　$(6)\lim\limits_{x\to 0}(1+2\cot x)^{3\tan x}$.

3．下列函数都是当 $x\to 0$ 时的无穷小，问它们分别是 x 的几阶无穷小？并说明理由．

$(1)2x-x^{2}$;　　　　$(2)\sin(3\sqrt[3]{x})$;　　　　$(3)\mathrm{e}^{x^{2}}-1$;　　　　$(4)1-\cos x^{2}$.

4．利用等价无穷小的替换定理求下列极限：

$(1)\lim\limits_{x\to 0}\dfrac{(\mathrm{e}^{2x}-1)\sin x}{\ln(1+x^{2})}$;　　　　　　　　$(2)\lim\limits_{x\to\infty}\left(\sqrt{1-\dfrac{2}{x}}-1\right)\cot\dfrac{2}{x}$;

$(3)\lim\limits_{x\to 1}\dfrac{\arcsin(2-2x)}{\ln x}$;　　　　　　　　$(4)\lim\limits_{x\to 0}\dfrac{\arctan x}{\mathrm{e}^{2x}-\mathrm{e}^{-x}}$;

$(5)\lim\limits_{x\to 1}\dfrac{1+\cos\pi x}{(x-1)^{2}}$;　　　　　　　　$(6)\lim\limits_{x\to 0}\dfrac{\sqrt[3]{1-x\tan x}-1}{x\arcsin 2x}$;

$(7)\lim\limits_{x\to 1}\dfrac{1-\sqrt[n]{x}}{1-\sqrt[m]{x}}$;　　　　　　　　$(8)\lim\limits_{x\to 0}\dfrac{1-\cos(1-\cos x)}{x^{4}}$.

5．已知$\lim\limits_{x\to 0}\dfrac{\sqrt{1+f(x)\sin 3x}-1}{\ln(1-2x)}=1$，求$\lim\limits_{x\to 0}f(x)$.

6．已知极限$\lim\limits_{x\to 0}(1+ax^{2}\mathrm{e}^{x})^{\frac{1}{1-\cos x}}=2$（$a>0$ 的常数），求 a 的值.

习题 1.5 详解

1.6 函数的连续性与闭区间上连续函数的性质

　　函数连续性是微积分的最重要概念之一，下面将从实际生活例子入手，利用极限方法，引出连续函数的概念，讨论函数间断点的类型，并介绍闭区间上连续函数的重要性质．

1.6.1 连续函数的概念与运算

　　在客观世界中，有许多现象和事物的变化是连续不断的，如河水的流动，气温、气压的变化，人的身高、体重的变化，这些连续不断发展变化的事物反映到函数关系上，就是函数的连续性．

1.函数在一点连续的定义

设变量 u 从它的一个初值 u_1 变到终值 u_2，终值与初值的差 $u_2 - u_1$ 称为变量 u 的增量（改变量），记作 Δu，即 $\Delta u = u_2 - u_1$.

注　Δu 可以是正的，也可以是负的. 当 Δu 为正时，变量 u 是增大的；当 Δu 为负时，变量 u 是减少的.

想一想为什么？

设函数 $y = f(x)$ 在点 x_0 的某邻域内有定义，当自变量 x 在该邻域内从 x_0 变到 $x_0 + \Delta x$，函数值 y 相应地从 $f(x_0)$ 变到 $f(x_0 + \Delta x)$，因此函数 y 对应增量为 $\Delta y = f(x_0 + \Delta x) - f(x_0)$，$\Delta y$ 随着 Δx 的变化而变化，它是 Δx 的函数，其几何意义如图 1-21 所示.

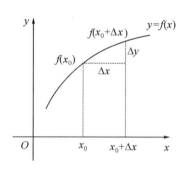

图 1-21

借助函数增量的概念，我们可以给出函数在一点连续的定义.

定义 1.14　设函数 $y = f(x)$ 在点 x_0 的某邻域内有定义. 如果当自变量在点 x_0 的增量 Δx 趋于零时，函数 $y = f(x)$ 对应的增量 Δy 也趋于零，即

$$\lim_{\Delta x \to 0} \Delta y = 0 \text{ 或 } \lim_{\Delta x \to 0} [f(x_0 + \Delta x) - f(x_0)] = 0,$$

则称函数 $f(x)$ 在点 x_0 处连续，x_0 称为 $f(x)$ 的连续点.

注　(1)上述定义表明，函数在一点连续的本质特征是：在该点处自变量变化很小时，对应的函数值的变化也很小.

(2)在定义 1.14 中，若令 $x = x_0 + \Delta x$，即 $\Delta x = x - x_0$，则当 $\Delta x \to 0$ 时，即当 $x \to x_0$ 时，有 $f(x) - f(x_0) = f(x_0 + \Delta x) - f(x_0) \to 0$.

因此，函数在一点连续的定义又可以叙述为：

设函数 $y = f(x)$ 在点 x_0 的某邻域内有定义. 如果函数 $f(x)$ 当 $x \to x_0$ 时的极限存在，且等于 $f(x_0)$，即 $\lim\limits_{x \to x_0} f(x) = f(x_0)$，则称函数 $f(x)$ 在点 x_0 处连续.

由上述函数在一点连续的定义知，如果函数 $y = f(x)$ 在点 x_0 处连续，则 $\lim\limits_{x \to x_0} f(x) = f(x_0)$，即函数在连续点处的极限值等于在该点的函数值.

例 1.26　证明函数 $f(x) = \begin{cases} \dfrac{\sin x}{x}, & x \neq 0, \\ 1, & x = 0 \end{cases}$ 在 $x = 0$ 处连续.

证明　因为 $\lim\limits_{x \to 0} \dfrac{\sin x}{x} = 1$，且 $f(0) = 1$，故有 $\lim\limits_{x \to 0} f(x) = f(0)$，所以函数 $f(x)$ 在 $x = 0$ 处连续.

2. 左连续、右连续与连续函数

与函数左极限和右极限类似,函数在一点连续的定义中,如果 x 仅从 x_0 的一侧趋于 x_0,就有函数在一点的左连续与右连续的概念.

若函数 $f(x)$ 在 $(a, x_0]$ 内有定义,且 $\lim\limits_{x \to x_0^-} f(x) = f(x_0)$,则称函数 $f(x)$ 在点 x_0 处左连续;若函数 $f(x)$ 在 $[x_0, b)$ 内有定义,且 $\lim\limits_{x \to x_0^+} f(x) = f(x_0)$,则称函数 $f(x)$ 在点 x_0 处右连续,如图 1-22 所示.

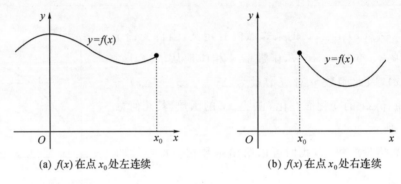

(a) $f(x)$ 在点 x_0 处左连续　　　　(b) $f(x)$ 在点 x_0 处右连续

图 1-22

利用函数极限与函数左极限及右极限的关系,易得:

函数 $f(x)$ 在点 x_0 处连续的充要条件是函数 $f(x)$ 在点 x_0 处既左连续又右连续.

> 你会证明吗?

在区间上每一点都连续的函数,称为该区间上的连续函数,或者说函数在该区间上连续. 如果函数 $f(x)$ 在开区间 (a, b) 内连续,并且在左端点 $x = a$ 处右连续,在右端点 $x = b$ 处左连续,则称函数 $f(x)$ 在闭区间 $[a, b]$ 上连续. 若函数 $f(x)$ 在闭区间 $[a, b]$ 上连续,可记为 $f(x) \in C[a, b]$.

连续函数的图像是一条连续而不间断的曲线.

例 1.27　证明函数 $y = \sin x$ 在 $(-\infty, +\infty)$ 内连续.

证明　$\forall x \in (-\infty, +\infty)$,则

$$|\Delta y| = |\sin(x + \Delta x) - \sin x| = \left| 2\sin\frac{\Delta x}{2}\cos\left(x + \frac{\Delta x}{2}\right) \right| \leqslant \left| 2\sin\frac{\Delta x}{2} \right| < |\Delta x|,$$ 所以,当 $\Delta x \to 0$ 时,$\Delta y \to 0$,即函数 $y = \sin x$ 在 $(-\infty, +\infty)$ 内连续.

类似地,可以证明常值函数 $y = C$(C 为常数),指数函数 $y = a^x$($a > 0, a \neq 0$),余弦函数 $y = \cos x$ 在 $(-\infty, +\infty)$ 内连续.

3. 连续函数的运算与初等函数的连续性

利用极限的运算法则及函数在一点连续的定义,可得下面的两个定理.

定理 1.20　设函数 $f(x)$ 和 $g(x)$ 在点 x_0 处连续,则

$$f(x) \pm g(x), f(x) \cdot g(x), \frac{f(x)}{g(x)}(g(x_0) \neq 0)$$

在点 x_0 处也连续.

定理 1.21　设函数 $u = g(x)$ 在点 x_0 处连续且 $u_0 = g(x_0)$,函数 $y = f(u)$ 在 u_0 处连续,则复合函数 $y = f(g(x))$ 在点 x_0 处连续.

对于反函数的连续性,则有如下的定理.

定理 1.22　如果函数 $y = f(x)$ 在某区间上单调增加(或减少)且连续,则它的反函数 $x = f^{-1}(y)$ 在相应的区间上单调增加(或减少)且连续.

证明略.

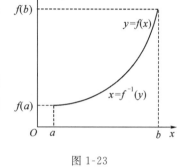

图 1-23

从几何直观上看,若函数 $y = f(x)$ 在区间 $[a, b]$ 上单调增加且连续(如图 1-23),则函数 $y = f(x)$ 的图像是一条上升、不间断的曲线,$y = f(x)$ 与其反函数 $x = f^{-1}(y)$ 的图像是同一条曲线,可见 $x = f^{-1}(y)$ 在对应区间 $[f(a), f(b)]$ 上单调增加且连续.

因为 $\tan x = \dfrac{\sin x}{\cos x}, \cot x = \dfrac{\cos x}{\sin x}, \sec x = \dfrac{1}{\cos x}, \csc x = \dfrac{1}{\sin x}$,而 $\sin x$ 和 $\cos x$ 在 $(-\infty, +\infty)$ 内连续,故由定理 1.20 知 $\tan x$、$\cot x$、$\sec x$ 和 $\csc x$ 分别在其定义域内连续.

因为指数函数和三角函数在其定义域内连续,故由定理 1.22 知对数函数和反三角函数分别在其定义域内连续.

因为由对数恒等式可得 $x^\alpha = (e^\alpha)^{\ln x}$,所以由定理 1.21 知幂函数 $y = x^\alpha$(α 为常数)在其定义域内连续.

综上所述,所有基本初等函数在其定义域内都是连续的.根据初等函数的定义,结合定理 1.20 和定理 1.21 可得出:一切初等函数在其定义区间内都是连续的,所谓定义区间是指包含在定义域内的区间.

另外,由定理 1.21 可知,求复合函数 $f(g(x))$ 的极限时,当 $f(u)$ 连续时,极限符号与函数符号可以交换次序,即 $\lim\limits_{x \to x_0} f(g(x)) = f(\lim\limits_{x \to x_0} g(x))$.

例 1.28　如果 $f(x)$ 在 x_0 的某去心邻域内不为 0,且 $\lim\limits_{x \to x_0} f(x) = 0$,$\lim\limits_{x \to x_0} g(x) = \infty$,则

$$\lim\limits_{x \to x_0} [1 + f(x)]^{g(x)} = e^{\lim\limits_{x \to x_0} f(x)g(x)}.$$

证明　$\lim\limits_{x \to x_0} [1 + f(x)]^{g(x)} = \lim\limits_{x \to x_0} e^{g(x)\ln[1 + f(x)]}$

$$= e^{\lim\limits_{x \to x_0} g(x)\ln[1 + f(x)]} = e^{\lim\limits_{x \to x_0} f(x)g(x)}.$$

以上第一步用了什么公式?

此例的结论可以作为公式来用. 例如,因当 $x \to 1$ 时, $\ln x \sim x-1$,所以

$$\lim_{x \to 1}(1+2\ln x)^{\frac{1}{1-x}} = \mathrm{e}^{\lim\limits_{x \to 1}\frac{2\ln x}{1-x}} = \mathrm{e}^{\lim\limits_{x \to 1}\frac{2(x-1)}{1-x}} = \mathrm{e}^{-2}.$$

1.6.2　函数间断点及其分类

定义 1.15　如果函数 $f(x)$ 在点 x_0 处不连续,则称函数 $f(x)$ 在点 x_0 处间断,并称点 x_0 是函数 $f(x)$ 的间断点.

根据函数在一点连续的条件,函数 $f(x)$ 在点 x_0 处间断,则可能有三种情形:

(1) $f(x)$ 在点 x_0 没有定义;

(2) 极限 $\lim\limits_{x \to x_0} f(x)$ 不存在;

(3) $f(x)$ 在点 x_0 有定义,极限 $\lim\limits_{x \to x_0} f(x)$ 存在,但 $\lim\limits_{x \to x_0} f(x) \neq f(x_0)$.

间断点可以分为两大类.

设点 x_0 是 $f(x)$ 的间断点,但 $\lim\limits_{x \to x_0^+} f(x)$ 与 $\lim\limits_{x \to x_0^-} f(x)$ 都存在,则称 x_0 是 $f(x)$ 的第一类间断点;如果 $\lim\limits_{x \to x_0^+} f(x)$ 与 $\lim\limits_{x \to x_0^-} f(x)$ 至少有一个不存在,则称 x_0 是 $f(x)$ 的第二类间断点.

设点 x_0 是 $f(x)$ 的第一类间断点,但 $\lim\limits_{x \to x_0^+} f(x) \neq \lim\limits_{x \to x_0^-} f(x)$,则称 x_0 是 $f(x)$ 的跳跃间断点;如果 $\lim\limits_{x \to x_0^+} f(x) = \lim\limits_{x \to x_0^-} f(x)$,即 $\lim\limits_{x \to x_0} f(x)$ 存在,则称 x_0 是 $f(x)$ 的可去间断点,此时若令 $f(x_0) = \lim\limits_{x \to x_0} f(x)$,则所得新的函数在点 x_0 处就连续了.

设点 x_0 是 $f(x)$ 的第二类间断点,但 $\lim\limits_{x \to x_0^+} f(x)$ 与 $\lim\limits_{x \to x_0^-} f(x)$ 至少有一个是 ∞,则称 x_0 是 $f(x)$ 的无穷间断点;如果 $\lim\limits_{x \to x_0^+} f(x)$ 与 $\lim\limits_{x \to x_0^-} f(x)$ 至少有一个不存在,但又不是 ∞,则称 x_0 是 $f(x)$ 的振荡间断点.

例 1.29　求下列函数的间断点,并确定其所属的类型.

(1) $f(x) = \dfrac{x^2 - x}{|x|(x^2 - 1)}$;　　　　　　　　　(2) $f(x) = \sin \dfrac{1}{x+1}$.

解　(1) 令 $|x|(x^2 - 1) = 0$,得 $x = 1$, $x = 0$ 或 $x = -1$,所以 $f(x)$ 的间断点为 $x = 1$, $x = 0$ 和 $x = -1$. 因为

$$\lim_{x \to 1} f(x) = \lim_{x \to 1} \frac{x(x-1)}{x(x-1)(x+1)} = \lim_{x \to 1} \frac{1}{x+1} = \frac{1}{2},$$

所以 $x = 1$ 是 $f(x)$ 的第一类间断点,且为可去间断点.

而

$$\lim_{x \to 0^-} f(x) = \lim_{x \to 0^-} \frac{x(x-1)}{-x(x-1)(x+1)} = \lim_{x \to 0^-} \frac{-1}{x+1} = -1,$$

$$\lim_{x \to 0^+} f(x) = \lim_{x \to 0^+} \frac{x(x-1)}{x(x-1)(x+1)} = \lim_{x \to 0^+} \frac{1}{x+1} = 1,$$

即 $\lim\limits_{x \to 0^-} f(x) \neq \lim\limits_{x \to 0^+} f(x)$,故 $x = 0$ 是 $f(x)$ 的第一类间断点,且为跳跃间断点.

又 $$\lim_{x\to-1}f(x)=\lim_{x\to-1}\frac{x(x-1)}{-x(x-1)(x+1)}=\lim_{x\to-1}\frac{-1}{x+1}=\infty,$$

所以 $x=-1$ 是 $f(x)$ 的第二类间断点,且为无穷间断点.

(2)显然 $x=-1$ 是 $f(x)$ 的间断点,因为 $\lim_{x\to-1}f(x)=\lim\sin\dfrac{1}{x+1}$ 不存在,且不是 ∞,所以 $x=-1$ 是 $f(x)$ 的第二类间断点,且为振荡间断点.

在图 1-24 中,函数 $f(x)$ 分别有间断点 a、b、c、d. 其中 a、b 是第一类间断点,且 a 为跳跃间断点,b 为可去间断点;c、d 是第二类间断点,且 c 是无穷间断点,d 是振荡间断点.

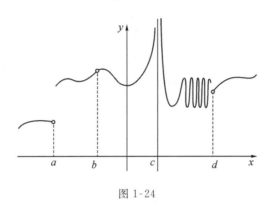

图 1-24

1.6.3 闭区间上连续函数的性质

下面介绍闭区间上连续的重要性质.其中最值存在定理与零点定理的证明要用到实数理论,故将严格的证明略去,但我们可以利用函数图像理解定理的正确性.

首先给出函数的最大值与最小值的概念.

若函数 $f(x)$ 在区间 I 上有定义,如果 $\exists x_0\in I$,使得对于 $\forall x\in I$ 都满足
$$f(x)\leqslant f(x_0)(f(x)\geqslant f(x_0)),$$
则称 $f(x_0)$ 是函数 $f(x)$ 在区间 I 上的最大值(最小值).

定理 1.23(最值存在定理) 设 $f(x)\in C[a,b]$,则 $\exists x_1,x_2\in[a,b]$,使得对 $\forall x\in[a,b]$,有
$$f(x_1)\leqslant f(x)\leqslant f(x_2),$$
即 $m=f(x_1)$ 与 $M=f(x_2)$ 是 $f(x)$ 在闭区间 $[a,b]$ 上的最小值和最大值(如图 1-25).

注 此定理中的两个条件:闭区间和连续函数是使定理成立的充分条件,不是必要条件,但若缺少其中一个条件,定理的结论就未必成立.

例如,函数 $f(x)=x$ 在开区间 $(0,1)$ 上连续,但它在 $(0,1)$ 上既没有最大值也没有最小值(如图 1-26). 又例如 $f(x)=\begin{cases}x+1, & -1\leqslant x<0,\\ x-1, & 0<x\leqslant1\end{cases}$ 在闭区间 $[-1,1]$ 上不连续,它在 $[-1,1]$ 上也既没有最大值也没有最小值(如图 1-27).

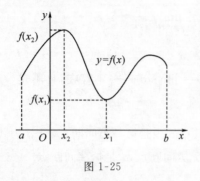

图 1-25

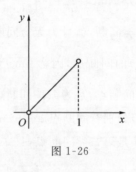

图 1-26

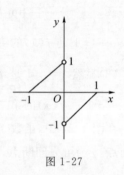

图 1-27

推论(有界性定理) 设 $f(x) \in C[a,b]$,则 $f(x)$ 在闭区间 $[a,b]$ 上有界.

证明 由定理 1.23 知,$f(x)$ 在 $[a,b]$ 上有最小值 m 和最大值 M,则 $\forall x \in [a,b]$,有 $m \leqslant f(x) \leqslant M$,此即 $f(x)$ 在 $[a,b]$ 上有界.

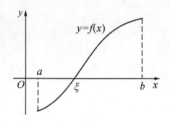

图 1-28

定理 1.24(零点定理) 设 $f(x) \in C[a,b]$,且 $f(a)$、$f(b)$ 异号,则至少有一点 $\xi \in (a,b)$,使 $f(\xi) = 0$(如图 1-28).

注 与定理 1.23 一样,此定理中的两个条件:闭区间和连续函数也是使定理成立的充分条件,不是必要条件,但若缺少其中一个条件,定理的结论也未必成立.

例如,函数 $f(x) = \begin{cases} x, & 0 < x \leqslant 1, \\ -1, & x = 0 \end{cases}$ 在开区间 $(0,1)$ 内连续,且 $f(0) \cdot f(1) < 0$,但它在 $(0,1)$ 内没有零点(如图 1-29).又例如,函数 $f(x) = x(-1 \leqslant x < 0$ 或 $0 < x \leqslant 1)$ 在闭区间 $[-1,1]$ 上不连续,且 $f(-1) \cdot f(1) < 0$,它在 $(-1,1)$ 内也没有零点(如图 1-30).

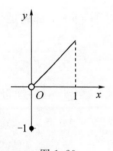

图 1-29

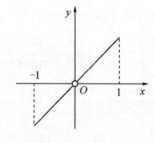

图 1-30

推论(介值定理) 设 $f(x) \in C[a,b]$,m、M 分别为 $f(x)$ 在闭区间 $[a,b]$ 上的最大值和最小值,则对 $\forall c \in [m,M]$,至少存在一点 $\xi \in [a,b]$,使 $f(\xi) = c$.

证明 当 $m = M$ 时,则 $\forall x \in [a,b]$ 有 $f(x) = c$,结论正确.当 $c = m$ 或 $c = M$ 时,结论显然成立.

下设 $m < c < M$,不妨设 $f(x_1) = m$,$f(x_2) = M$,且 $x_1 < x_2$,作辅助函数 $\varphi(x) = f(x) - c$(即把 $y = f(x)$ 的图像向下平移 c,见图 1-31),则 $\varphi(x)$ 在闭区间 $[x_1, x_2]$ 上连续,且

$$\varphi(x_1)=f(x_1)-c<0, \varphi(x_2)=f(x_2)-c>0,$$

从而由零点定理知存在 $\xi\in(x_1,x_2)$，使 $\varphi(\xi)=0$，所以有 $f(\xi)=c$.

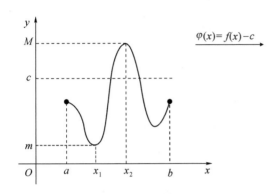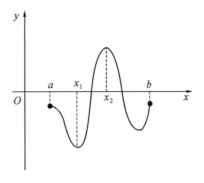

图 1-31

例 1.30　证明关于 x 的方程 $x=a\cos x+b$，其中 $a>0,b>0$，至少有一个正根，并且它不超过 $a+b$.

证明　设 $f(x)=x-a\cos x-b$，可知 $f(x)$ 在闭区间 $[0,a+b]$ 上连续，又
$$f(0)=-a-b<0, f(a+b)=a[1-\cos(a+b)]\geqslant 0,$$
若 $f(a+b)=0$ 结论显然成立；若 $f(a+b)>0$，根据零点定理，在开区间 $(0,a+b)$ 内至少存在一点 ξ，使得 $f(\xi)=0$，即方程 $x=a\cos x+b$ 在区间 $(0,a+b]$ 内至少有一个实根.

例 1.31　设 $f(x)$ 在 $[a,b]$ 上连续，且 $a<c<d<b$，证明在 (a,b) 内至少存在一点 ξ，使得 $pf(c)+qf(d)=(p+q)f(\xi)$ 成立，其中 p,q 均为任意正的常数.

证明（证法一）作辅助函数 $F(x)=(p+q)f(x)-pf(c)-qf(d)$，由题设知，$F(x)$ 在 $[c,d]\subset[a,b]$ 上连续，又
$$F(c)=q[f(c)-f(d)], F(d)=p[f(d)-f(c)],$$
由于 p,q 均为任意正的常数，有
$$F(c)F(d)=-pq[f(d)-f(c)]^2\leqslant 0.$$

当 $f(c)=f(d)$ 时，$F(c)=F(d)=0$，则 ξ 可取 c 或 d；当 $f(c)\neq f(d)$ 时，$F(c)F(d)<0$，由零点定理可知，至少存在一点 $\xi\in[c,d]\subset[a,b]$，使 $F(\xi)=0$，即
$$pf(c)+qf(d)=(p+q)f(\xi).$$

（证法二）由于 $f(x)$ 在 $[c,d]\subset[a,b]$ 上连续，因此 $f(x)$ 在 $[c,d]$ 上有最大值 M 和最小值 m，即 $m\leqslant f(x)\leqslant M, x\in[c,d]$，因此有
$$m\leqslant f(c)\leqslant M, m\leqslant f(d)\leqslant M,$$
即有
$$pm\leqslant pf(c)\leqslant pM, qm\leqslant qf(d)\leqslant qM.$$

把上面两个式子相加得到
$$(p+q)m\leqslant pf(c)+qf(d)\leqslant(p+q)M\Leftrightarrow m\leqslant\frac{pf(c)+qf(d)}{p+q}\leqslant M,$$

由介值定理可得存在一点 $\xi \in [c,d] \subset [a,b]$，使得

$$\frac{pf(c)+qf(d)}{p+q}=f(\xi) \Leftrightarrow pf(c)+qf(d)=(p+q)f(\xi).$$

例 1.32 设 $f(x)$ 在 $(-\infty,+\infty)$ 内连续，且 $\lim\limits_{x \to \infty} f(x)$ 存在，证明 $f(x)$ 必在 $(-\infty,+\infty)$ 内有界.

证明 因为 $\lim\limits_{x \to \infty} f(x)$ 存在，不妨设 $\lim\limits_{x \to \infty} f(x)=A$，由函数极限定义，对于 $\varepsilon=1$，$\exists X>0$，使得对满足 $|x|>X$ 的 $\forall x$，均有 $|f(x)-A|<1$，所以 $|x|>X$ 时，有

$$|f(x)|=|(f(x)-A)+A| \leqslant |f(x)-A|+|A| < 1+|A|.$$

又由于 $f(x)$ 在闭区间 $[-X,X]$ 上连续，由闭区间上连续函数的有界性定理，知 $\exists M_1>0$，当 $x \in [-X,X]$ 时，$|f(x)| \leqslant M_1$.

取 $M=\max\{1+|A|,M_1\}$，则当 $x \in (-\infty,+\infty)$ 时，有 $|f(x)|<M$，即 $f(x)$ 在 $(-\infty,+\infty)$ 内有界.

习 题 1.6

1. 证明函数 $f(x)=\begin{cases} x\sin\dfrac{1}{x}, & x\neq0, \\ 0, & x=0 \end{cases}$ 在 $x=0$ 处连续.

2. 利用函数的连续性，求下列极限：

(1) $\lim\limits_{x \to 0}\cos\left(x^2+\dfrac{\sin\pi x}{2x}\right)$;

(2) $\lim\limits_{x \to +\infty}\sin\pi(\sqrt{x^2+x}-x)$;

(3) $\lim\limits_{x \to 0^+}\{\ln(2\sin3x)-\ln[\ln(1+2x)]\}$;

(4) $\lim\limits_{x \to \frac{\pi}{2}}(1-\cos x)^{2\tan x}$.

3. 设 $f(x)=\begin{cases} x^2+(a-1)x-a, & x\geqslant0, \\ \dfrac{\ln(1-2x)}{x}, & -\dfrac{1}{2}<x<0, \end{cases}$ 求 a 的值，使 $f(x)$ 在 $x=0$ 处连续.

4. 设 $f(x)=\begin{cases} x^m\cos\dfrac{1}{x}, & x>0, \\ ne^x-m, & x\leqslant0, \end{cases}$ 试根据 m 和 n 的不同情形，讨论 $f(x)$ 在 $x=0$ 处的连续性.

5. 求下列函数的间断点，并确定其所属的类型：

(1) $f(x)=\dfrac{2x-x^2}{x^2-4}$;

(2) $f(x)=\cos\dfrac{x+1}{x^2+x}$;

(3) $f(x)=\dfrac{x}{\tan x}$;

(4) $f(x)=[x]$;

(5) $f(x)=\begin{cases} x^2+1, & x<0, \\ \sin x, & x\geqslant0. \end{cases}$

(6) $f(x)=\dfrac{1-2e^{\frac{1}{x}}}{1+e^{\frac{1}{x}}}$.

6.证明方程 $4x = 2^x$ 在区间 $\left(\dfrac{1}{3}, \dfrac{1}{2}\right)$ 内至少有一个根.

7.设 $f(x)$ 和 $g(x)$ 在 $[a, b]$ 上连续,且 $f(a) \leqslant g(a)$,$f(b) \geqslant g(b)$,证明至少有一点 $\xi \in [a, b]$,使 $f(\xi) = g(\xi)$.

8.设 $f(x)$ 在 $[0, 3]$ 上连续,且 $f(0) = f(3)$,证明至少存在一点 $\xi \in [0, 3]$,使 $f(\xi) = f(\xi + 1)$.

习题 1.6 详解

复习题　1

1.选择题

(1)已知函数 $f(x)$ 的定义域是 $[-1, 1]$,则函数 $\dfrac{f(2x)}{x^2 - 1}$ 的定义域为(　　).

A.$(-1, 1)$　　　　　　　　　　　B.$[-2, -1) \bigcup (1, 2]$

C.$\left[-\dfrac{1}{2}, \dfrac{1}{2}\right]$　　　　　　　　　D.以上都不对

(2)"数列有极限"是"数列有界"的(　　).

A.充要条件　　　　　　　　　　　B.充分不必要条件

C.既不充分也不必要条件　　　　　D.必要不充分条件

(3)极限 $\lim\limits_{x \to \infty} \dfrac{e^x + e^{-x}}{e^x - e^{-x}}$(　　).

A.等于 -1　　　　B.等于 1　　　　C.等于 0　　　　D.不存在

(4)极限 $\lim\limits_{x \to -\infty} (\sqrt{4x^2 - x} + 2x) = $(　　).

A.$\dfrac{1}{4}$　　　　　　B.0　　　　　　C.$-\dfrac{1}{4}$　　　　　　D.∞

(5)当 $x \to 0$ 时,$\sin 2x - 2\sin x$ 是 x^3 的(　　).

A.等价无穷小　　　　　　　　　　B.非等价的同阶无穷小

C.高阶无穷小　　　　　　　　　　D.低阶无穷小

(6)已知函数 $f(x) = \dfrac{2 + e^{\frac{1}{x}}}{1 + e^{\frac{2}{x}}} + \dfrac{\ln(1 + x)}{|x|}$,则 $x = 0$ 是 $f(x)$ 的(　　).

A.连续点　　　　B.无穷间断点　　　　C.可去间断点　　　　D.跳跃间断点

2. 填空题

(1) 已知 $f\left(\sin\dfrac{x}{2}\right)=2+\cos x$，则 $f(x)=$ _____.

(2) 极限 $\lim\limits_{n\to\infty}\dfrac{1+3+3^2+\cdots+3^n}{3^n+2^n}=$ _____.

(3) 设 $f(x)=\begin{cases}\cos x+a, & x\geqslant 0,\\ 2^{\frac{1}{x}}-1, & x<0,\end{cases}$ 且 $\lim\limits_{x\to 0}f(x)$ 存在，则 a 的值是 _____.

(4) 已知 $\lim\limits_{x\to\infty}\left(\dfrac{2x^2}{1+x}+ax+2b\right)=1$，则 $a+b=$ _____.

(5) 极限 $\lim\limits_{x\to 1}\dfrac{\sqrt[3]{x}-1}{\sin(x^2-1)}=$ _____.

(6) 设 $f(x)=\dfrac{x}{a+\mathrm{e}^{bx}}$ 在 $(-\infty,+\infty)$ 上连续，且 $\lim\limits_{x\to-\infty}f(x)=0$，则常数 a,b 应满足的条件是 _____.

3. 解答题

(1) 求函数 $y=\sqrt{\sin x}+\dfrac{1}{\sqrt{64-x^2}}$ 的定义域.

(2) 求函数 $y=\sin x\left(-\dfrac{3\pi}{2}\leqslant x\leqslant-\dfrac{\pi}{2}\right)$ 的反函数.

(3) 利用夹逼准则求极限 $\lim\limits_{n\to\infty}\left(\dfrac{2}{3}\cdot\dfrac{5}{6}\cdot\cdots\cdot\dfrac{3n-1}{3n}\right)$.

(4) 证明 $\lim\limits_{x\to+\infty}\cos x$ 不存在.

(5) 求极限 $\lim\limits_{x\to-1}\left(\dfrac{4}{1-x^4}-\dfrac{3}{1+x^3}\right)$.

(6) 求极限 $\lim\limits_{x\to\frac{\pi}{2}}(\sin x)^{\frac{1}{\cos^2 x}}$.

(7) 求极限 $\lim\limits_{x\to 0^-}\dfrac{\ln(1+x+x^2)+\ln(1-x+x^2)}{(\mathrm{e}^x-\mathrm{e}^{-x})\sqrt{1-\cos x}}$.

(8) 设函数 $f(x)$ 在区间 $[0,2]$ 上连续，且 $f(0)=f(2)$，证明在 $[0,1]$ 上至少存在一点 ξ，使得 $f(\xi)=f(\xi+1)$.

复习题 1 详解

第2章　一元函数微分学

数学是人类知识活动留下来的最具威力的知识工具,是一些现象的根源。数学是不变的,是客观存在的,上帝必以数学法则建造宇宙。

——法国哲学家　笛卡儿

宇宙的结构是最完善的而且是最明智的上帝的创造,因此,如果在宇宙里没有某种极大或极小的法则,那就根本不会发生任何事情。

——瑞士数学家　欧拉

本章主要讨论一元函数微分学,它是一元函数微积分学的重要组成部分,包括导数与微分及其运算法则、微分中值定理和导数的应用.本章首先从研究如何求变速直线运动的瞬时速度和平面曲线的切线斜率,引出一元函数微分学中的最基本的概念——导数,然后探讨导数的基本公式、导数的四则运算法则以及各类函数的求导法则,还给出与导数概念紧密相关的另一基本概念——微分;其次利用函数图像的直观发现导数应用的理论基础——微分中值定理,并介绍某些微分中值定理的证明方法,随后探讨导数在研究和解决函数的有关问题中的一些重要作用.

2.1 导数的概念

2.1.1 与导数概念有关的两个引例

1.质点做变速直线运动的瞬时速度

现有一质点做变速直线运动,路程 s 与时间 t 的关系为 $s=s(t)$(称为位移函数),求质点做变速直线运动在 t_0 时刻的瞬时速度.

我们知道,当质点做匀速直线运动时,若质点在 t 时间段内走过的路程为 s,则质点在 t 时间段内的平均速度 $\bar{v}=\dfrac{s}{t}$,再利用函数极限的定义,可求出变速直线运动的瞬时速度.

设质点从时刻 t_0 到时刻 t,在 $\Delta t=t-t_0$ 时间段内,经过的路程为 $\Delta s=s(t)-s(t_0)=s(t_0+\Delta t)-s(t_0)$,则 Δt 时间段内,质点的平均速度为

$$\bar{v}=\frac{\Delta s}{\Delta t}=\frac{s(t_0+\Delta t)-s(t_0)}{\Delta t}.$$

当时间段 Δt 越小时,平均速度 $\bar{v}$ 越接近于时刻 t_0 的瞬时速度.当 $\Delta t\to 0$ 时,若上述平均速度的极限存在,设为 $v(t_0)$,则质点在 t_0 时刻的瞬时速度为

$$v(t_0)=\lim_{\Delta t\to 0}\frac{\Delta s}{\Delta t}=\lim_{\Delta t\to 0}\frac{s(t_0+\Delta t)-s(t_0)}{\Delta t}. \tag{2-1}$$

2.曲线在某点的切线斜率

已知曲线 $C:y=f(x)$,求曲线 C 上一点 $M(x_0,y_0)$ 处的切线斜率.

求过点 $M(x_0,y_0)$ 处的曲线 C 的割线斜率,利用函数极限的定义求出过点 $M(x_0,y_0)$ 处的切线斜率.

如图 2-1 所示,点 $M(x_0,y_0)$ 及动点 $N(x_0+\Delta x,y_0+\Delta y)$ 在曲线 C 上,作曲线的割线 MN,设其倾斜角为 φ,则动割线 MN 的斜率为 $\tan\varphi=\dfrac{\Delta y}{\Delta x}=\dfrac{f(x_0+\Delta x)-f(x_0)}{\Delta x}$,当

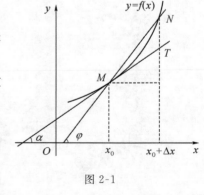

图 2-1

N 沿曲线 C 无限接近 M 时，即当 $\Delta x \rightarrow 0$ 时，MN 的极限位置就是曲线 C 过点 M 的切线 MT，此时割线的倾斜角 φ 趋于切线的倾斜角 α，所以切线的斜率为

$$k = \tan\alpha = \lim_{\Delta x \rightarrow 0} \tan\varphi = \lim_{\Delta x \rightarrow 0} \frac{\Delta y}{\Delta x} = \lim_{\Delta x \rightarrow 0} \frac{f(x_0 + \Delta x) - f(x_0)}{\Delta x}. \tag{2-2}$$

式(2-1)与(2-2)的实际意义完全不同，一个是运动学上质点做变速直线运动的瞬时速度，另一个是解析几何中曲线的切线斜率，但是抽象到函数关系上却是同一个表达式，这个式子叫函数在某点的导数.

2.1.2　导数的定义与导数的几何意义

1.导数的定义

定义 2.1(函数在一点的导数)　设函数 $y = f(x)$ 在 x_0 的某邻域内有定义，当自变量 x 在 x_0 处取得增量 Δx(点 $x_0 + \Delta x$ 也在该邻域内)，相应函数 y 的增量是 $\Delta y = f(x_0 + \Delta x) - f(x_0)$；如果极限 $\lim\limits_{\Delta x \rightarrow 0} \dfrac{\Delta y}{\Delta x} = \lim\limits_{\Delta x \rightarrow 0} \dfrac{f(x_0 + \Delta x) - f(x_0)}{\Delta x}$ 存在，则称函数 $y = f(x)$ 在点 x_0 处可导，并称此极限为函数 $y = f(x)$ 在点 x_0 处的导数，记为 $y'|_{x=x_0}$，$f'(x_0)$，$\dfrac{\mathrm{d}y}{\mathrm{d}x}\big|_{x=x_0}$ 或 $\dfrac{\mathrm{d}f(x)}{\mathrm{d}x}\big|_{x=x_0}$，即

$$f'(x_0) = \lim_{\Delta x \rightarrow 0} \frac{\Delta y}{\Delta x} = \lim_{\Delta x \rightarrow 0} \frac{f(x_0 + \Delta x) - f(x_0)}{\Delta x}.$$

关于导数的说明：

(1)函数在点 x_0 处的导数是函数在点 x_0 处的变化率，它反映了函数随自变量的变化而变化的快慢程度.

(2)如果 $\lim\limits_{\Delta x \rightarrow 0} \dfrac{\Delta y}{\Delta x} = \lim\limits_{\Delta x \rightarrow 0} \dfrac{f(x_0 + \Delta x) - f(x_0)}{\Delta x}$ 不存在，则称函数 $y = f(x)$ 在点 x_0 处不可导.

(3)如果设 $x = x_0 + \Delta x$，则 $\Delta x = x - x_0$，且当 $\Delta x \rightarrow 0$ 时，$x \rightarrow x_0$，因此函数 $y = f(x)$ 在点 x_0 处的导数也可以表示为 $f'(x_0) = \lim\limits_{x \rightarrow x_0} \dfrac{f(x) - f(x_0)}{x - x_0}$.

(4)如果函数 $y = f(x)$ 在开区间 I 内的每点处都可导，就称函数 $f(x)$ 在开区间 I 内可导，对于 $\forall x \in I$，都对应着 $f(x)$ 的一个确定的导数值，这个函数称为 $f(x)$ 的导函数(简称导数)，记作 y'，$f'(x)$，$\dfrac{\mathrm{d}y}{\mathrm{d}x}$ 或 $\dfrac{\mathrm{d}f(x)}{\mathrm{d}x}$，即

$$y' = \lim_{\Delta x \rightarrow 0} \frac{f(x + \Delta x) - f(x)}{\Delta x} \text{ 或 } f'(x) = \lim_{h \rightarrow 0} \frac{f(x + h) - f(x)}{h}.$$

显然 $f'(x_0) = f'(x)|_{x=x_0}$.

想一想，为什么？

(5)单侧导数.

左导数:$f'_-(x_0) = \lim\limits_{\Delta x \to 0^-} \dfrac{f(x_0 + \Delta x) - f(x_0)}{\Delta x} = \lim\limits_{x \to x_0^-} \dfrac{f(x) - f(x_0)}{x - x_0}$;

右导数:$f'_+(x_0) = \lim\limits_{\Delta x \to 0^+} \dfrac{f(x_0 + \Delta x) - f(x_0)}{\Delta x} = \lim\limits_{x \to x_0^+} \dfrac{f(x) - f(x_0)}{x - x_0}$.

可以证明:

函数 $f(x)$ 在点 x_0 处可导 $\Leftrightarrow$ 函数 $f(x)$ 的左导数 $f'_-(x_0)$ 和右导数 $f'_+(x_0)$ 都存在且相等.

你会证明吗?

(6)函数 $f(x)$ 在闭区间 $[a, b]$ 上可导,是指函数 $f(x)$ 在开区间 (a, b) 内可导,且 $f'_+(a)$ 和 $f'_-(b)$ 都存在.

2.由定义求简单函数的导数

我们可以利用导数的定义求出某些基本初等函数的导数,以下例题的结论都可以作为函数求导的公式.

例 2.1 求幂函数 $y = x^n (n \in \mathbf{Z}^+)$ 的导数.

解 给定自变量增量 $\Delta x \neq 0$,则由二项式定理,得

$$\frac{\Delta y}{\Delta x} = \frac{f(x + \Delta x) - f(x)}{\Delta x} = \frac{(x + \Delta x)^n - x^n}{\Delta x}$$

$$= nx^{n-1} + \frac{n(n-1)}{2!}x^{n-2}\Delta x + \cdots + (\Delta x)^{n-1},$$

所以

$$y' = (x^n)' = \lim\limits_{\Delta x \to 0} \frac{\Delta y}{\Delta x} = \lim\limits_{\Delta x \to 0} \left(nx^{n-1} + \frac{n(n-1)}{2!}x^{n-2}\Delta x + \cdots + (\Delta x)^{n-1} \right) = nx^{n-1},$$

即 $(x^n)' = nx^{n-1}$.

以后可以证明,对 $\mu \in \mathbf{R}$,有 $(x^\mu)' = \mu x^{\mu-1}$,如

$$\left(\frac{1}{x} \right)' = (x^{-1})' = (-1)x^{-2} = -\frac{1}{x^2}; \ (\sqrt{x})' = (x^{\frac{1}{2}})' = \frac{1}{2}x^{-\frac{1}{2}} = \frac{1}{2\sqrt{x}}.$$

同样可以求得:常值函数 $y = C$(C 为常数)的导数为 0,即 $C' = 0$.

例 2.2 求指数函数 $y = a^x (a > 0, a \neq 1)$ 的导数.

解 给定自变量增量 $\Delta x \neq 0$,因为当 $\Delta x \to 0$ 时,$a^{\Delta x} - 1 \sim \Delta x \ln a$,故

$$y' = (a^x)' = \lim\limits_{\Delta x \to 0} \frac{\Delta y}{\Delta x} = \lim\limits_{\Delta x \to 0} \frac{f(x + \Delta x) - f(x)}{\Delta x} = \lim\limits_{\Delta x \to 0} \frac{a^{x + \Delta x} - a^x}{\Delta x}$$

$$= \lim\limits_{\Delta x \to 0} \frac{a^x(a^{\Delta x} - 1)}{\Delta x} = \lim\limits_{\Delta x \to 0} \frac{a^x(\Delta x \ln a)}{\Delta x} = a^x \ln a,$$

即 $(a^x)' = a^x \ln a$.

特别地,当 $a=e$ 时有 $(e^x)'=e^x$.

例 2.3　求正弦函数 $y=\sin x$ 的导数及 $(\sin x)'|_{x=\pi}$.

解　给定自变量增量 $\Delta x \neq 0$,

$$\frac{\Delta y}{\Delta x}=\frac{f(x+\Delta x)-f(x)}{\Delta x}=\frac{\sin(x+\Delta x)-\sin x}{\Delta x}=\frac{2\cos\left(x+\frac{\Delta x}{2}\right)\sin\frac{\Delta x}{2}}{\Delta x},$$

因为 $\cos x$ 是连续函数,所以 $\lim\limits_{\Delta x\to 0}\cos\left(x+\frac{\Delta x}{2}\right)=\cos x$,又当 $\Delta x\to 0$ 时,$\sin\frac{\Delta x}{2}\sim\frac{\Delta x}{2}$,故

$$y'=(\sin x)'=\lim_{\Delta x\to 0}\frac{\Delta y}{\Delta x}=\lim_{\Delta x\to 0}\frac{2\cos\left(x+\frac{\Delta x}{2}\right)\sin\frac{\Delta x}{2}}{\Delta x}$$

$$=\lim_{\Delta x\to 0}2\cos\left(x+\frac{\Delta x}{2}\right)\cdot\lim_{\Delta x\to 0}\frac{\frac{\Delta x}{2}}{\Delta x}=\cos x,$$

即 $(\sin x)'=\cos x$.

于是 $(\sin x)'|_{x=\pi}=(\cos x)|_{x=\pi}=\cos\pi=-1$.

同理,$(\cos x)'=-\sin x$.

请仿照例 2.3 给出证明.

---

3. 利用导数的定义求函数极限

显然由导数的定义可以得到如下结论:

函数 $y=f(x)$ 在 x_0 处可导,则

$$\lim_{\Delta x\to 0}\frac{f(x_0+\Delta x)-f(x_0)}{\Delta x}=f'(x_0) \text{ 或 } \lim_{x\to x_0}\frac{f(x)-f(x_0)}{x-x_0}=f'(x_0).$$

我们可以用上述结论求某些函数的极限.

例 2.4　已知 $f'(x_0)=2$,求下列极限:

$(1)\lim\limits_{\Delta x\to 0}\dfrac{f(x_0-3\Delta x)-f(x_0)}{\Delta x}$;　　　　　　　　$(2)\lim\limits_{\Delta x\to 0}\dfrac{f(x_0+3\Delta x)-f(x_0-2\Delta x)}{\Delta x}$.

解　$(1)\lim\limits_{\Delta x\to 0}\dfrac{f(x_0-3\Delta x)-f(x_0)}{\Delta x}$

$$=-3\lim_{-3\Delta x\to 0}\frac{f(x_0-3\Delta x)-f(x_0)}{-3\Delta x}=-3f'(x_0)=-6.$$

$(2)\lim\limits_{\Delta x\to 0}\dfrac{f(x_0+3\Delta x)-f(x_0-2\Delta x)}{\Delta x}$

$$=\lim_{\Delta x\to 0}\frac{f(x_0+3\Delta x)-f(x_0)+f(x_0)-f(x_0-2\Delta x)}{\Delta x}$$

$$=\lim_{\Delta x\to 0}\frac{f(x_0+3\Delta x)-f(x_0)}{\Delta x}-\lim_{\Delta x\to 0}\frac{f(x_0-2\Delta x)-f(x_0)}{\Delta x}$$

$$=3 \lim_{3\Delta x \to 0} \frac{f(x_0+3\Delta x)-f(x_0)}{3\Delta x}+2\lim_{-2\Delta x \to 0}\frac{f(x_0-2\Delta x)-f(x_0)}{-2\Delta x}$$

$$=3f'(x_0)+2f'(x_0)=5f'(x_0)=10.$$

例 2.5 已知 $f(-2)=f'(-2)=-1$,求极限 $\lim_{x\to -2}\dfrac{f(x)+1}{x^2-4}$.

解 因为 $f(-2)=f'(-2)=-1$,所以

$$\lim_{x\to -2}\frac{f(x)+1}{x^2-4}=\lim_{x\to -2}\frac{f(x)-(-1)}{(x+2)(x-2)}$$

$$=\lim_{x\to -2}\frac{f(x)-f(-2)}{x-(-2)}\lim_{x\to -2}\frac{1}{x-2}=f'(-2)\cdot\frac{1}{-4}=\frac{1}{4}.$$

4.导数的几何意义

由函数在一点的导数的定义及曲线的切线定义可得,$f'(x_0)$ 表示曲线 $y=f(x)$ 在点 $M(x_0,y_0)$ 处的切线 MT 的斜率(图 2-1),即 $f'(x_0)=\tan\alpha$,其中 α 为切线 MT 的倾斜角,且 $\alpha\neq\dfrac{\pi}{2}$.因此切线方程为

$$y-y_0=f'(x_0)(x-x_0).$$

当 $f'(x_0)\neq 0$ 时,法线方程为

$$y-y_0=-\frac{1}{f'(x_0)}(x-x_0),$$

当 $f'(x_0)=0$ 时,法线方程为 $x=x_0$.

想一想,为什么?

例 2.6 求曲线 $y=x^3$ 在点 $(1,1)$ 处的切线方程和法线方程.

解 由导数的几何意义得曲线 $y=x^3$ 在点 $(1,1)$ 处的切线斜率为

$$k=y'\big|_{x=1}=3x^2\big|_{x=1}=3.$$

所求的切线方程为 $y-1=3(x-1)$,即 $3x-y-2=0$.

法线方程为 $y-1=-\dfrac{1}{3}(x-1)$,即 $x+3y-4=0$.

2.1.3 函数的可导性与连续性的关系

如果函数 $y=f(x)$ 在点 x_0 处可导,即 $\lim_{\Delta x\to 0}\dfrac{\Delta y}{\Delta x}=f'(x_0)$,则有

$$\lim_{\Delta x\to 0}\Delta y=\lim_{\Delta x\to 0}\left(\frac{\Delta y}{\Delta x}\cdot\Delta x\right)=\lim_{\Delta x\to 0}\frac{\Delta y}{\Delta x}\cdot\lim_{\Delta x\to 0}\Delta x=f'(x_0)\cdot 0=0,$$

即 $y=f(x)$ 在点 x_0 处连续.因此,有以下定理:

定理 2.1 若函数 $y=f(x)$ 在点 x_0 处可导,则 $y=f(x)$ 在点 x_0 处连续.

但此定理的逆命题不正确,即一个函数在某点处连续,它在该点处却不一定可导,或者说函数在某点处连续是函数在该点处可导的必要条件,但不是充分条件.

例如,函数 $f(x)=|x|$ 在区间 $(-\infty,+\infty)$ 内处处连续,但它在点 $x=0$ 处不可导,这是因为

$$f'_-(0)=\lim_{x\to 0^-}\frac{f(x)-f(0)}{x-0}=\lim_{x\to 0^-}\frac{|x|}{x}=\lim_{x\to 0^-}\frac{-x}{x}=-1,$$

$$f'_+(0)=\lim_{x\to 0^+}\frac{f(x)-f(0)}{x-0}=\lim_{x\to 0^+}\frac{|x|}{x}=\lim_{x\to 0^+}\frac{x}{x}=1,$$

$f'_-(0)\neq f'_+(0)$,从而 $f(x)=|x|$ 在点 $x=0$ 处不可导.如图 2-2 所示,曲线 $y=|x|$ 在点 $x=0$ 处不存在切线.

又如,函数 $f(x)=\sqrt[3]{x}$ 在区间 $(-\infty,+\infty)$ 内处处连续,但它在点 $x=0$ 处不可导,这是因为

$$f'(0)=\lim_{x\to 0}\frac{f(x)-f(0)}{x-0}=\lim_{x\to 0}\frac{\sqrt[3]{x}}{x}=\lim_{x\to 0}\frac{1}{\sqrt[3]{x^2}}=\infty,$$

即函数 $f(x)=\sqrt[3]{x}$ 在点 $x=0$ 处的导数为无穷大.如图 2-3 所示,曲线 $f(x)=\sqrt[3]{x}$ 在点 $x=0$ 处存在切线,但切线的斜率不存在(即为无穷大).

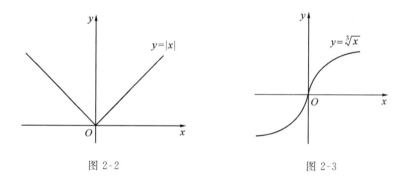

图 2-2　　　　　　　　　　　　　图 2-3

一般地,从函数图像的角度看,函数在点 x_0 处不可导的一种常见情形是,函数图像在点 x_0 处不存在切线,也即函数图像在点 x_0 处出现"尖点".而另一种常见情形是,函数图像在点 x_0 处虽然存在切线,但切线的斜率不存在.因此函数在一个区间内可导,则其图像在该区间内通常不会出现"尖点",或者不会出现平行于 y 轴的切线,也可以说其图像是一条连续的光滑曲线.

例 2.7　讨论函数 $f(x)=\begin{cases}x, & x\leqslant 0, \\ \sin x, & 0<x\leqslant 1, \\ x^2-1, & x>1\end{cases}$ 在点 $x=0$,$x=1$ 处的连续性与可导性.

解　(1)在点 $x=0$ 处,因为

$$f'_-(0)=\lim_{x\to 0^-}\frac{f(x)-f(0)}{x-0}=\lim_{x\to 0^-}\frac{x-0}{x}=1,$$

$$f'_+(0) = \lim_{x \to 0^+} \frac{f(x) - f(0)}{x - 0} = \lim_{x \to 0^+} \frac{\sin x}{x} = 1,$$

即 $f'_-(0) = f'_+(0)$，则 $f(x)$ 在点 $x=0$ 处可导，故也在点 $x=0$ 处连续.

（2）在点 $x=1$ 处，

$$\lim_{x \to 1^-} f(x) = \lim_{x \to 1^-} \sin x = \sin 1, \lim_{x \to 1^+} f(x) = \lim_{x \to 1^+} (x^2 - 1) = 0,$$

因为 $\lim\limits_{x \to 1^-} f(x) \neq \lim\limits_{x \to 1^+} f(x)$，则 $f(x)$ 在点 $x=1$ 处不连续，故在 $x=1$ 处不可导.

例 2.8 求常数 a、b，使得函数

$$f(x) = \begin{cases} e^x - 1, & x < 0, \\ x + a, & 0 \leqslant x < 1, \\ b\sin(x-1) + 1, & x \geqslant 1 \end{cases}$$

在点 $x=0$ 和 $x=1$ 处都可导.

解 由已知可得 $f(x)$ 在 $x=0$ 处连续，于是

$$\lim_{x \to 0^-} f(x) = \lim_{x \to 0^+} f(x) = f(0), \lim_{x \to 0^-} (e^x - 1) = \lim_{x \to 0^+} (x + a) = a \Rightarrow a = 0，所以$$

$$f'_-(0) = \lim_{x \to 0^-} \frac{f(x) - f(0)}{x - 0} = \lim_{x \to 0^-} \frac{e^x - 1}{x} = 1,$$

$$f'_+(0) = \lim_{x \to 0^+} \frac{f(x) - f(0)}{x - 0} = \lim_{x \to 0^+} \frac{x}{x} = 1,$$

即 $f'_-(0) = f'_+(0)$，此时 $f(x)$ 在 $x=0$ 处可导.

在 $x=1$ 处，

$$f'_-(1) = \lim_{x \to 1^-} \frac{f(x) - f(1)}{x - 1} = \lim_{x \to 0^-} \frac{x - 1}{x - 1} = 1,$$

$$f'_+(1) = \lim_{x \to 1^+} \frac{f(x) - f(1)}{x - 1} = \lim_{x \to 0^-} \frac{b\sin(x-1)}{x - 1} = b,$$

因为 $f(x)$ 在点 $x=1$ 处可导，所以 $f'_-(1) = f'_+(1)$，解得 $b=1$.

从而，当 $a=0, b=1$ 时，函数 $f(x)$ 在点 $x=0$ 和 $x=1$ 处都可导.

习 题 2.1

1．利用导数的定义求函数 $y = 3\sqrt{x}$ 在 $x=2$ 处的导数.

2．利用导数的定义证明 $(\cos x)' = -\sin x$.

3．已知 $f'(x_0) = 1$，求下列极限：

（1）$\lim\limits_{\Delta x \to 0} \dfrac{f(x_0 + 2\Delta x) - f(x_0)}{\Delta x}$;   （2）$\lim\limits_{\Delta x \to 0} \dfrac{f(x_0 - 2\Delta x) - f(x_0 + \Delta x)}{\Delta x}$.

4．设 $f(0) = 0, f'(0) = -2$，求 $\lim\limits_{x \to 0} \dfrac{f(x)}{\ln(1 - 3x)}$.

5. 求曲线 $y = \sin x$ 在点 $\left(\dfrac{\pi}{6}, \dfrac{1}{2}\right)$ 处的切线方程和法线方程.

6. 过点 $(1, -3)$ 作抛物线 $y = x^2$ 的切线,求此切线的方程.

7. 在曲线 $y = x^3$ 上取横坐标为 $x_1 = 1$ 及 $x_2 = 4$ 的两点,作过这两点的割线,若这条割线平行于过此曲线上的某点的切线,求切线的方程.

8. 已知函数 $f(x) = \begin{cases} \mathrm{e}^x - 1, & x < 0, \\ x^2, & x \geqslant 0, \end{cases}$ 求 $f'_-(0)$ 与 $f'_+(0)$,并说明函数 $f(x)$ 在点 $x = 0$ 处的可导性.

9. 已知函数 $f(x) = \begin{cases} \sin x, & x < 0, \\ x, & x \geqslant 0, \end{cases}$ 求 $f'(x)$.

10. 讨论下列函数在点 $x = 0$ 处的连续性与可导性.

(1) $f(x) = |\sin x|$;   (2) $f(x) = \begin{cases} \sqrt[3]{x^4} \sin \dfrac{1}{x}, & x \neq 0, \\ 0, & x = 0. \end{cases}$

11. 设函数 $f(x) = \begin{cases} \sqrt{x}, & x > 1, \\ ax + b, & x \leqslant 1, \end{cases}$ 在点 $x = 1$ 处可导,求常数 a、b 的值.

12. 确定常数 a、b,使函数 $f(x) = \begin{cases} \sin 3x + 1, & x \leqslant 0, \\ a\mathrm{e}^x - b, & x > 0 \end{cases}$ 在点 $x = 0$ 处可导.

习题 2.1 详解

2.2 函数运算的求导法则

2.2.1 函数四则运算的求导法则

与函数极限和函数连续一样,函数求导也是微分学中的基本运算,除了导数定义之外,我们还要介绍函数各种运算的求导法则.

定理 2.2 若函数 $u(x)$ 和 $v(x)$ 在点 x 处可导,则函数 $u(x) \pm v(x)$,$u(x) \cdot v(x)$ 和 $\dfrac{u(x)}{v(x)}$ $(v(x) \neq 0)$ 在点 x 处也可导,且

(1) $[u(x) \pm v(x)]' = u'(x) \pm v'(x)$;

(2) $[u(x)v(x)]' = u'(x)v(x) + u(x)v'(x)$,特别地,当 C 为常数时,$[Cu(x)]' = Cu'(x)$;

(3) $\left[\dfrac{u(x)}{v(x)}\right]'=\dfrac{u'(x)v(x)-u(x)v'(x)}{v^2(x)}(v(x)\neq0)$,特别地,$\left[\dfrac{1}{v(x)}\right]'=-\dfrac{v'(x)}{v^2(x)}(v(x)\neq0)$.

证明 (1)设 $y=u(x)\pm v(x)$,有

$$\Delta y=[u(x+\Delta x)\pm v(x+\Delta x)]-[u(x)\pm v(x)]$$
$$=[u(x+\Delta x)-u(x)]\pm[v(x+\Delta x)-v(x)]=\Delta u\pm\Delta v,$$

于是

$$\lim_{\Delta x\to0}\frac{\Delta y}{\Delta x}=\lim_{\Delta x\to0}\frac{\Delta u\pm\Delta v}{\Delta x}=\lim_{\Delta x\to0}\frac{\Delta u}{\Delta x}\pm\lim_{\Delta x\to0}\frac{\Delta v}{\Delta x}=u'(x)\pm v'(x),$$

即函数 $u(x)\pm v(x)$ 在点 x 处可导,且 $[u(x)\pm v(x)]'=u'(x)\pm v'(x)$.

(2)设 $y=u(x)v(x)$,有

$$\Delta y=u(x+\Delta x)v(x+\Delta x)-u(x)v(x)=[u(x)+\Delta u][v(x)+\Delta v]-u(x)v(x)$$
$$=\Delta uv(x)+u(x)\Delta v+\Delta u\Delta v,$$

由可导必连续知,函数 $u(x)$ 在点 x 连续,即 $\lim_{\Delta x\to0}\Delta u=0$,于是

$$\lim_{\Delta x\to0}\frac{\Delta y}{\Delta x}=\lim_{\Delta x\to0}\frac{\Delta uv(x)+u(x)\Delta v+\Delta u\Delta v}{\Delta x}$$

$$=\lim_{\Delta x\to0}\frac{\Delta u}{\Delta x}v(x)+\lim_{\Delta x\to0}u(x)\frac{\Delta v}{\Delta x}+\lim_{\Delta x\to0}\Delta u\frac{\Delta v}{\Delta x}$$

$$=v(x)\lim_{\Delta x\to0}\frac{\Delta u}{\Delta x}+u(x)\lim_{\Delta x\to0}\frac{\Delta v}{\Delta x}+\lim_{\Delta x\to0}\Delta u\lim_{\Delta x\to0}\frac{\Delta v}{\Delta x}$$

$$=u'(x)v(x)+u(x)v'(x),$$

即函数 $u(x)v(x)$ 在点 x 处可导,且 $[u(x)v(x)]'=u'(x)v(x)+u(x)v'(x)$.

(3)设 $y=\dfrac{u(x)}{v(x)}$,有

$$\Delta y=\frac{u(x+\Delta x)}{v(x+\Delta x)}-\frac{u(x)}{v(x)}=\frac{u(x)+\Delta u}{v(x)+\Delta v}-\frac{u(x)}{v(x)}=\frac{\Delta uv(x)-u(x)\Delta v}{[v(x)+\Delta v]v(x)},$$

由可导必连续知,函数 $v(x)$ 在点 x 连续,即 $\lim_{\Delta x\to0}\Delta v=0$,于是

$$\lim_{\Delta x\to0}\frac{\Delta y}{\Delta x}=\lim_{\Delta x\to0}\frac{\Delta uv(x)-u(x)\Delta v}{\Delta x[v(x)+\Delta v]v(x)}=\lim_{\Delta x\to0}\frac{\dfrac{\Delta u}{\Delta x}v(x)-u(x)\dfrac{\Delta v}{\Delta x}}{[v(x)+\Delta v]v(x)}$$

$$=\frac{\lim\limits_{\Delta x\to0}\dfrac{\Delta u}{\Delta x}v(x)-\lim\limits_{\Delta x\to0}u(x)\dfrac{\Delta v}{\Delta x}}{\lim\limits_{\Delta x\to0}[v(x)+\Delta v]v(x)}=\frac{v(x)\lim\limits_{\Delta x\to0}\dfrac{\Delta u}{\Delta x}-u(x)\lim\limits_{\Delta x\to0}\dfrac{\Delta v}{\Delta x}}{[v(x)+\lim\limits_{\Delta x\to0}\Delta v]v(x)}$$

$$=\frac{u'(x)v(x)+u(x)v'(x)}{v^2(x)},$$

即函数 $\dfrac{u(x)}{v(x)}$ 在点 x 处可导,且 $\left[\dfrac{u(x)}{v(x)}\right]'=\dfrac{u'(x)v(x)-u(x)v'(x)}{v^2(x)}$.

推论 若有限个函数 $u_1(x),u_2(x),\cdots,u_n(x)$ 在点 x 处可导,则

(1) $[u_1(x)\pm u_2(x)\pm\cdots\pm u_n(x)]'=u'_1(x)\pm u'_2(x)\pm\cdots\pm u'_n(x)$;

(2) $[u_1(x)u_2(x)\cdots u_n(x)]'=u'_1(x)u_2(x)\cdots u_n(x)+u_1(x)u'_2(x)\cdots u_n(x)+\cdots+u_1(x)$

$u_2(x)\cdots u'_n(x).$

可以利用函数四则运算的求导法则求出其余四个三角函数的导数,即以下的例题,例题的结论也可以作为函数求导的公式.

例 2.9　求下列函数的导数:

$(1)y=\tan x;$ $(2)y=\sec x.$

解　$(1)y'=(\tan x)'=\left(\dfrac{\sin x}{\cos x}\right)'=\dfrac{(\sin x)'\cos x-\sin x(\cos x)'}{\cos^2 x}$

$$=\frac{\cos^2 x+\sin^2 x}{\cos^2 x}=\frac{1}{\cos^2 x}=\sec^2 x,$$

即 $(\tan x)'=\sec^2 x.$

$(2)y'=(\sec x)'=\left(\dfrac{1}{\cos x}\right)'=-\dfrac{(\cos x)'}{\cos^2 x}=\dfrac{\sin x}{\cos^2 x}=\sec x\tan x,$ 即 $(\sec x)'=\sec x\tan x.$

同理,$(\cot x)'=-\csc^2 x$;$(\csc x)'=-\csc x\cot x.$

请仿照例 2.9 给出证明.

2.2.2 反函数的导数

先考察一个特例:已知函数 $y=x^3$,则它的反函数是 $\varphi(y)=\sqrt[3]{y}$,$y=x^3$ 的导数是 $f'(x)=3x^2$,而当 $y\neq 0$ 时,此时 $x\neq 0$,$\varphi(y)=\sqrt[3]{y}$ 的导数是

$$\varphi'(y)=\frac{1}{3}y^{-\frac{2}{3}}=\frac{1}{3}(x^3)^{-\frac{2}{3}}=\frac{1}{3}x^{-2},$$

即有当 $\varphi'(y)\neq 0$ 时,$f'(x)=\dfrac{1}{\varphi'(y)}$.一般地,有如下的反函数的求导法则.

定理 2.3　若函数 $x=\varphi(y)$ 在点 y 的某邻域内连续、严格单调,且在点 y 处可导,$\varphi'(y)\neq 0$,则它的反函数 $y=f(x)$ 在点 $x(x=\varphi(y))$ 处可导,并且

$$f'(x)=\frac{1}{\varphi'(y)},\text{ 或者 }\frac{\mathrm{d}y}{\mathrm{d}x}=\frac{1}{\dfrac{\mathrm{d}x}{\mathrm{d}y}}.$$

证明　因为函数 $x=\varphi(y)$ 在点 y 的某邻域内严格单调,则函数 $x=\varphi(y)$ 在点 y 的该邻域内存在反函数 $y=f(x)$.设反函数 $y=f(x)$ 在点 x 处的自变量的增量是 $\Delta x(\Delta x\neq 0)$,有

$$\Delta y=f(x+\Delta x)-f(x),\Delta x=\varphi(y+\Delta y)-\varphi(y).$$

已知函数 $x=\varphi(y)$ 在点 y 的某邻域内连续、严格单调,则反函数 $y=f(x)$ 在点 x 处的对应邻域内也连续、严格单调,有 $\Delta x\to 0\Leftrightarrow\Delta y\to 0$,$\Delta x\neq 0\Leftrightarrow\Delta y\neq 0$,于是,

$$\frac{\Delta y}{\Delta x}=\frac{1}{\dfrac{\Delta x}{\Delta y}},\text{ 有 }\lim_{\Delta x\to 0}\frac{\Delta y}{\Delta x}=\lim_{\Delta y\to 0}\frac{1}{\dfrac{\Delta x}{\Delta y}}=\frac{1}{\lim_{\Delta y\to 0}\dfrac{\Delta x}{\Delta y}}=\frac{1}{\varphi'(y)},$$

即反函数 $y=f(x)$ 在点 x 处可导,并且 $f'(x)=\dfrac{1}{\varphi'(y)}$.

可以利用以上的反函数求导法则求出对数函数与反三角函数的导数,即以下的两个例题,例题的结论也都可以作为函数求导的公式.

例 2.10 求对数函数 $y=\log_a x(a>0,a\neq 1)$ 的导数,其中 $x\in(0,+\infty)$.

解 因为 $y=\log_a x$ 在 $(0,+\infty)$ 上连续、严格单调,则存在反函数 $x=a^y$,$y\in(-\infty,+\infty)$. 由反函数的求导法则,有

$$y'=(\log_a x)'=\frac{1}{(a^y)'}=\frac{1}{a^y\ln a}=\frac{1}{x\ln a},x\in(0,+\infty),$$

即 $(\log_a x)'=\dfrac{1}{x\ln a}$.

特别地,当 $a=\mathrm{e}$ 时有 $(\ln x)'=\dfrac{1}{x}$.

例 2.11 求下列函数的导数:

(1) $y=\arcsin x(-1<x<1)$;　　　　　　　(2) $y=\arctan x$.

解 (1)因为 $y=\arcsin x$ 在 $(-1,1)$ 上连续、严格单调,则存在反函数 $x=\sin y$,$y\in\left(-\dfrac{\pi}{2},\dfrac{\pi}{2}\right)$. 由反函数的求导法则,有

$$y'=(\arcsin x)'=\frac{1}{(\sin y)'}=\frac{1}{\cos y}=\frac{1}{\sqrt{1-\sin^2 y}}=\frac{1}{\sqrt{1-x^2}},$$

即 $(\arcsin x)'=\dfrac{1}{\sqrt{1-x^2}}$.

(2)因为 $y=\arctan x$ 在 $(-\infty,+\infty)$ 上连续、严格单调,则存在反函数 $x=\tan y$,$y\in\left(-\dfrac{\pi}{2},\dfrac{\pi}{2}\right)$. 由反函数的求导法则,有

$$y'=(\arctan x)'=\frac{1}{(\tan y)'}=\frac{1}{\sec^2 y}=\frac{1}{1+\tan^2 y}=\frac{1}{1+x^2},$$

即 $(\arctan x)'=\dfrac{1}{1+x^2}$.

同理,$(\arccos x)'=-\dfrac{1}{\sqrt{1-x^2}}$;$(\mathrm{arccot}\,x)'=-\dfrac{1}{1+x^2}$.

请仿照例 2.11 给出证明.

2.2.3 基本求导公式

为方便查阅和运用,我们把基本初等函数的求导公式汇集如下,称之为基本求导公式.

(1) $C'=0(C$ 为常数$)$;　　　　　　　　　(2) $(x^\mu)'=\mu x^{\mu-1}(\mu\in\mathbf{R})$;

$(3)(a^x)'=a^x\ln a(a>0,a\neq1)$;

$(4)(e^x)'=e^x$;

$(5)(\log_a x)'=\dfrac{1}{x\ln a}(a>0,a\neq1)$;

$(6)(\ln x)'=\dfrac{1}{x}$;

$(7)(\sin x)'=\cos x$;

$(8)(\cos x)'=-\sin x$;

$(9)(\tan x)'=\sec^2 x$;

$(10)(\cot x)'=-\csc^2 x$;

$(11)(\sec x)'=\sec x\tan x$;

$(12)(\csc x)'=-\csc x\cot x$;

$(13)(\arcsin x)'=\dfrac{1}{\sqrt{1-x^2}}$;

$(14)(\arccos x)'=-\dfrac{1}{\sqrt{1-x^2}}$;

$(15)(\arctan x)'=\dfrac{1}{1+x^2}$;

$(16)(\text{arccot}\,x)'=-\dfrac{1}{1+x^2}$;

例 2.12　求下列函数的导数:

$(1)y=x\sqrt{x}+2^{x+1}$;

$(2)y=x^2\tan x+\sin\dfrac{\pi}{3}$;

$(3)y=\dfrac{3}{\arcsin x-e^x}$;

$(4)y=\dfrac{\text{arccot}\,x}{x\ln x}$.

解　$(1)y'=(x^{\frac{3}{2}}+2\cdot2^x)'=(x^{\frac{3}{2}})'+2(2^x)'=\dfrac{3}{2}\sqrt{x}+2^{x+1}\ln2.$

$(2)y'=(x^2\tan x)'+\left(\sin\dfrac{\pi}{3}\right)'=(x^2)'\tan x+x^2(\tan x)'+0$

$\qquad=2x\tan x+x^2\sec^2 x.$

$(3)y'=\left(\dfrac{3}{\arcsin x-e^x}\right)'$

$\qquad=-\dfrac{3(\arcsin x-e^x)'}{(\arcsin x-e^x)^2}=-\dfrac{3(1-e^x\sqrt{1-x^2})}{\sqrt{1-x^2}(\arcsin x-e^x)^2}.$

$(4)y'=\left(\dfrac{\text{arccot}\,x}{x\ln x}\right)'=\dfrac{(\text{arccot}\,x)'x\ln x-\text{arccot}\,x(x\ln x)'}{(x\ln x)^2}$

$\qquad=-\dfrac{x\ln x+(1+x^2)\text{arccot}\,x(\ln x+1)}{(1+x^2)x^2\ln^2 x}.$

2.2.4　复合函数的导数

先考察一个特例:已知函数 $y=\ln x^3$ 是由函数 $y=f(u)=\ln u$ 与 $u=g(x)=x^3$ 复合而成,一方面,如果我们分别求函数 $f(u)=\ln u$ 对中间变量 u 求导以及函数 $g(x)=x^3$ 对自变量 x 求导,得 $f'(u)=\dfrac{1}{u}=\dfrac{1}{x^3}$,$g'(x)=3x^2$;另一方面,如果我们直接对函数 $y=\ln x^3$ 求导可得 $\dfrac{dy}{dx}=(\ln x^3)'=(3\ln x)'=\dfrac{3}{x}$,由此可得 $\dfrac{dy}{dx}=f'(u)g'(x)=\dfrac{3}{x}$. 一般地,有如下的复合函数的求导法则.

定理 2.4　若函数 $u=g(x)$在点 x 处可导,$y=f(u)$在相应点 $u=g(x)$处可导,则复合

函数 $y=f(g(x))$ 在点 x 也可导,且

$$\frac{\mathrm{d}y}{\mathrm{d}x}=f'(u)g'(x) \text{ 或 } \frac{\mathrm{d}y}{\mathrm{d}x}=\frac{\mathrm{d}y}{\mathrm{d}u}\frac{\mathrm{d}u}{\mathrm{d}x}.$$

证明 设自变量在点 x 有增量 $\Delta x(\Delta x \neq 0)$,则相应地,函数 $u=g(x)$ 有增量 $\Delta u=g(x+\Delta x)-g(x)$,函数 $y=f(u)$ 有增量 $\Delta y=f(u+\Delta u)-f(u)$.

下面我们在增量 $\Delta u \neq 0$ 的条件下给出证明.

由 $u=g(x)$ 在点 x 处可导可推得它在点 x 处连续,因此当 $\Delta x \to 0$ 时,$\Delta u \to 0$. 于是,

$$\lim_{\Delta x \to 0}\frac{\Delta y}{\Delta u}=\lim_{\Delta u \to 0}\frac{\Delta y}{\Delta u}=f'(u), \text{ 又 } \lim_{\Delta x \to 0}\frac{\Delta u}{\Delta x}=g'(x),$$

从而有

$$\frac{\mathrm{d}y}{\mathrm{d}x}=\lim_{\Delta x \to 0}\frac{\Delta y}{\Delta x}=\lim_{\Delta x \to 0}\left(\frac{\Delta y}{\Delta u}\frac{\Delta u}{\Delta x}\right)=\lim_{\Delta u \to 0}\frac{\Delta y}{\Delta u}\lim_{\Delta x \to 0}\frac{\Delta u}{\Delta x}=f'(u)g'(x).$$

定理 2.4 形象地称为链式法则,它可以推广到任意有限个函数复合的情形.

例如,设 $y=f(u)$,$u=g(v)$,$v=h(x)$ 均可导,则复合函数 $y=f(g(h(x)))$ 也可导,并且

$$\frac{\mathrm{d}y}{\mathrm{d}x}=f'(u)g'(v)h'(x) \text{ 或 } \frac{\mathrm{d}y}{\mathrm{d}x}=\frac{\mathrm{d}y}{\mathrm{d}u}\frac{\mathrm{d}u}{\mathrm{d}v}\frac{\mathrm{d}v}{\mathrm{d}x}.$$

我们先利用复合函数的求导法则,推导幂函数的求导公式:$(x^\mu)'=\mu x^{\mu-1}$.

设 $y=x^\mu$,则由对数恒等式得 $y=\mathrm{e}^{\mu\ln x}$,所以此函数可以分解为 $y=\mathrm{e}^u$ 与 $u=\mu\ln x$,由链式法则得

$$\frac{\mathrm{d}y}{\mathrm{d}x}=\frac{\mathrm{d}y}{\mathrm{d}u}\frac{\mathrm{d}u}{\mathrm{d}x}=\mathrm{e}^u \cdot \frac{\mu}{x}=\mathrm{e}^{\mu\ln x} \cdot \frac{\mu}{x}=x^\mu \cdot \frac{\mu}{x}=\mu x^{\mu-1}.$$

使用链式法则求导,关键在于弄清函数的复合关系,即会将一个复杂的函数分解为几个简单函数的复合.

例 2.13 求下列函数的导数:

(1)$y=\ln|x|(x \neq 0)$;   (2)$y=\arcsin\dfrac{1}{x}$;

(3)$y=\sqrt{\sin(1-2x)}$;   (4)$y=\arctan\sqrt{1-x^2}$.

解 (1)因 $y=\ln|x|=\ln\sqrt{x^2}=\dfrac{1}{2}\ln x^2$,则 $z=\ln x^2$ 可以分解为 $z=\ln u$ 与 $u=x^2$,由链式法则得

$$\frac{\mathrm{d}y}{\mathrm{d}x}=\frac{1}{2}\frac{\mathrm{d}z}{\mathrm{d}x}=\frac{1}{2}\frac{\mathrm{d}z}{\mathrm{d}u}\frac{\mathrm{d}u}{\mathrm{d}x}=\frac{1}{2} \cdot \frac{1}{u} \cdot 2x=\frac{1}{2} \cdot \frac{1}{x^2} \cdot 2x=\frac{1}{x}.$$

注 对于含有对数运算的函数,有时应先利用对数运算法则化简函数,常可使复合函数的复合层次减少,简化求导运算的过程.

(2)将 $y=\arcsin\dfrac{1}{x}$ 分解为 $y=\arcsin u$ 与 $u=\dfrac{1}{x}$,由链式法则得

$$\frac{\mathrm{d}y}{\mathrm{d}x}=\frac{\mathrm{d}y}{\mathrm{d}u}\frac{\mathrm{d}u}{\mathrm{d}x}=\frac{1}{\sqrt{1-u^2}} \cdot \left(-\frac{1}{x^2}\right)=\frac{1}{\sqrt{1-\dfrac{1}{x^2}}} \cdot \left(-\frac{1}{x^2}\right)$$

$$= \frac{|x|}{\sqrt{x^2-1}} \cdot \left(-\frac{1}{x^2}\right) = -\frac{1}{|x|\sqrt{x^2-1}}.$$

(3)将 $y=\sqrt{\sin(1-2x)}$ 分解为 $y=\sqrt{u}$, $u=\sin v$ 与 $v=1-2x$, 由链式法则得

$$\frac{dy}{dx} = \frac{dy}{du}\frac{du}{dv}\frac{dv}{dx} = \frac{1}{2\sqrt{u}} \cdot \cos v \cdot (-2) = -\frac{\cos(1-2x)}{\sqrt{\sin(1-2x)}}.$$

(4)将 $y=\arctan\sqrt{1-x^2}$ 分解为 $y=\arctan u$, $u=\sqrt{v}$ 与 $v=1-x^2$, 由链式法则得

$$\frac{dy}{dx} = \frac{dy}{du}\frac{du}{dv}\frac{dv}{dx} = \frac{1}{1+u^2} \cdot \frac{1}{2\sqrt{v}} \cdot (-2x) = -\frac{x}{(2-x^2)\sqrt{1-x^2}}.$$

当比较熟练地掌握了复合函数的分解和链式法则之后,就不必写出中间变量,只要分清函数的复合层次,默记在心,然后采用由外向内、逐层求导的方法直接求导.

例 2.14 求下列函数的导数:

(1) $y = e^{\cos\frac{1-2x}{1+2x}}$;　　　　　　　　　　　　(2) $y = \ln(x+\sqrt{x+\sqrt{x}})$.

解 (1) $y' = e^{\cos\frac{1-2x}{1+2x}}\left(\cos\frac{1-2x}{1+2x}\right)' = -e^{\cos\frac{1-2x}{1+2x}}\sin\frac{1-2x}{1+2x} \cdot \left(\frac{1-2x}{1+2x}\right)'$

$$= -e^{\cos\frac{1-2x}{1+2x}}\sin\frac{1-2x}{1+2x} \cdot \frac{(1-2x)'(1+2x)-(1-2x)(1+2x)'}{(1+2x)^2}$$

$$= \frac{4}{(1+2x)^2}e^{\cos\frac{1-2x}{1+2x}}\sin\frac{1-2x}{1+2x}.$$

(2) $y' = \frac{1}{x+\sqrt{x+\sqrt{x}}}(x+\sqrt{x+\sqrt{x}})'$

$$= \frac{1}{x+\sqrt{x+\sqrt{x}}}\left[1+\frac{1}{2\sqrt{x+\sqrt{x}}}(x+\sqrt{x})'\right]$$

$$= \frac{1}{x+\sqrt{x+\sqrt{x}}}\left[1+\frac{1}{2\sqrt{x+\sqrt{x}}}\left(1+\frac{1}{2\sqrt{x}}\right)\right]$$

$$= \frac{4\sqrt{x^2+x\sqrt{x}}+2\sqrt{x}+1}{4(x+\sqrt{x+\sqrt{x}})\sqrt{x^2+x\sqrt{x}}}.$$

习 题 2.2

1. 利用函数的商的求导法则证明 $(\cot x)' = -\csc^2 x$.

2. 利用反函数的求导法则证明 $(\arccos x)' = -\dfrac{1}{\sqrt{1-x^2}}\ (-1<x<1)$.

3. 已知 $f(x) = x(x-1)(x-2)\cdots(x-n)\ (n\in \mathbf{Z}^+)$, 求 $f'(0)$.

4.求下列函数的导数：

(1) $y=2x^3-2x\sqrt{x}+x+3$；

(2) $y=\dfrac{4}{x}-\sqrt{x\sqrt{x}}+\cos\dfrac{\pi}{8}$；

(3) $y=e^{3x}-2^x+3\tan x$；

(4) $y=e^x(\sin x+2\cos x)$；

(5) $y=(x^2+1)\arctan x+\ln 2$；

(6) $y=\arcsin x\ln 2x$；

(7) $y=\dfrac{2-3\sin x}{3+2\cos x}$；

(8) $y=\dfrac{\csc x}{x\ln x}$.

5.求下列函数的导数：

(1) $y=\arccos\dfrac{1}{x}$；

(2) $y=\ln\sin^3 x$；

(3) $y=\ln(x+\sqrt{1+x^2})$；

(4) $y=\sqrt{1+2(\arctan x)^2}$；

(5) $y=\ln\dfrac{1-\sqrt{x}}{1+\sqrt{x}}$；

(6) $y=\arcsin\sqrt{\dfrac{1-x}{1+x}}$；

(7) $y=e^{\arcsin\sqrt{x}}$；

(8) $y=\dfrac{\arcsin 2x}{\sqrt{1-4x^2}}$.

4.求曲线 $y=x^3-\dfrac{1}{x}$ 与 x 轴交点处的切线方程.

5.试求 a、b 的值,使得直线 $y=x+a$ 与曲线 $y=b\ln(1+2x)$ 在点 $x=1$ 处相切.

6.设 $f'(x)$ 存在,求下列函数的导数：

(1) $y=f(\cos 2x)$；

(2) $y=\arctan[f(x^2)]$；

(3) $y=f(e^x)e^{f(x)}$；

(4) $y=\dfrac{f^2(x)}{\ln f(x)}$.

习题 2.2 详解

2.3 隐函数的导数与由参数方程确定的函数的导数

2.3.1 隐函数的导数

1.隐函数的概念

我们知道,表示函数关系的常用方法之一是解析法,解析表达式 $y=f(x)$ 表示两个变量 y 与 x 之间的对应关系,例如 $y=\sin x, y=\sqrt{1-x^2}$ 等,这种解析表达式的特点是等号左边为因变量 y,而右边为含自变量 x 的算式,当 x 在某一数集内取定任何一个值时,由这个算式能确定对应的函数值 y.用这种解析表达式表示的函数称为显函数,即函数 $y=f(x)$ 是显函数.事实上,还有一些函数,其两个变量 y 与 x 之间的对应关系是由一个关于 y 和 x 的二元方程 $F(x,y)=0$ 来确定的,即在一定的条件下,当 x 在某一数集内取定任何一个值时,相应地总有满足方程的唯一的 y 值存在,这时方程 $F(x,y)=0$ 在该数集内确定了一个 y 关于 x 的函数,我们把由二元方程 $F(x,y)=0$ 所确定的两个变量 y 关于 x 的函数称为隐函数.同时满足方程 $F(x,y)=0$ 的 x 值和 y 值就是这个隐函数的一组对应值.

例如,方程

$$x^2-x+y^3-2=0 \tag{2-3}$$

在区间 $(-\infty,+\infty)$ 上确定了一个隐函数 $y=y(x)$,当变量 x 在 $(-\infty,+\infty)$ 内取定任何一个值时,变量 y 总有唯一确定的值与之对应;又如方程

$$x^2+y^2=1 \tag{2-4}$$

如果限定 $y>0$,则在区间 $(-1,1)$ 内也确定了一个隐函数,当 x 在 $(-1,1)$ 内取定任何一个值时,就有唯一确定的 $y(>0)$ 值与之对应;如果限定 $y<0$,则在区间 $(-1,1)$ 内又确定了一个隐函数,当 x 在 $(-1,1)$ 内取定任何一个值时,就有唯一确定的 $y(<0)$ 值与之对应.

2.隐函数的求导方法

有时,如果把 $F(x,y)=0$ 看成关于未知数 y 的方程,可以通过解方程的方法解出 $y=y(x)$,即隐函数可以化为显函数(这称为隐函数的显化),例如从方程(2-3)中可解出 $y=\sqrt[3]{2+x-x^2}$.又如,如果限定 $y>0$,则从方程(2-4)中可解出 $y=\sqrt{1-x^2}$;而如果限定 $y<0$,则从方程(2-4)中可解出 $y=-\sqrt{1-x^2}$.

这样隐函数的求导问题可以转化为显函数来解决.但是,隐函数的显化有时是困难的,甚至是不可能的.例如方程

$$y^5+3y-x-2x^3=0$$

也在满足一定条件的某个区间内确定了一个隐函数 $y=y(x)$,由于一般的一元五次方程不存在根式表达的求根公式,因此这个隐函数是很难显化的.

对给定的方程 $F(x,y)=0$,在什么条件下可以确定隐函数 $y=y(x)$,并且 y 关于 x 是可导的? 这个问题我们将在《微积分及其应用教程(下册)》的"多元函数微分学"中讨论.下面我们在给定的二元方程已经确定了隐函数的条件下,给出一种方法,无须通过隐函数的显化,直接由方程求出它所确定的隐函数的导数.

先看一个简单的例子,我们已经知道在限定 $y>0$ 时,方程 $x^2+y^2=1$ 在区间 $(-1,1)$ 内确定了一个隐函数 $y=y(x)$,则在区间 $(-1,1)$ 内可得恒等式

$$x^2+y^2(x)\equiv1.$$

在此恒等式两边对 x 求导,由复合函数的求导法则可得

$$2x+2y\cdot\frac{\mathrm{d}y}{\mathrm{d}x}=0,$$

于是可解得

$$\frac{\mathrm{d}y}{\mathrm{d}x} = -\frac{x}{y}.$$

一般地，隐函数的求导方法是：在方程 $F(x,y)=0$ 两边对 x 求导，由复合函数的求导法则，得到关于 $\frac{\mathrm{d}y}{\mathrm{d}x}$ 或 y' 的一次方程，再从这个一次方程中解出 $\frac{\mathrm{d}y}{\mathrm{d}x}$ 或 y'，即求出了由方程 $F(x,y)=0$ 所确定的隐函数 $y=y(x)$ 的导数.

例 2.15 求方程 $xy^2+2x^3-3\mathrm{e}^y+4=0$ 所确定的隐函数 $y=y(x)$ 的导数.

解 方程两边对 x 求导，得

$$1 \cdot y^2+x \cdot 2y\frac{\mathrm{d}y}{\mathrm{d}x}+6x^2-3\mathrm{e}^y\frac{\mathrm{d}y}{\mathrm{d}x}=0,$$

解得

$$\frac{\mathrm{d}y}{\mathrm{d}x}=\frac{6x^2+y^2}{3\mathrm{e}^y-2xy}.$$

例 2.16 求方程 $\ln\sqrt{x^2+y^2}=\arctan\frac{y}{x}$ 所确定的隐函数 $y=y(x)$ 的导数.

解 因为 $\ln\sqrt{x^2+y^2}=\frac{1}{2}\ln(x^2+y^2)$，

> 为什么要做这样的变形？

因此方程两边对 x 求导，得

$$\frac{1}{2} \cdot \frac{1}{x^2+y^2} \cdot (x^2+y^2)' = \frac{1}{1+\left(\frac{y}{x}\right)^2} \cdot \left(\frac{y}{x}\right)',$$

$$\frac{1}{2(x^2+y^2)} \cdot (2x+2yy') = \frac{x^2}{x^2+y^2} \cdot \frac{xy'-y}{x^2},$$

化简得

$$\frac{x+yy'}{x^2+y^2} = \frac{xy'-y}{x^2+y^2},$$

解得

$$y'=\frac{x+y}{x-y}.$$

例 2.17 证明过椭圆 $\frac{x^2}{a^2}+\frac{y^2}{b^2}=1$ 上一点 $M_0(x_0,y_0)(y_0\neq0)$ 的切线方程为

$$\frac{x_0x}{a^2}+\frac{y_0y}{b^2}=1.$$

证明 在椭圆方程两边对 x 求导，得

$$\frac{2x}{a^2}+\frac{2y}{b^2}y'=0, \quad y'=-\frac{b^2x}{a^2y},$$

在点 M_0 处，$y'|_{(x_0,y_0)}=-\frac{b^2x_0}{a^2y_0}$，所以过点 M_0 的切线方程为

$$y-y_0=-\frac{b^2x_0}{a^2y_0}(x-x_0), \quad 即\ b^2x_0x+a^2y_0y=b^2x_0^2+a^2y_0^2.$$

由于点 $M_0(x_0, y_0)$ 在椭圆上,因此 $b^2 x_0^2 + a^2 y_0^2 = a^2 b^2$,代入上式,整理后可得切线方程为

$$\frac{x_0 x}{a^2} + \frac{y_0 y}{b^2} = 1.$$

你能写出当 $y_0 = 0$ 时的椭圆的切线方程吗?

3. 对数求导法

对于形如 $y = [u(x)]^{v(x)}$($u(x) > 0$)(称为幂指函数),直接使用前面介绍的求导法则不能求出其导数,对于这类函数,可以先在函数关系式两边取对数,使它成为隐函数,再利用隐函数求导法求出它的导数,我们把这种方法称为对数求导法.

例 2.18 求函数 $y = (x^2+1)^{\sin x}$ 的导数.

解 在题设等式两边取对数,得

$$\ln y = \sin x \ln(x^2+1),$$

等式两边对 x 求导,得

$$\frac{y'}{y} = \cos x \ln(x^2+1) + \sin x \cdot \frac{2x}{x^2+1},$$

所以

$$y' = y\left[\cos x \ln(x^2+1) + \sin x \cdot \frac{2x}{x^2+1}\right]$$

$$= (x^2+1)^{\sin x}\left[\cos x \ln(x^2+1) + \sin x \cdot \frac{2x}{x^2+1}\right].$$

例 2.19 求方程 $(\sin y)^x = (\cos x)^y$ 所确定的隐函数 $y = y(x)$ 的导数.

解 在题设等式两边取对数,得

$$x \ln \sin y = y \ln \cos x,$$

等式两边对 x 求导,得

$$\ln \sin y + x \frac{\cos y}{\sin y} \cdot y' = y' \ln \cos x - y \cdot \frac{\sin x}{\cos x},$$

所以

$$y' = \frac{\ln \sin y + y \tan x}{\ln \cos x - x \cot y}.$$

注 对于含有幂指函数的隐函数的求导,也应该采用对数求导法.

此外,对数求导法还常用于求多个函数积与商构成的函数的导数.

例 2.20 求函数 $y = \dfrac{(x+2)^2 \sqrt{x-1}}{\sqrt[3]{x+3} \, \mathrm{e}^{4x}}$($x \neq 1$)的导数.

解 在题设等式两边取对数,得

$$\ln y = 2\ln(x+2) + \frac{1}{2}\ln(x-1) - \frac{1}{3}\ln(x+3) - 4x,$$

上式两边对 x 求导,得

$$y' = \frac{2}{x+2} + \frac{1}{2(x-1)} - \frac{1}{3(x+3)} - 4,$$

所以
$$y' = \frac{(x+2)^2 \sqrt{x-1}}{\sqrt[3]{x+3}\,\mathrm{e}^{4x}}\left[\frac{2}{x+2} + \frac{1}{2(x-1)} - \frac{1}{3(x+3)} - 4\right].$$

2.3.2　由参数方程确定的函数的导数

在平面解析几何中,有些曲线常用参数方程表示.例如椭圆可用参数方程

$$\begin{cases} x = a\cos t, \\ y = b\sin t \end{cases} (0 \leqslant t \leqslant 2\pi) \tag{2-5}$$

表示,在式(2-5)中 x、y 都是 t 的函数,如果把同一个 t 值所对应的一对 x、y 的值看作是变量 x 与变量 y 之间的一种对应,这样参数方程(2-5)就确定了一个 y 与 x 之间的函数关系.

一般地,由参数方程 $\begin{cases} x = \varphi(t), \\ y = \psi(t) \end{cases} (t \in I)$ 所确定的 y 与 x 之间的函数关系,称为由参数方程所确定的函数.如果能消去参数 t,得到 y 与 x 之间的关系式,那么无论这种关系式体现为显函数还是隐函数,都可以求出这个函数的导数.

但是通常在参数方程中消去参数 t 很困难,甚至不可能,因此有必要研究由参数方程本身来求它所确定的函数的导数,即有如下的定理.

定理 2.5　如果函数 $x = \varphi(t), y = \psi(t)$ 在区间 I 上均可导,$\varphi'(t) \neq 0$,且 $x = \varphi(t)$ 存在反函数 $t = \varphi^{-1}(x)$,则由参数方程 $\begin{cases} x = \varphi(t), \\ y = \psi(t) \end{cases} (t \in I)$ 确定的函数 $y = y(x)$ 可导,且

$$\frac{\mathrm{d}y}{\mathrm{d}x} = \frac{\dfrac{\mathrm{d}y}{\mathrm{d}t}}{\dfrac{\mathrm{d}x}{\mathrm{d}t}} = \frac{\psi'(t)}{\varphi'(t)}.$$

证明　把 $t = \varphi^{-1}(x)$ 代入 $y = \psi(t)$ 得到复合函数 $y = \psi[\varphi^{-1}(x)]$,由复合函数及反函数求导法则知

$$\frac{\mathrm{d}y}{\mathrm{d}x} = \frac{\mathrm{d}y}{\mathrm{d}t} \cdot \frac{\mathrm{d}t}{\mathrm{d}x} = \frac{\mathrm{d}y}{\mathrm{d}t} \cdot \frac{1}{\dfrac{\mathrm{d}x}{\mathrm{d}t}} = \frac{\dfrac{\mathrm{d}y}{\mathrm{d}t}}{\dfrac{\mathrm{d}x}{\mathrm{d}t}} = \frac{\psi'(t)}{\varphi'(t)}.$$

例 2.21　求摆线 $\begin{cases} x = a(t - \sin t), \\ y = a(1 - \cos t) \end{cases}$ 在 $t = \dfrac{\pi}{2}$ 处的切线方程.

解　由参数方程的求导法则知

$$\frac{\mathrm{d}y}{\mathrm{d}x} = \frac{\dfrac{\mathrm{d}y}{\mathrm{d}t}}{\dfrac{\mathrm{d}x}{\mathrm{d}t}} = \frac{a\sin t}{a(1 - \cos t)} = \frac{\sin t}{1 - \cos t},$$

当 $t = \dfrac{\pi}{2}$ 时,摆线上相应的点为 $M\left(a\left(\dfrac{\pi}{2} - 1\right), a\right)$,摆线在点 M 处的切线斜率为 $\dfrac{\mathrm{d}y}{\mathrm{d}x}\big|_{t=\frac{\pi}{2}} = 1$,

故所求切线方程为

$$y-a=x-a\left(\frac{\pi}{2}-1\right), \text{即 } x-y+a\left(2-\frac{\pi}{2}\right)=0.$$

例 2.22　以初速度 v_0、发射角 α 发射炮弹（如图 2-4），其运动方程为

$$\begin{cases} x=(v_0\cos\alpha)t, \\ y=(v_0\sin\alpha)t-\dfrac{1}{2}gt^2, \end{cases}$$

求：(1)炮弹在时刻 t 的速度大小；

(2)炮弹在时刻 t 的运动方向.

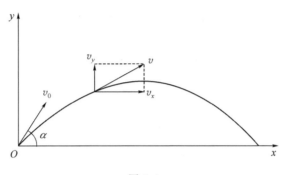

图 2-4

解　(1)先求沿 x 轴、y 轴的分速度 v_x 和 v_y：

$$v_x=\frac{\mathrm{d}x}{\mathrm{d}t}=v_0\cos\alpha, \quad v_y=\frac{\mathrm{d}y}{\mathrm{d}t}=v_0\sin\alpha-gt,$$

所以炮弹在时刻 t 的速度（即合速度）大小为

$$v=\sqrt{v_x^2+v_y^2}=\sqrt{(v_0\cos\alpha)^2+(v_0\sin\alpha-gt)^2}$$
$$=\sqrt{v_0^2-2v_0gt\sin\alpha+g^2t^2}.$$

(2)炮弹在时刻 t 的运动方向，就是炮弹运动轨迹在时刻 t 的切线方向，而切线方向可由切线的斜率来确定. 设 $\theta(t)$ 是切线的倾角，则有

$$\tan\theta(t)=\frac{\mathrm{d}y}{\mathrm{d}x}=\frac{\dfrac{\mathrm{d}y}{\mathrm{d}t}}{\dfrac{\mathrm{d}x}{\mathrm{d}t}}=\frac{v_0\sin\alpha-gt}{v_0\cos\alpha}=\tan\alpha-\frac{gt}{v_0\cos\alpha},$$

$$\theta(t)=\arctan\left(\tan\alpha-\frac{gt}{v_0\cos\alpha}\right).$$

2.3.3　相关变化率

在实际问题中常常会遇到这样一类问题：在某一变化过程中，变量 x 与 y 都随另一变量 t 而变化，即 $x=x(t)$，$y=y(t)$，且都是 t 的可导函数，而变量 x 与 y 又存在着相互依赖关系，因而变化率 $\dfrac{\mathrm{d}x}{\mathrm{d}t}$ 与 $\dfrac{\mathrm{d}y}{\mathrm{d}t}$ 之间也存在某种依赖关系，这两个相互依赖的变化率称为相关变化率. 相关

变化率问题,就是研究这两个变化率之间的关系,以便从其中一个变化率求出另一个变化率.

求解相关变化率问题的一般步骤为:

(1)建立变量 x 与 y 之间的关系式 $\Phi(x,y)=0$;

(2)将关系式 $\Phi(x,y)=0$ 两边对 t 求导(注意到 x 与 y 都是 t 的函数),得变化率 $\dfrac{\mathrm{d}x}{\mathrm{d}t}$ 与 $\dfrac{\mathrm{d}y}{\mathrm{d}t}$ 之间的关系式;

(3)将已知数据代入,解出欲求的变化率.

例 2.23 把水注入深 8m、上顶直径 8m 的正圆锥形容器中,其速率为 $4\mathrm{m}^3/\mathrm{min}$. 当水深为 5m 时,其表面上升的速率为多少?

解 如图 2-5 所示,设注水 $t\mathrm{min}$ 时的水深为 $h\mathrm{m}$,注水量为 $V\mathrm{m}^3$,显然有

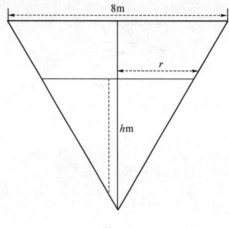

图 2-5

$$V=\frac{1}{3}\pi r^2 h=\frac{1}{3}\pi\left(\frac{h}{2}\right)^2 h=\frac{1}{12}\pi h^3,$$

这里 V、h 都是 t 的函数.

在上式两边对 t 求导,得

$$\frac{\mathrm{d}V}{\mathrm{d}t}=\frac{1}{4}\pi h^2\cdot\frac{\mathrm{d}h}{\mathrm{d}t},$$

已知 $\dfrac{\mathrm{d}V}{\mathrm{d}t}=4\mathrm{m}^3/\mathrm{min}$,所以当 $h=5\mathrm{m}$ 时,表面上升的速率为

$$\frac{\mathrm{d}h}{\mathrm{d}t}=\frac{4\dfrac{\mathrm{d}V}{\mathrm{d}t}}{\pi h^2}=\frac{4\times4}{\pi\times5^2}=\frac{16}{25\pi}(\mathrm{m/min}).$$

例 2.24 有一火箭发射后沿竖直方向运动,在距发射台 4000m 处有一台摄影机,摄影机的镜头始终对准火箭. 当火箭发射高度为 3000m 时,运动速度为 300m/s,问此时摄影机仰角的增加率是多少?

解 如图 2-6 所示,设火箭发射 $t\mathrm{s}$ 后,发射高度为 $h\mathrm{m}$,摄影机跟踪火箭的仰角为 $\alpha\mathrm{rad}$,则有

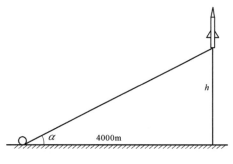

图 2-6

$$\tan\alpha = \frac{h}{4000},$$

从而
$$\alpha = \arctan\frac{h}{4000}.$$

上式两边对 t 求导,得

$$\frac{\mathrm{d}\alpha}{\mathrm{d}t} = \frac{1}{1+\left(\dfrac{h}{4000}\right)^2} \cdot \frac{1}{4000} \cdot \frac{\mathrm{d}h}{\mathrm{d}t},$$

当 $h=3000\mathrm{m}$ 时,$\dfrac{\mathrm{d}h}{\mathrm{d}t}=300\mathrm{m/s}$,代入上式得

$$\frac{\mathrm{d}\alpha}{\mathrm{d}t} = \frac{1}{1+\left(\dfrac{3000}{4000}\right)^2} \cdot \frac{1}{4000} \cdot 300 = 0.048(\mathrm{rad/s}).$$

习　题　2.3

1. 求由下列方程所确定的隐函数 $y=y(x)$ 的导数 $\dfrac{\mathrm{d}y}{\mathrm{d}x}$:

(1) $x^3+y^3-3xy=0$;

(2) $x^2y+xy^2=\mathrm{e}^{x-y}$;

(3) $x\cos 2y=\sin(3x+y^2)$;

(4) $\ln\sqrt{1+y^2}=\operatorname{arccot}y+\sin x$.

2. 证明星形线 $x^{\frac{2}{3}}+y^{\frac{2}{3}}=a^{\frac{2}{3}}$ $(a>0)$ 的切线介于两坐标轴之间的线段为定长 a.

3. 利用对数求导法求下列函数的导数 $\dfrac{\mathrm{d}y}{\mathrm{d}x}$:

(1) $y=(\sqrt{x}+1)^{\cos x}$;

(2) $y=\dfrac{\sqrt[3]{x-1}(x+2)^2}{\sqrt{(x+1)\sin x}}$;

(3) $y=x^{\sin x}+x^{\cos x}$ $(x>0)$;

(4) $(x^2+1)^y=(y^2+1)^x$.

4.求由下列参数方程所确定的函数的导数 $\dfrac{\mathrm{d}y}{\mathrm{d}x}$:

(1) $\begin{cases} x=2t^2\mathrm{e}^t, \\ y=2t+t^2; \end{cases}$ (2) $\begin{cases} x=\theta\cos\theta, \\ y=\theta(1-\sin\theta); \end{cases}$

(3) $\begin{cases} x=\mathrm{e}^t(\cos t+\sin t), \\ y=\mathrm{e}^t(\cos t-\sin t); \end{cases}$ (4) $\begin{cases} x=3t^2+2t-3, \\ \mathrm{e}^y\sin t-y+1=0. \end{cases}$

5.求曲线 $\begin{cases} x=1-t^2, \\ y=t-t^2 \end{cases}$ 在 $t=2$ 处的切线方程与法线方程.

6.甲船向正南,乙船向正东直线航行,开始时前者恰在后者正北 40km 处,后来在某一瞬间测得甲船已向南航行了 20km,此时速率为 15km/h;乙船已向东航行了 15km,此时速率为 25km/h.这时两船相离的速率是多少?

7.溶液从深为 15cm、顶直径为 12cm 的正圆锥形漏斗漏入一直径为 10cm 的圆柱形容器中,开始时漏斗中盛满了溶液.已知当溶液在漏斗中深为 12cm 时,其液面下降的速率为 1cm/min.问这时圆柱形容器中液面上升的速率是多少?

习题 2.3 详解

2.4　高阶导数

2.4.1　高阶导数的概念与计算

1.高阶导数的定义

我们知道,做变速直线运动的质点的瞬时速度 $v(t)$ 是位移函数 $s(t)$ 对时间 t 的导数,即 $v(t)=\dfrac{\mathrm{d}s(t)}{\mathrm{d}t}$ 或 $v(t)=s'(t)$. 而运动学上又把速度 $v(t)$ 对时间 t 的导数 $\dfrac{\mathrm{d}v}{\mathrm{d}t}$ 或 $v'(t)$ 称为质点在时刻 t 的瞬时加速度,常用 a 来表示,即 $a=\dfrac{\mathrm{d}v}{\mathrm{d}t}=\dfrac{\mathrm{d}}{\mathrm{d}t}\left(\dfrac{\mathrm{d}s(t)}{\mathrm{d}t}\right)$ 或 $a=v'(t)=(s'(t))'$. 所以,直线运动的加速度就是位移函数 $s(t)$ 的导数的导数,这就产生了高阶导数的概念.

定义 2.2　如果函数 $y=f(x)$ 的导数 $f'(x)$ 在点 x 处可导,则称 $f'(x)$ 在点 x 处的导数为函数 $y=f(x)$ 在点 x 处的二阶导数,记作 $f''(x),y'',\dfrac{\mathrm{d}^2y}{\mathrm{d}x^2}$ 或 $\dfrac{\mathrm{d}^2f(x)}{\mathrm{d}x^2}$,即

$$f''(x)=(f'(x))'=\lim_{\Delta x\to0}\dfrac{f'(x+\Delta x)-f'(x)}{\Delta x}.$$

类似地,如果函数 $y=f(x)$ 的二阶导数 $f''(x)$ 的导数仍然存在,则称 $f''(x)$ 的导数为函数 $y=f(x)$ 的三阶导数,记作 $f'''(x)$, y''', $\dfrac{\mathrm{d}^3 y}{\mathrm{d}x^3}$ 或 $\dfrac{\mathrm{d}^3 f(x)}{\mathrm{d}x^3}$,

即
$$f'''(x)=(f''(x))'=\lim_{\Delta x\to 0}\frac{f''(x+\Delta x)-f''(x)}{\Delta x}.$$

一般地,如果函数 $y=f(x)$ 的 $n-1$ 阶导数 $f^{(n-1)}(x)$ 的导数仍然存在,则称 $f^{(n-1)}(x)$ 的导数为函数 $y=f(x)$ 的 n 阶导数,记作 $f^{(n)}(x)$, $y^{(n)}$, $\dfrac{\mathrm{d}^n y}{\mathrm{d}x^n}$ 或 $\dfrac{\mathrm{d}^n f(x)}{\mathrm{d}x^n}$,即

$$f^{(n)}(x)=(f^{(n-1)}(x))'=\lim_{\Delta x\to 0}\frac{f^{(n-1)}(x+\Delta x)-f^{(n-1)}(x)}{\Delta x}.$$

通常把二阶及二阶以上的导数统称为高阶导数,把函数 $y=f(x)$ 的导数 $f'(x)$ 称为 $y=f(x)$ 的一阶导数. 由此,直线运动的加速度就是位移函数 $s(t)$ 对时间 t 的二阶导数,即 $a=\dfrac{\mathrm{d}^2 s(t)}{\mathrm{d}t^2}=s''(t)$.

由高阶导数的定义可知,求函数的高阶导数,只需将函数逐次求导,因而只要运用前面所讨论的导数运算法则及基本求导公式,就可以解决高阶导数的计算问题.

例 2.25　求下列函数的二阶导数:

(1) $f(x)=x^2\ln x+\mathrm{e}^{2x}$; 　　　　　　　　(2) $f(x)=(1+x^2)\arctan x$.

解　(1) $f'(x)=2x\ln x+x+2\mathrm{e}^{2x}$,

$f''(x)=(f'(x))'=(2x\ln x+x+2\mathrm{e}^{2x})'=2\ln x+3+4\mathrm{e}^{2x}$.

(2) $f'(x)=2x\arctan x+1$,

$f''(x)=(f'(x))'=(2x\arctan x+1)'=2\arctan x+\dfrac{2x}{1+x^2}$.

2. 某些基本初等函数的 n 阶导数

下面介绍几个基本初等函数的 n 阶导数.

> 这些结论可以作为公式使用.

例 2.26　求幂函数 $y=x^\mu(\mu\in\mathbf{R})$ 的 n 阶导数.

解
$$y'=(x^\mu)'=\mu x^{\mu-1},$$
$$y''=(x^\mu)''=\mu(\mu-1)x^{\mu-2},$$
$$\cdots,$$
$$y^{(n)}=(x^\mu)^{(n)}=\mu(\mu-1)(\mu-2)\cdots(\mu-n+1)x^{\mu-n},$$

即
$$(x^\mu)^{(n)}=\mu(\mu-1)(\mu-2)\cdots(\mu-n+1)x^{\mu-n}.$$

特别地,(1) 当 $\mu=n\in\mathbf{Z}^+$ 时,$(x^n)^{(n)}=n!$,而当 $m>n$ 时,$(x^n)^{(m)}=0$;

(2) 当 $\mu=-1$ 时,$\left(\dfrac{1}{x}\right)^{(n)}=\dfrac{(-1)^n n!}{x^{n+1}}$.

例 2.27 求指数函数 $y = a^x (a > 0, a \neq 1)$ 的 n 阶导数.

解 $$y' = a^x \ln a, \quad y'' = (y')' = (a^x \ln a)' = a^x \ln^2 a, \cdots,$$
$$y^{(n)} = (y^{(n-1)})' = (a^x \ln^{n-1} a)' = a^x \ln^n a,$$

即 $$(a^x)^{(n)} = a^x \ln^n a.$$

特别地,当 $a = e$ 时,$(e^x)^{(n)} = e^x$.

例 2.28 求正弦函数 $y = \sin kx (k$ 为常数$)$ 的 n 阶导数.

解 $$y' = k\cos kx = k\sin\left(kx + \frac{\pi}{2}\right),$$

$$y'' = k^2 \cos\left(kx + \frac{\pi}{2}\right) = k^2 \sin\left(kx + \frac{\pi}{2} + \frac{\pi}{2}\right) = k^2 \sin\left(kx + 2 \cdot \frac{\pi}{2}\right),$$

以此类推,可以得到 $$y^{(n)} = k^n \sin\left(kx + n \cdot \frac{\pi}{2}\right),$$

即 $$(\sin kx)^{(n)} = k^n \sin\left(kx + n \cdot \frac{\pi}{2}\right).$$

用类似的方法,可以得到

$$(\cos kx)^{(n)} = k^n \cos\left(kx + n \cdot \frac{\pi}{2}\right).$$

例 2.29 求对数函数 $y = \ln(1+x)(x > -1)$ 的 n 阶导数.

解 $$y' = \frac{1}{1+x}, \quad y^{(n)} = (y')^{(n-1)} = \left(\frac{1}{1+x}\right)^{(n-1)},$$

利用例 2.26 特例(2)可得

$$\left(\frac{1}{1+x}\right)^{(n-1)} = \frac{(-1)^{n-1}(n-1)!}{(1+x)^n},$$

可以得到

$$y^{(n)} = \frac{(-1)^{n-1}(n-1)!}{(1+x)^n},$$

即 $$[\ln(1+x)]^{(n)} = \frac{(-1)^{n-1}(n-1)!}{(1+x)^n} \quad (x > -1).$$

注 因为 $0! = 1$,所以上述公式当 $n = 1$ 时也成立.

3.函数和、差与积运算的 n 阶导数的求导法则

利用高阶导数的定义及函数和、差与积的求导法则,可以获得函数和、差与积运算的 n 阶导数的求导法则.

定理 2.6　如果函数 $u=u(x)$ 及 $v=v(x)$ 都有 n 阶导数，则函数 $u\pm v,uv$ 也有 n 阶导数，且

(1) $(u\pm v)^{(n)}=u^{(n)}\pm v^{(n)}$；

(2) $(uv)^{(n)}=\sum_{k=0}^{n}C_n^k u^{(n-k)}v^{(k)}$，其中 $C_n^k=\dfrac{n!}{k!(n-k)!},u^{(0)}=u,v^{(0)}=v$.

零阶导数即为函数本身.

证明　(1) 显然成立，我们只证明 (2). 设 $y=uv$，则

$$y'=(uv)'=u'v+uv',$$

$$y''=(u'v+uv')'=u''v+u'v'+u'v'+uv''=u''v+2u'v'+uv'',$$

$$y'''=(u''v+2u'v'+uv'')'=u'''v+u''v'+2u''v'+2u'v''+u'v''+uv'''$$

$$=u'''v+3u''v'+3u'v''+uv''',$$

继续这个过程，可以看出，这些式子的各项系数与二项式展开式的对应各项系数一致，由数学归纳法不难得到

$$y^{(n)}=C_n^0 u^{(n)}v+C_n^1 u^{(n-1)}v'+\cdots+C_n^n uv^{(n)},$$

即 $(uv)^{(n)}=\sum_{k=0}^{n}C_n^k u^{(n-k)}v^{(k)}$，此求导公式称为莱布尼茨公式.

特别地，在 (2) 中，当 $v=C(C$ 为常数)，可得 $(Cu)^{(n)}=Cu^{(n)}$.

例 2.30　求函数 $y=\dfrac{1}{x^2+x-2}$ 的 n 阶导数.

解　因为 $y=\dfrac{1}{x^2+x-2}=\dfrac{1}{3}\left(\dfrac{1}{x-1}-\dfrac{1}{x+2}\right)$，

由例 2.26 特例 (2) 可得

$$y^{(n)}=\frac{1}{3}\left[\frac{(-1)^n n!}{(x-1)^{n+1}}-\frac{(-1)^n n!}{(x+2)^{n+1}}\right]=\frac{(-1)^n n!}{3}\left[\frac{1}{(x-1)^{n+1}}-\frac{1}{(x+2)^{n+1}}\right].$$

例 2.31　求函数 $y=x^2\mathrm{e}^{2x}$ 的 n 阶导数.

解　设 $u=\mathrm{e}^{2x},v=x^2$，则

$$u^{(k)}=2^k\mathrm{e}^{2x}(k=0,1,2,\cdots,n);$$

$$v'=2x,v''=2,v^{(k)}=0(k=3,4,\cdots,n).$$

由莱布尼茨公式得

$$y^{(n)}=C_n^0 u^{(n)}v+C_n^1 u^{(n-1)}v'+C_n^2 u^{(n-2)}v''$$

$$=2^n\mathrm{e}^{2x}\cdot x^2+n\cdot 2^{n-1}\mathrm{e}^{2x}\cdot 2x+\frac{n(n-1)}{2}\cdot 2^{n-2}\mathrm{e}^{2x}\cdot 2$$

$$=2^{n-2}\mathrm{e}^{2x}[4x^2+4nx+n(n-1)].$$

2.4.2 由参数方程所确定的函数的高阶导数

对于参数方程 $\begin{cases} x=\varphi(t), \\ y=\psi(t) \end{cases}$ $(t\in I)$，如果 $x=\varphi(t)$，$y=\psi(t)$ 都关于 t 二阶可导，我们可以求

出由参数方程所确定的函数 $y=y(x)$ 的二阶导数. 先求一阶导数 $\dfrac{\mathrm{d}y}{\mathrm{d}x}=\dfrac{\psi'(t)}{\varphi'(t)}$，将上式两边再

对 x 求导，注意到右边仍可看成关于 x 的复合函数，中间变量是 $t=\varphi^{-1}(x)$，从而得

$$\frac{\mathrm{d}^2 y}{\mathrm{d}x^2}=\frac{\mathrm{d}}{\mathrm{d}x}\left(\frac{\mathrm{d}y}{\mathrm{d}x}\right)=\frac{\mathrm{d}}{\mathrm{d}t}\left(\frac{\mathrm{d}y}{\mathrm{d}x}\right)\cdot\frac{\mathrm{d}t}{\mathrm{d}x}=\frac{\mathrm{d}}{\mathrm{d}t}\left(\frac{\mathrm{d}y}{\mathrm{d}x}\right)\cdot\frac{1}{\dfrac{\mathrm{d}x}{\mathrm{d}t}}=\frac{\mathrm{d}}{\mathrm{d}t}\left(\frac{\psi'(t)}{\varphi'(t)}\right)\cdot\frac{1}{\varphi'(t)}$$

$$=\frac{\psi''(t)\varphi'(t)-\psi'(t)\varphi''(t)}{[\varphi'(t)]^2}\cdot\frac{1}{\varphi'(t)},$$

即
$$\frac{\mathrm{d}^2 y}{\mathrm{d}x^2}=\frac{\psi''(t)\varphi'(t)-\psi'(t)\varphi''(t)}{[\varphi'(t)]^3}. \tag{2-6}$$

式(2-6)可以作为由参数方程所确定的函数 $y=y(x)$ 的二阶导数的计算公式，但此公式比较复杂，我们可以不去记忆它，只需掌握其求导的方法. 例如

$$\frac{\mathrm{d}^2 y}{\mathrm{d}x^2}=\frac{\mathrm{d}}{\mathrm{d}x}\left(\frac{\mathrm{d}y}{\mathrm{d}x}\right)=\frac{\mathrm{d}}{\mathrm{d}t}\left(\frac{\mathrm{d}y}{\mathrm{d}x}\right)\cdot\frac{\mathrm{d}t}{\mathrm{d}x}=\frac{\dfrac{\mathrm{d}}{\mathrm{d}t}\left(\dfrac{\mathrm{d}y}{\mathrm{d}x}\right)}{\dfrac{\mathrm{d}x}{\mathrm{d}t}},$$

$$\frac{\mathrm{d}^3 y}{\mathrm{d}x^3}=\frac{\mathrm{d}}{\mathrm{d}x}\left(\frac{\mathrm{d}^2 y}{\mathrm{d}x^2}\right)=\frac{\mathrm{d}}{\mathrm{d}t}\left(\frac{\mathrm{d}^2 y}{\mathrm{d}x^2}\right)\cdot\frac{\mathrm{d}t}{\mathrm{d}x}=\frac{\dfrac{\mathrm{d}}{\mathrm{d}t}\left(\dfrac{\mathrm{d}^2 y}{\mathrm{d}x^2}\right)}{\dfrac{\mathrm{d}x}{\mathrm{d}t}}.$$

例 2.32 求由参数方程 $\begin{cases} x=\ln(1+t^2), \\ y=t-\arctan t \end{cases}$ 确定的函数 $y=y(x)$ 的二阶导数和三阶导数.

解 用公式(2-6)求 $\dfrac{\mathrm{d}^2 y}{\mathrm{d}x^2}$.

因为
$$\varphi'(t)=\frac{2t}{1+t^2},\ \varphi''(t)=\frac{2(1+t^2)-2t\cdot 2t}{(1+t^2)^2}=\frac{2(1-t^2)}{(1+t^2)^2},$$

$$\psi'(t)=1-\frac{1}{1+t^2}=\frac{t^2}{1+t^2},\ \psi''(t)=\frac{2t(1+t^2)-t^2\cdot 2t}{(1+t^2)^2}=\frac{2t}{(1+t^2)^2},$$

所以
$$\frac{\mathrm{d}^2 y}{\mathrm{d}x^2}=\frac{\psi''(t)\varphi'(t)-\psi'(t)\varphi''(t)}{[\varphi'(t)]^3}$$

$$=\frac{\dfrac{2t}{(1+t^2)^2}\cdot\dfrac{2t}{1+t^2}-\dfrac{t^2}{1+t^2}\cdot\dfrac{2(1-t^2)}{(1+t^2)^2}}{\left(\dfrac{2t}{1+t^2}\right)^3}=\frac{1+t^2}{4t}.$$

用前面介绍的方法求 $\dfrac{\mathrm{d}^2 y}{\mathrm{d}x^2}$ 和 $\dfrac{\mathrm{d}^3 y}{\mathrm{d}x^3}$.

因为
$$\frac{dy}{dx}=\frac{\dfrac{dy}{dt}}{\dfrac{dx}{dt}}=\frac{1-\dfrac{1}{1+t^2}}{\dfrac{2t}{1+t^2}}=\frac{t}{2},$$

所以
$$\frac{d^2y}{dx^2}=\frac{\dfrac{d}{dt}\left(\dfrac{dy}{dx}\right)}{\dfrac{dx}{dt}}=\frac{\dfrac{1}{2}}{\dfrac{2t}{1+t^2}}=\frac{1+t^2}{4t},$$

$$\frac{d^3y}{dx^3}=\frac{\dfrac{d}{dt}\left(\dfrac{d^2y}{dx^2}\right)}{\dfrac{dx}{dt}}=\frac{\dfrac{1}{4}\left(1-\dfrac{1}{t^2}\right)}{\dfrac{2t}{1+t^2}}=\frac{t^4-1}{8t^3}.$$

注　显然用前面介绍的方法计算由参数方程确定的函数的二阶导数比用公式(2-6)更简捷.

例 2.33　已知方程 $(1+x^2)^2\cdot\dfrac{d^2y}{dx^2}=y$，做变换 $\begin{cases}x=\tan t,\\ y=u(t)\sec t,\end{cases}$ 求变换后的方程.

解　$\dfrac{dy}{dx}=\dfrac{\dfrac{dy}{dt}}{\dfrac{dx}{dt}}=\dfrac{u'(t)\sec t+u(t)\sec t\tan t}{\sec^2 t}=u'(t)\cos t+u(t)\sin t,$

$$\frac{d^2y}{dx^2}=\frac{\dfrac{d}{dt}\left(\dfrac{dy}{dx}\right)}{\dfrac{dx}{dt}}=\frac{d}{dt}[u'(t)\cos t+u(t)\sin t]\cdot\frac{1}{\dfrac{dx}{dt}}$$

$$=[u''(t)\cos t-u'(t)\sin t+u'(t)\sin t+u(t)\cos t]\cdot\frac{1}{\sec^2 t}$$

$$=\cos^3 t[u''(t)+u(t)],$$

将变换公式和 $\dfrac{d^2y}{dx^2}$ 代入原方程
$$(1+\tan^2 t)^2\cdot\cos^3 t[u''(t)+u(t)]=u(t)\sec t,$$
由于 $1+\tan^2 t=\sec^2 t$，化简后得到 $u''(t)=0$.

2.4.3　隐函数的二阶导数

下面举例说明隐函数求二阶导数的方法.

例 2.34　求方程 $y=1+x\sin y$ 所确定的隐函数 $y=y(x)$ 的二阶导数.

解　方程两边对 x 求导，得
$$y'=\sin y+x\cos y\cdot y',$$
解得
$$y'=\frac{\sin y}{1-x\cos y},$$

将上式两边再对 x 求导，注意 y 仍是 x 的函数，化简后可得

$$y'' = \frac{(\cos y - x)y' + \sin y \cos y}{(1 - x\cos y)^2},$$

再将 y' 的表达式代入,得

$$y'' = \frac{(\cos y - x) \cdot \dfrac{\sin y}{1 - x\cos y} + \sin y \cos y}{(1 - x\cos y)^2}$$

$$= \frac{\sin y(2\cos y - x - x\cos^2 y)}{(1 - x\cos y)^3}.$$

例 2.35 设 $y = f(x + 2y)$,其中 $f''(x + 2y)$ 存在,且 $f'(x + 2y) \neq \dfrac{1}{2}$,求 y''.

解 将方程 $y = f(x + 2y)$ 两边对 x 求导,得

$$y' = f'(x + 2y)(1 + 2y'), \tag{2-7}$$

由条件 $f'(x + 2y) \neq \dfrac{1}{2}$,得

$$y' = \frac{f'(x + 2y)}{1 - 2f'(x + 2y)}, \tag{2-8}$$

再将式(2-7)的两边对 x 求导,注意 y, y' 仍是 x 的函数,有

$$y'' = f''(x + 2y)(1 + 2y')^2 + 2y''f'(x + 2y),$$

因 $f'(x + 2y) \neq \dfrac{1}{2}$,故

$$y'' = \frac{f''(x + 2y)(1 + 2y')^2}{1 - 2f'(x + 2y)},$$

将式(2-8)代入,得 $\qquad y'' = \dfrac{f''(x + 2y)}{[1 - 2f'(x + 2y)]^3}.$

如果此例的解法与例 2.34 一样,直接在式(2-8)的两边对 x 求导,我们会看到计算比较复杂,但如果先将式(2-8)写成以下的形式:

$$y' = -\frac{1}{2} + \frac{1}{2} \cdot \frac{1}{1 - 2f'(x + 2y)},$$

> 你会变形吗?

再两边对 x 求导,就会变得简单一些,即有

$$y'' = -\frac{1}{2} \cdot \frac{-2f''(x + 2y)(1 + 2y')}{[1 - 2f'(x + 2y)]^2} = \frac{f''(x + 2y)(1 + 2y')}{[1 - 2f'(x + 2y)]^2},$$

然后将式(2-8)代入上式,也可得到欲求的结果.

习　题　2.4

1. 求下列函数的二阶导数：

(1) $y = e^{2x}\sin 3x$；

(2) $y = (\arctan x)^2$；

(3) $y = \ln(x + \sqrt{1 + x^2})$；

(4) $y = (1 - x^2)\arcsin x$.

2. 设 $y = \dfrac{\arcsin x}{\sqrt{1 - x^2}}$，求 $y''\big|_{x=0}$.

3. 设函数 $f(x)$ 二阶可导，求下列函数的二阶导数 $\dfrac{d^2 y}{dx^2}$：

(1) $y = f(e^{-x^2})$；

(2) $y = f[f(x)]$.

4. 求下列函数的 n 阶导数：

(1) $y = \cos^2 x$；

(2) $y = x^3 \ln x$；

(3) $y = \ln(1 - 2x)$；

(4) $y = \dfrac{1}{4x^2 - 1}$.

5. 求由下列参数方程所确定的函数的二阶导数 $\dfrac{d^2 y}{dx^2}$：

(1) $\begin{cases} x = 2t^2 - t, \\ y = 2t + t^3; \end{cases}$

(2) $\begin{cases} x = \theta\sin\theta, \\ y = \theta\cos\theta. \end{cases}$

6. 已知 $\begin{cases} x = f'(t), \\ y = tf'(t) - f(t), \end{cases}$ 设 $f''(t)$ 存在且不为 0，求 $\dfrac{d^2 y}{dx^2}$.

7. 求由下列方程所确定的隐函数 $y = y(x)$ 的二阶导数 $\dfrac{d^2 y}{dx^2}$：

(1) $y = \tan(x + y)$；

(2) $e^{x+y} = xy$.

8. 已知 $xy - \sin(\pi y^2) = 0$，求 $\dfrac{d^2 y}{dx^2}\bigg|_{\substack{x=0 \\ y=1}}$.

9. 设函数 $y = f(x)$ 在点 x 处有三阶导数，且 $y' = f'(x) \neq 0$. 若 $y = f(x)$ 存在反函数 $x = f^{-1}(y)$，试用 y'、y'' 或 y''' 的式子表示 $\dfrac{d^2 x}{dy^2}$ 与 $\dfrac{d^3 x}{dy^3}$.

习题 2.4 详解

2.5　函数的微分与函数的线性逼近

为了研究函数在点 x 处变化的快慢程度(变化率),我们引出了导数的概念.

有时,我们需要计算当自变量 x 取得一个微小的增量 Δx 时,函数 y 的相应增量 $\Delta y = f(x+\Delta x) - f(x)$ 的值. 但是在一般情况下,要计算 Δy 的精确值很困难,而且很多时候我们只需要求出 Δy 的满足一定的精确度的近似值. 那么,能否既简单又比较精确地计算 Δy 的近似值呢? 换句话说,能否用关于 Δx 的一个简单函数(比如 Δx 的一次函数)在局部上近似表示 Δy?

2.5.1　微分的定义

先考察一个具体问题.

正方形的面积 S 是边长 x 的函数

$$S = x^2 (x > 0),$$

当边长有一个增量 Δx 时,面积 S 有相应的增量

$$\Delta S = (x+\Delta x)^2 - x^2 = 2x\Delta x + (\Delta x)^2.$$

上式包含两部分:第一部分 $2x\Delta x$ 是 Δx 的线性函数,即图 2-7 中带剖面线的两个矩形面积之和;而第二部分 $(\Delta x)^2$ 是 Δx 的高阶无穷小. 因此,当 Δx 很小时,$(\Delta x)^2$ 可以忽略不计,这时可以用第一部分 $2x\Delta x$ 近似地表示 ΔS,所产生的误差仅是 Δx 的高阶无穷小,即 $2x\Delta x$ 是正方形面积增量 ΔS 的主要部分. 我们把 $2x\Delta x$ 称为正方形面积 S 的微分,记作 $\mathrm{d}S$. 可见,当 $\Delta x \to 0$ 时,

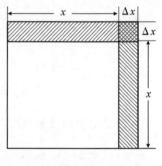

图 2-7

$$\Delta S \approx \mathrm{d}S = 2x\Delta x.$$

定义 2.3　设函数 $y = f(x)$ 在 x 的某邻域内有定义,且 $x+\Delta x$ 也在该邻域内,如果函数 $y = f(x)$ 的相应增量 $\Delta y = f(x+\Delta x) - f(x)$ 可以表示为

$$\Delta y = A\Delta x + o(\Delta x),$$

其中 A 与 Δx 无关,$o(\Delta x)$ 为 Δx 的高阶无穷小,则称函数 $y = f(x)$ 在点 x 处可微,并称 $A\Delta x$ 为函数 $y = f(x)$ 在点 x 处的微分,记为 $\mathrm{d}y$ 或 $\mathrm{d}f(x)$,即

$$\mathrm{d}y = A\Delta x. \tag{2-9}$$

可以看出,函数的微分是 Δx 的线性函数. 当 $A \neq 0$,且 $\Delta x \to 0$ 时,可用 $\mathrm{d}y$ 作为 Δy 的近似值,即 $\mathrm{d}y$ 是 Δy 的主要部分,因此 $\mathrm{d}y$ 也称为 Δy 的线性主部.

以下需要研究,函数可微需要什么条件? 如何确定式(2-9)中 A 的值?

由前面正方形面积的增量的引例,我们已经知道正方形面积 S 的微分 $\mathrm{d}S = 2x\Delta x$,这里 $A = 2x = (x^2)' = S'$,即微分定义中的 A 是函数在点 x 处的导数,一般有

定理 2.7　函数 $y=f(x)$ 在点 x 处可微的充要条件是 $f(x)$ 点 x 处可导,并且

$$\mathrm{d}y=y'\Delta x=f'(x)\Delta x. \tag{2-10}$$

证明　设 $y=f(x)$ 在点 x 处可微,由定义知

$$\Delta y=A\Delta x+o(\Delta x),$$

两边都除以 Δx,得

$$\frac{\Delta y}{\Delta x}=A+\frac{o(\Delta x)}{\Delta x},$$

于是有 $f'(x)=\lim\limits_{\Delta x\to 0}\dfrac{\Delta y}{\Delta x}=A$ 存在,即 $f(x)$ 在点 x 处可导,且 $A=f'(x)$.

反之,设 $y=f(x)$ 在点 x 处可导,即 $\lim\limits_{\Delta x\to 0}\dfrac{\Delta y}{\Delta x}=f'(x)$ 存在,由极限与无穷小的关系知

$$\frac{\Delta y}{\Delta x}=f'(x)+\alpha, \qquad 其中\lim\limits_{\Delta x\to 0}\alpha=0,$$

所以

$$\Delta y=f'(x)\Delta x+\alpha\Delta x.$$

$f'(x)$ 与 Δx 无关,$f'(x)\Delta x$ 是 Δx 的线性函数,$\alpha\Delta x=o(\Delta x)$. 因此,$f(x)$ 在点 x 处可微,且

$$\mathrm{d}y=f'(x)\Delta x.$$

> $\alpha\Delta x=o(\Delta x)$,这是为什么?

如果函数 $y=f(x)$ 在区间 I 内的每一点处都可微,就称函数 $f(x)$ 是在 I 内的可微函数,函数 $f(x)$ 在 I 内的任意一点处的微分就称为函数的微分,也记作 $\mathrm{d}y$.

如果 $y=x$,则 $\mathrm{d}y=\mathrm{d}x=x'\Delta x=\Delta x$,即自变量的微分就是自变量的增量.

于是式(2-10)又可以写成

$$\mathrm{d}y=y'\mathrm{d}x=f'(x)\mathrm{d}x, \tag{2-11}$$

从而

$$\frac{\mathrm{d}y}{\mathrm{d}x}=y'=f'(x),$$

即函数的微分与自变量的微分之商等于函数的导数,因此导数也称为"微商",运用导数与微分的方法统称为微分法.

例 2.36　求函数 $y=x^3$ 当 $x=2$,$\Delta x=0.001$ 时的微分.

解　因为 $\mathrm{d}y=(x^3)'\Delta x=3x^2\Delta x$,所以

$$\mathrm{d}y\Big|_{\substack{x=2\\ \Delta x=0.001}}=3x^2\Delta x\Big|_{\substack{x=2\\ \Delta x=0.001}}=0.012.$$

注　由此例我们看到,利用函数微分可以简便地算出函数 $y=x^3$ 在 $x=2$ 处,当 $\Delta x=0.001$ 时,函数的微分为 $\mathrm{d}y=0.012$,也即函数相应的增量 Δy 的近似值为 0.012,而此时 Δy 的精确值为

$$\Delta y = 2.001^3 - 2^3 = 0.012006001,$$

所以用微分 $\mathrm{d}y$ 代替增量 Δy，所产生的误差只有 0.000006001，而且计算函数的微分比计算函数的增量要简便得多.

2.5.2 基本微分公式与函数运算的微分法则

由公式(2-11)可知，求函数的微分，只要求出函数的导数再乘以 $\mathrm{d}x$ 即可. 因此，每一个求导公式，都对应一个微分公式. 例如，由 $[u(x)v(x)]' = u'(x)v(x) + u(x)v'(x)$，得

$$\mathrm{d}[u(x)v(x)] = [u(x)v(x)]'\mathrm{d}x = [u'(x)v(x) + u(x)v'(x)]\mathrm{d}x$$
$$= v(x)u'(x)\mathrm{d}x + u(x)v'(x)\mathrm{d}x = v(x)\mathrm{d}u(x) + u(x)\mathrm{d}v(x).$$

同理，容易得到下面的公式与法则.

1. 基本微分公式

(1) $\mathrm{d}(C) = 0$（C 为常数）；

(2) $\mathrm{d}(x^\mu) = \mu x^{\mu-1}\mathrm{d}x$（$\mu \in \mathbf{R}$）；

(3) $\mathrm{d}(a^x) = a^x \ln a \mathrm{d}x$（$a>0, a \neq 1$）；

(4) $\mathrm{d}(e^x) = e^x \mathrm{d}x$；

(5) $\mathrm{d}(\log_a x) = \dfrac{1}{x\ln a}\mathrm{d}x$（$a>0, a\neq 1$）；

(6) $\mathrm{d}(\ln x) = \dfrac{1}{x}\mathrm{d}x$；

(7) $\mathrm{d}(\sin x) = \cos x \mathrm{d}x$；

(8) $\mathrm{d}(\cos x) = -\sin x \mathrm{d}x$；

(9) $\mathrm{d}(\tan x) = \sec^2 x \mathrm{d}x$；

(10) $\mathrm{d}(\cot x) = -\csc^2 x \mathrm{d}x$；

(11) $\mathrm{d}(\sec x) = \sec x \tan x \mathrm{d}x$；

(12) $\mathrm{d}(\csc x) = -\csc x \cot x \mathrm{d}x$；

(13) $\mathrm{d}(\arcsin x) = \dfrac{1}{\sqrt{1-x^2}}\mathrm{d}x$；

(14) $\mathrm{d}(\arccos x) = -\dfrac{1}{\sqrt{1-x^2}}\mathrm{d}x$；

(15) $\mathrm{d}(\arctan x) = \dfrac{1}{1+x^2}\mathrm{d}x$；

(16) $\mathrm{d}(\operatorname{arccot} x) = -\dfrac{1}{1+x^2}\mathrm{d}x$.

2. 函数四则运算的微分法则

若函数 $u(x)$ 和 $v(x)$ 都是可微函数，则函数 $u(x) \pm v(x), u(x) \cdot v(x)$ 和 $\dfrac{u(x)}{v(x)}$（$v(x) \neq 0$）也是可微函数，且

(1) $\mathrm{d}[u(x) \pm v(x)] = \mathrm{d}u(x) \pm \mathrm{d}v(x)$；

(2) $\mathrm{d}[u(x)v(x)] = v(x)\mathrm{d}u(x) + u(x)\mathrm{d}v(x)$，特别地，当 C 为常数时，$\mathrm{d}[Cu(x)] = C\mathrm{d}u(x)$；

(3) $\mathrm{d}\left[\dfrac{u(x)}{v(x)}\right] = \dfrac{v(x)\mathrm{d}u(x) - u(x)\mathrm{d}v(x)}{v^2(x)}$（$v(x) \neq 0$），特别地，$\mathrm{d}\left[\dfrac{1}{v(x)}\right] = -\dfrac{\mathrm{d}v(x)}{v^2(x)}$（$v(x) \neq 0$）.

3. 复合函数的微分法则

设函数 $y = f(u), u = g(x)$ 都是可微函数，则复合函数 $y = f(g(x))$ 也是可微函数，且微分为

$$\mathrm{d}y = f'(u)g'(x)\mathrm{d}x.$$

由于 $g'(x)\mathrm{d}x = \mathrm{d}u$，所以复合函数 $y = f(g(x))$ 的微分也可以写成

$$dy = f'(u)du, \tag{2-12}$$

这里 u 是中间变量.

设 $y = f(u)$ 可微,若 u 是自变量,也有 $dy = f'(u)du$. 由此可见,无论 u 是自变量还是中间变量,函数 $y = f(u)$ 的微分总保持同一个形式,微分的这一性质称为一阶微分形式的不变性.

例 2.37　求函数 $y = \dfrac{x^2 e^x}{\ln x}$ 的微分.

解法一　因为

$$y' = \frac{(x^2 e^x)' \ln x - x^2 e^x (\ln x)'}{\ln^2 x} = \frac{e^x(2x\ln x + x^2 \ln x - x)}{\ln^2 x},$$

所以

$$dy = y'dx = \frac{e^x(2x\ln x + x^2 \ln x - x)}{\ln^2 x}dx.$$

解法二　
$$dy = \frac{\ln x \, d(x^2 e^x) - x^2 e^x \, d(\ln x)}{\ln^2 x}$$

$$= \frac{\ln x(2x dx \cdot e^x + x^2 e^x dx) - x^2 e^x \cdot \dfrac{1}{x} dx}{\ln^2 x}$$

$$= \frac{e^x(2x\ln x + x^2 \ln x - x)}{\ln^2 x}dx.$$

例 2.38　求函数 $y = \ln^2(x^2 - 2x + 3)$ 的微分.

解法一　因为

$$y' = 2\ln(x^2 - 2x + 3)[\ln(x^2 - 2x + 3)]'$$

$$= 2\ln(x^2 - 2x + 3) \cdot \frac{(x^2 - 2x + 3)'}{x^2 - 2x + 3}$$

$$= \frac{4(x-1)}{x^2 - 2x + 3}\ln(x^2 - 2x + 3),$$

所以

$$dy = y'dx = \frac{4(x-1)}{x^2 - 2x + 3}\ln(x^2 - 2x + 3)dx.$$

解法二　
$$dy = 2\ln(x^2 - 2x + 3)d[\ln(x^2 - 2x + 3)]$$

$$= 2\ln(x^2 - 2x + 3) \cdot \frac{d(x^2 - 2x + 3)}{x^2 - 2x + 3}$$

$$= 2\ln(x^2 - 2x + 3) \cdot \frac{2x dx - 2dx}{x^2 - 2x + 3}$$

$$= \frac{4(x-1)}{x^2 - 2x + 3}\ln(x^2 - 2x + 3)dx.$$

4. 隐函数与由参数方程确定的函数的微分

求隐函数的微分,可以先利用隐函数的求导方法求出 y',再由 $dy = y'dx$ 求出微分 dy;也可以在方程 $F(x,y) = 0$ 两边对 x、y 求微分,再解出 dy.

例 2.39 求由方程 $e^{xy}+\tan y^2=y$ 所确定的函数 $y=y(x)$ 的微分.

解 对方程两边求微分

$$d(e^{xy})+d(\tan y^2)=dy, e^{xy}d(xy)+\sec^2(y^2)d(y^2)=dy,$$

$$e^{xy}(ydx+xdy)+\sec^2(y^2)\cdot 2ydy=dy \Rightarrow dy=\frac{ye^{xy}}{1-xe^{xy}-2y\sec^2(y^2)}dx.$$

求由参数方程所确定的函数的微分,可以先利用由参数方程所确定的函数求导公式求出 y',再由 $dy=y'dx$ 求出微分 dy;也可以在方程组 $\begin{cases} x=\varphi(t), \\ y=\psi(t) \end{cases}$ 的每个方程两边对 x、y 求微分,再解出 dy.

例 2.40 求由参数方程 $\begin{cases} x=e^t\cos t, \\ y=t\sin 2t \end{cases}$ 所确定的函数 $y=y(x)$ 的微分.

解 对方程 $x=e^t\cos t$ 两边求微分,得

$$dx=\cos t d(e^t)+e^t d(\cos t), dx=e^t(\cos t-\sin t)dt;$$

对方程 $y=t\sin 2t$ 两边求微分,得

$$dy=\sin 2t dt+t d(\sin 2t), dy=(\sin 2t+2t\cos 2t)dt,$$

于是

$$dy=\frac{\sin 2t+2t\cos 2t}{e^t(\cos t-\sin t)}dx.$$

2.5.3 微分的几何意义与函数的线性逼近

我们看到,当函数 $f(x)$ 在 x_0 处可微时,有 $\Delta y=f'(x_0)\Delta x+o(\Delta x)$,因此当 $|\Delta x|$ 较小时,Δy 可以近似地表示成 Δx 的线性函数 $dy=f'(x_0)\Delta x$,即有

$$\Delta y\approx dy, \tag{2-13}$$

并且误差仅是 Δx 的高阶无穷小.

为了对微分有直观的了解,现在给出微分的几何意义.如图 2-8 所示,对于某一固定的 x_0 值,曲线 $y=f(x)$ 上有一定点 $M(x_0,y_0)$,当自变量 x 有微小增量 Δx 时,得到曲线上另一点 $N(x_0+\Delta x,y_0+\Delta y)$,$MT$ 是曲线在点 M 处的切线,从图中可知

$$MQ=\Delta x, QN=\Delta y,$$

$$QP=f'(x_0)\Delta x=dy.$$

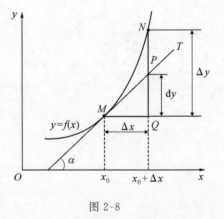

图 2-8

由此可见,对于可微函数 $y=f(x)$ 而言,当 Δy 是曲线 $y=f(x)$ 上的点的纵坐标的增量时,dy 就是曲线的切线上的点的纵坐标的相应增量.当 $|\Delta x|$ 很小时,$|\Delta y-dy|$ 比 $|\Delta x|$ 小得多,因此,可微函数的曲线 $y=f(x)$ 在点 $M(x_0,f(x_0))$ 附近的局部范围内可以用它在这点处的切线近似地替代.

(2-13)式也可以写成

$$\Delta y = f(x_0 + \Delta x) - f(x_0) \approx f'(x_0)\Delta x,$$

或

$$f(x_0 + \Delta x) \approx f(x_0) + f'(x_0)\Delta x. \tag{2-14}$$

在(2-14)式中记 $x_0 + \Delta x = x$，就有

$$f(x) \approx f(x_0) + f'(x_0)(x - x_0). \tag{2-15}$$

(2-15)式的右端是 x 的一次多项式，记为 $L(x) = f(x_0) + f'(x_0)(x - x_0)$，称为 $f(x)$ 在 x_0 处的线性逼近或一次近似，其误差 $|f(x) - f(x_0) - f'(x_0)(x - x_0)|$ 是 $|\Delta x|$ 的高阶无穷小，$|\Delta x| = |x - x_0|$ 愈小，即 x 愈接近 x_0，(2-14)式或(2-15)式的近似精确度就愈高.

例 2.41　在 $x = 2$ 处，求函数 $f(x) = \arcsin \dfrac{1}{\sqrt{x}}$ 的一次近似 $L(x)$.

解　因为 $f(2) = \dfrac{\pi}{4}$，$f'(x) = \dfrac{1}{\sqrt{1 - \frac{1}{x}}} \cdot \left(-\dfrac{1}{2x\sqrt{x}}\right)$，$f'(2) = -\dfrac{1}{4}$，所以由 $L(x) = f(2) + f'(2)(x - 2)$ 得，$f(x)$ 在 $x = 2$ 处的一次近似为

$$L(x) = \frac{\pi}{4} - \frac{1}{4}(x - 2).$$

此例表明，当 $|x - 2|$ 很小时，$\arcsin \dfrac{1}{\sqrt{x}} \approx \dfrac{\pi}{4} - \dfrac{1}{4}(x - 2)$.

在(2-15)式中取 $x_0 = 0$ 可得，$f(x) \approx f(0) + f'(0)x$. 当 $|x|$ 很小时，利用上式可以推出某些函数的一次近似式. 先把工程技术中常用的几个一次近似式列在下面：

$$e^x \approx 1 + x;$$
$$\sin x \approx x\,(x \text{ 为弧度数});$$
$$\tan x \approx x\,(x \text{ 为弧度数});$$
$$(1 + x)^\alpha \approx 1 + \alpha x;$$
$$\ln(1 + x) \approx x.$$

你会推导吗？

例 2.42　在半径为 10cm 的金属球表面上镀一层厚度为 0.01cm 的铜，估计要用多少克铜（铜的密度为 8.9g/cm³）？

解　镀层的体积等于两个同心球体的体积之差，因此也就是球体体积 $V = \dfrac{4}{3}\pi r^3$ 在 $r_0 = 10$ 处当 r 取得增量 $\Delta r = 0.01$ 时的增量 ΔV. 根据式(2-13)，

$$\Delta V \approx dV = V'(r_0)\Delta r$$
$$= 4\pi r_0^2 \Delta r = 4 \times 3.14 \times 10^2 \times 0.01 = 12.56(\text{cm}^3),$$

故要用的铜约为

$$12.56 \times 8.9 = 111.78(\text{g}).$$

习 题 2.5

1.求下列函数的微分:

(1) $y = 2x^3 - \sqrt{x\sqrt[3]{x}} + \mathrm{e}^{x+1}$;   (2) $y = (x+1)\ln\sqrt{x+1} + \sin \mathrm{e}$;

(3) $y = \dfrac{x^2 - 3\sqrt{x} + 2x^{-1}}{x\sqrt{x}}$;   (4) $y = \arcsin\sqrt{1-x^2}$;

(5) $y = \sqrt{1+4x^2}\arctan 2x$;   (6) $y = \dfrac{\mathrm{e}^{2x}\sin 3x}{\arccos x}$;

(7) $y = \dfrac{(x^2+1)\sqrt{2x+3}}{\sqrt{(x-2)(3x+2)^3}}$;   (8) $y = \sqrt{x-1}(x-1)^{\sin x} + (\cos x)^x$.

2.求由下列方程所确定的隐函数 $y = y(x)$ 的微分 $\mathrm{d}y$:

(1) $xy\mathrm{e}^{x+y} = 1$;   (2) $2x + y^3 = \sin(x^3 + 2y)$;

(3) $\ln\sqrt{x^2 - y^2} = \arcsin\dfrac{y}{x}(x > 0)$;   (4) $\mathrm{e}^{x+y} = (\sin x)^y + (\cos y)^x$.

3.求由下列参数方程所确定的函数的微分 $\mathrm{d}y$:

(1) $\begin{cases} x = \dfrac{3t}{1+t^3}, \\ y = \dfrac{3t^2}{1+t^3}; \end{cases}$ (2) $\begin{cases} x = t\tan t, \\ y = t^2(\sec t - 1). \end{cases}$

4.求下列函数在指定点处的一次近似 $L(x)$:

(1) $y = \mathrm{e}^{4x-\pi}\sin x, x = \dfrac{\pi}{4}$;   (2) $y = x\arccos\dfrac{1}{x}, x = -2$.

5.求算式 $\sqrt[4]{0.995}\mathrm{e}^{0.995}$ 的近似值.

6.一只无盖的圆柱形水桶的外半径为 $25\mathrm{cm}$,高为 $60\mathrm{cm}$,现要在水桶的表面涂上一层厚为 $0.1\mathrm{cm}$ 的油漆,估计要用多少克的油漆(油漆的密度为 $1.32\mathrm{g/cm}^3$)?

习题 2.5 详解

2.6　微分中值定理

微分中值定理是导数应用的理论基础,我们将介绍一元函数微分学中的四个常用定理.它们一般统称为微分中值定理.

2.6.1　罗尔(Rolle)中值定理

如图 2-9 所示,如果在开区间 (a,b) 内的光滑曲线 $y=f(x)$ 两端点 A、B 的函数值存在,且 $f(a)=f(b)$,则从图上可以看出,在 (a,b) 内的曲线上至少有一点 $C(\xi,f(\xi))$,在点 C 处曲线 $y=f(x)$ 具有水平切线.

函数的这一几何性质可描述为以下定理:

定理 2.8　如果函数 $y=f(x)$ 在闭区间 $[a,b]$ 上连续,在开区间 (a,b) 内可导,且 $f(a)=f(b)$,则在 (a,b) 内至少存在一点 ξ,使得 $f'(\xi)=0$.

定理 2.8 称为罗尔 (**Rolle**) 中值定理,前面我们可以利用几何直观获得定理的结论,下面给出它的严格证明.

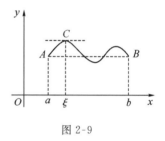

图 2-9

证明　由闭区间上连续函数的最值定理可知,函数 $y=f(x)$ 在 $[a,b]$ 上一定存在最大值 M 与最小值 m.

若 $M=m$,则 $y=f(x)$ 在 $[a,b]$ 上为常数函数,结论显然成立.

若 $M\neq m$,则 M 与 m 中至少有一个不等于 $f(a)$,不妨设 $M\neq f(a)$,于是 $f(x)$ 只能在 (a,b) 内取得 M,即至少存在一点 $\xi\in(a,b)$,有 $f(\xi)=M$.

现取 $|\Delta x|$ 充分小,使得 $\xi+\Delta x\in(a,b)$,则 $f(\xi+\Delta x)-f(\xi)\leqslant 0$,

当 $\Delta x<0$ 时,$\dfrac{f(\xi+\Delta x)-f(\xi)}{\Delta x}\geqslant 0$,得 $f'_-(\xi)=\lim\limits_{\Delta x\to 0^-}\dfrac{f(\xi+\Delta x)-f(\xi)}{\Delta x}\geqslant 0$;

当 $\Delta x>0$ 时,$\dfrac{f(\xi+\Delta x)-f(\xi)}{\Delta x}\leqslant 0$,得 $f'_+(\xi)=\lim\limits_{\Delta x\to 0^+}\dfrac{f(\xi+\Delta x)-f(\xi)}{\Delta x}\leqslant 0$.

而 $f(x)$ 在 (a,b) 内可导,故 $f'(\xi)$ 存在,因此有

$$f'(\xi)=f'_-(\xi)=f'_+(\xi)=0.$$

例 2.43　验证函数 $f(x)=x\sqrt{4-x^2}$ 在区间 $[0,2]$ 上满足罗尔中值定理的条件,并求出满足 $f'(\xi)=0$ 的 ξ 值.

解　易知函数 $f(x)$ 在 $[0,2]$ 上连续,又 $f'(x)=\sqrt{4-x^2}-\dfrac{x^2}{\sqrt{4-x^2}}$,即 $f(x)$ 在 $(0,2)$ 内可导,且显然有 $f(0)=f(2)=0$,因此 $f(x)$ 在 $[0,2]$ 上满足罗尔中值定理的条件,令 $f'(x)=0$,得 $x=\pm\sqrt{2}$,故取 $\xi=\sqrt{2}\in(0,2)$,就有 $f'(\xi)=0$.

例 2.44 设函数 $f(x)$ 在 $[0,1]$ 上连续,在 $(0,1)$ 内可导,证明:至少存在一点 $\xi \in (0,1)$,使得 $f(1)=2\xi f(\xi)+\xi^2 f'(\xi)$.

证明 令 $F(x)=f(1)x-x^2 f(x)$,由已知得 $F(x)$ 在 $[0,1]$ 上连续,在 $(0,1)$ 内可导,且 $F(0)=F(1)=0$.由罗尔中值定理知,至少存在一点 $\xi \in (0,1)$,使得 $F'(\xi)=0$,即

$$f(1)=2\xi f(\xi)+\xi^2 f'(\xi).$$

2.6.2 拉格朗日(Lagrange)中值定理

如图 2-10 所示,如果在开区间 (a,b) 内的光滑曲线 $y=f(x)$ 两端点 A、B 的函数值存在,且 $f(a) \neq f(b)$,则从图上可以看出,在 (a,b) 内的曲线上至少有一点 $C(\xi,f(\xi))$,在点 C 处曲线 $y=f(x)$ 的切线与弦 AB 平行,由导数的几何意义及直线斜率的计算公式可得

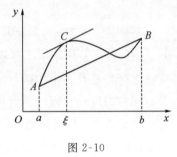

图 2-10

$$\frac{f(b)-f(a)}{b-a}=f'(\xi).$$

上述函数的几何性质可描述为以下定理:

定理 2.9 如果函数 $y=f(x)$ 在闭区间 $[a,b]$ 上连续,在开区间 (a,b) 内可导,则在 (a,b) 内至少存在一点 ξ,使得

$$f(b)-f(a)=(b-a)f'(\xi), \tag{2-16}$$

这个定理称为拉格朗日(Lagrange)中值定理.

易知拉格朗日中值定理是罗尔中值定理的推广.我们可以通过构造辅助函数(例 2.44 的证明方法),运用罗尔中值定理证明拉格朗日中值定理.

证明 因 (2-16) 式可改写为 $f'(\xi)-\dfrac{f(b)-f(a)}{b-a}=0$,与罗尔中值定理比较,作辅助函数

$$F(x)=f(x)-\frac{f(b)-f(a)}{b-a}x,$$

显然,$F(x)$ 在 $[a,b]$ 上连续,在 (a,b) 内可导,且 $F(a)=F(b)$,于是由罗尔中值定理得,至少存在一点 $\xi \in (a,b)$,使得

$$F'(\xi)=f'(\xi)-\frac{f(b)-f(a)}{b-a}=0.$$

(2-16) 式也称为拉格朗日中值公式,它有下列两种常用的变形:

$$f(b)-f(a)=f'(a+\theta(b-a))(b-a)(0<\theta<1);$$
$$f(a+h)-f(a)=f'(a+\theta h)h,(0<\theta<1)$$

值得注意的是,上述两个定理都没有指明 ξ 在 (a,b) 内的确切位置,也没有确定 ξ 的个数,只保证 ξ 的存在性.但这并不影响这两个定理的理论价值及在微积分中的广泛应用.

在 (2-16) 式中,取 $a=x,b=x+\Delta x$,可得

$$f(x+\Delta x)-f(x)=f'(\xi)\Delta x(\xi 介于 x 与 x+\Delta x 之间),$$

即
$$\Delta y=f'(\xi)\Delta x. \tag{2-17}$$

(2-17)式表明,当自变量在 x 处取得增量 Δx 时,则在 x 与 $x+\Delta x$ 之间至少存在一点 ξ,使得函数相应的增量 Δy 恰好等于函数在 ξ 处的变化率与自变量增量 Δx 的乘积.

前面我们已经知道,若 $f(x)$ 在区间 (a,b) 内是一个常数函数,则 $f(x)$ 在该区间内的导数恒为零.由格朗日中值定理易得它的逆命题也成立,即有:

推论 1 如果函数 $f(x)$ 在区间 (a,b) 内的导数恒为 0,则 $f(x)$ 在 (a,b) 内是一个常数.

证明 在 (a,b) 内任取两点 x_1,x_2,不妨设 $x_1<x_2$,则 $f(x)$ 在 $[x_1,x_2]$ 上满足拉格朗日中值定理条件,因此有
$$f(x_2)-f(x_1)=f'(\xi)(x_2-x_1),$$
而对任意 $x\in(a,b),f'(x)=0$,故 $f'(\xi)=0$,于是得 $f(x_2)-f(x_1)=0$,即 $f(x_2)=f(x_1)$.这就是说,$f(x)$ 在 (a,b) 内各点处的函数值都相等,所以 $f(x)$ 在 (a,b) 内是一个常数.

由推论 1,利用构造函数的方法易得下面的推论 2:

推论 2 若在 (a,b) 内恒有 $f'(x)=g'(x)$,则 $f(x)$ 与 $g(x)$ 在 (a,b) 内只相差一个常数.

请你给出证明.

例 2.45 证明:当 $0<x<\pi$ 时,$x\cos x<\sin x<x$.

证明 设 $f(t)=\sin t$,显然 $f(t)$ 在 $[0,x](0<x<\pi)$ 上满足定理 2.9 的条件,所以有
$$f(x)-f(0)=f'(\xi)(x-0)(0<\xi<x),$$
由于 $f(0)=0,f'(t)=\cos t$,因此上式即为 $\sin x=x\cos\xi$,注意到 $x>0$,且当 $0<\xi<x<\pi$ 时,有 $\cos x<\cos\xi<1$,故 $x\cos x<x\cos\xi<x$,于是
$$x\cos x<\sin x<x.$$

例 2.46 证明:当 $x>0$ 时,$x<(x+1)\ln(x+1)<x^2+x$.

证明 即证 $\dfrac{1}{x+1}<\dfrac{\ln(x+1)}{x}<1$,而 $\dfrac{\ln(x+1)}{x}=\dfrac{\ln(x+1)-\ln(0+1)}{x-0}$,因此在 $[0,x](x>0)$ 上对函数 $f(t)=\ln(1+t)$ 用定理 2.9,则推得至少有一点 $\xi\in(0,x)$,使得
$$\frac{\ln(x+1)}{x}=\frac{\ln(x+1)-\ln(0+1)}{x-0}=(\ln(t+1))'|_{t=\xi}=\frac{1}{\xi+1},$$
由 $0<\xi<x$ 得 $\dfrac{1}{x+1}<\dfrac{1}{\xi+1}<1$,于是原不等式获证.

例 2.47 证明:当 $x\in[-1,0]$ 时,$\arcsin x-\arcsin\sqrt{1-x^2}=-\dfrac{\pi}{2}$.

证明 设 $f(x)=\arcsin x-\arcsin\sqrt{1-x^2}$,则当 $x\in(-1,0)$ 时,
$$f'(x)=\frac{1}{\sqrt{1-x^2}}-\frac{1}{\sqrt{1-(\sqrt{1-x^2})^2}}\cdot\frac{-2x}{2\sqrt{1-x^2}}$$

$$= \frac{1}{\sqrt{1-x^2}} - \frac{1}{\sqrt{1-x^2}} = 0,$$

因此当 $x \in (-1,0)$ 时，$f(x) = C$（C 为常数），取 $x = -\frac{1}{2}$ 时，可得 $C = -\frac{\pi}{2}$，又 $f(-1) = f(0)$

$= -\frac{\pi}{2}$，于是当 $x \in [-1,0]$ 时，有

$$\arcsin x - \arcsin \sqrt{1-x^2} = -\frac{\pi}{2}.$$

2.6.3　柯西(Cauchy)中值定理

如图 2-11 所示，如果曲线的方程为参数方程 $\begin{cases} X = g(x), \\ Y = f(x), \end{cases}$ 由曲线经过点 C 的切线与弦

AB 平行，应有

$$\frac{f(b)-f(a)}{g(b)-g(a)} = \frac{f'(\xi)}{g'(\xi)}.$$

于是可得下面的定理：

定理 2.10　如果函数 $f(x),g(x)$ 在闭区间 $[a,b]$ 上
连续，在开区间 (a,b) 内可导，且 $g'(x) \neq 0$，则在 (a,b) 内
至少存在一点 ξ，使得

$$\frac{f(b)-f(a)}{g(b)-g(a)} = \frac{f'(\xi)}{g'(\xi)}.$$

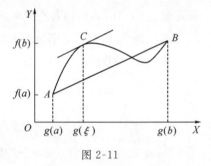

图 2-11

这个定理称为柯西(**Cauchy**)中值定理，易知柯西中值定理是拉格朗日中值定理的推广.
与拉格朗日中值定理类似，也可以通过构造辅助函数用罗尔中值定理证明柯西中值定理，此
处从略.

2.6.4　泰勒(Taylor)中值定理

将拉格朗日中值定理中 $f(x)$ 的导数推广到 $f(x)$ 的 $n+1$ 阶导数，便有下面的定理：

定理 2.11　假设函数 $f(x)$ 在包含 x_0 的某开区间 (a,b) 内有直到 $n+1$ 阶导数，则对 (a,b) 内任一点 $x \neq x_0$，在 x_0 与 x 之间至少存在一点 ξ，使得

$$f(x) = f(x_0) + f'(x_0)(x-x_0) + \frac{f''(x_0)}{2!}(x-x_0)^2 + \cdots$$

$$+ \frac{f^{(n)}(x_0)}{n!}(x-x_0)^n + R_n(x), \tag{2-18}$$

其中

$$R_n(x) = \frac{f^{(n+1)}(\xi)}{(n+1)!}(x-x_0)^{n+1}. \tag{2-19}$$

这个定理称为泰勒中值定理，形如(2-19)式的余项 $R_n(x)$ 称为拉格朗日型余项，式

(2-18)称为函数 $f(x)$ 在 x_0 处带拉格朗日型余项的 **n 阶泰勒公式**. 当 $n=0$ 时, 泰勒公式就是拉格朗日中值公式, 所以泰勒中值定理是拉格朗日中值定理的推广. 利用柯西中值定理可以证明泰勒中值定理, 此处从略.

带有拉格朗日型余项的泰勒公式更便于进行数值估计. 例如, 当 $|f^{(n+1)}(x)|<M$, 则

$$|R_n(x)| \leqslant M \frac{|x-x_0|^{n+1}}{(n+1)!} \leqslant M \frac{(b-a)^{n+1}}{(n+1)!} \to 0 (n \to \infty). \tag{2-20}$$

因此, 只要 $f^{(n+1)}(x)$ 在有限区间上有界, 用 n 阶泰勒多项式 (即(2-18)式右端去掉余项 $R_n(x)$ 的多项式) 近似代替函数 $f(x)$, 所产生的误差随着 n 增大可以任意变小, 因而只要选择适当大的 n 就可使计算达到所要求的任意精度.

在式(2-18)中, 当 $x_0=0$, 此时 ξ 在 0 与 x 之间, 故可记 $\xi=\theta x (0<\theta<1)$, 于是可得

$$f(x)=f(0)+f'(0)x+\frac{f''(0)}{2!}x^2+\cdots+\frac{f^{(n)}(0)}{n!}x^n+R_n(x), \tag{2-21}$$

其中
$$R_n(x)=\frac{f^{(n+1)}(\xi)}{(n+1)!}x^{n+1}=\frac{f^{(n+1)}(\theta x)}{(n+1)!}x^{n+1}, 0<\theta<1,$$

式(2-21)称为函数 $f(x)$ 带拉格朗日型余项的 **n 阶麦克劳林公式**.

例 2.48　设 $f(x)=e^x$, 写出 $f(x)$ 带拉格朗日型余项的 n 阶麦克劳林公式.

解　因为 $f^{(k)}(x)=e^x(k=1,2,\cdots)$, 所以 $f^{(k)}(0)=1(k=1,2,\cdots)$.

代入(2-21)式得到带拉格朗日型余项的 n 阶麦克劳林公式:

$$e^x=1+x+\frac{x^2}{2!}+\cdots+\frac{x^n}{n!}+\frac{e^{\theta x}}{(n+1)!}x^{n+1}, 0<\theta<1.$$

类似地, 还可以得到 $\sin x$、$\cos x$、$\ln(1+x)$、$(1+x)^\alpha$ 的带拉格朗日型余项的 n 阶麦克劳林公式:

$$\sin x=x-\frac{x^3}{3!}+\frac{x^5}{5!}-\cdots+(-1)^{n-1}\frac{x^{2n-1}}{(2n-1)!}+R_{2n}(x),$$

其中 $R_{2n}(x)=\dfrac{\sin\left[\theta x+(2n+1)\dfrac{\pi}{2}\right]}{(2n+1)!}x^{2n+1}(0<\theta<1)$;

$$\cos x=1-\frac{x^2}{2!}+\frac{x^4}{4!}-\cdots+(-1)^n\frac{x^{2n}}{(2n)!}+R_{2n+1}(x),$$

其中 $R_{2n+1}(x)=\dfrac{\cos\left[\theta x+(n+1)\pi\right]}{(2n+2)!}x^{2n+2}(0<\theta<1)$;

$$\ln(1+x)=x-\frac{x^2}{2}+\frac{x^3}{3}-\cdots+(-1)^{n-1}\frac{x^n}{n}+R_n(x);$$

其中 $R_n(x)=\dfrac{(-1)^n(1+\theta x)^{-n-1}}{n+1}x^{n+1}(0<\theta<1)$;

$$(1+x)^\alpha=1+\alpha x+\frac{\alpha(\alpha-1)}{2!}x^2+\cdots+\frac{\alpha(\alpha-1)\cdots(\alpha-n+1)}{n!}x^n+R_n(x),$$

其中 $R_n(x)=\dfrac{\alpha(\alpha-1)\cdots(\alpha-n+1)(\alpha-n)}{(n+1)!}(1+\theta x)^{\alpha-n-1}x^{n+1}(0<\theta<1)$.

应该指出,泰勒公式中的余项 $R_n(x)$ 可以有多种表达形式,下面介绍的一种表达式在处理函数极限时会给我们带来方便.

由(2-20)式,利用夹逼准则易得 $\lim\limits_{x \to x_0} \dfrac{R_n(x)}{(x-x_0)^n}=0$,即

$$R_n(x)=o[(x-x_0)^n].$$

于是,假设函数 $f(x)$ 满足定理 2.11 的条件,就可得

$$f(x)=f(x_0)+f'(x_0)(x-x_0)+\frac{f''(x_0)}{2!}(x-x_0)^2+\cdots$$

$$+\frac{f^{(n)}(x_0)}{n!}(x-x_0)^n+o[(x-x_0)^n], \tag{2-22}$$

式(2-22)称为函数 $f(x)$ 在 x_0 处带佩亚诺型余项的 n 阶泰勒公式.

我们把五个基本初等函数的带佩亚诺型余项的麦克劳林公式写在下面:

$$e^x=1+x+\frac{x^2}{2!}+\cdots+\frac{x^n}{n!}+o(x^n),$$

$$\sin x=x-\frac{x^3}{3!}+\frac{x^5}{5!}-\cdots+(-1)^{n-1}\frac{x^{2n-1}}{(2n-1)!}+o(x^{2n}),$$

$$\cos x=1-\frac{x^2}{2!}+\frac{x^4}{4!}-\cdots+(-1)^n\frac{x^{2n}}{(2n)!}+o(x^{2n+1}),$$

$$\ln(1+x)=x-\frac{x^2}{2}+\frac{x^3}{3}-\cdots+(-1)^{n-1}\frac{x^n}{n}+o(x^n),$$

$$(1+x)^a=1+ax+\frac{a(a-1)}{2!}x^2+\cdots+\frac{a(a-1)\cdots(a-n+1)}{n!}x^n+o(x^n).$$

例 2.49 利用带佩亚诺型余项的麦克劳林公式,求极限

$$\lim_{x \to 0}\frac{e^x\sin x-x(1+x)}{x^2\arctan x}.$$

解 因为当 $x \to 0$ 时,$\arctan x \sim x$,所以分式的分母是 x^3,我们只需将分子中的 e^x 与 $\sin x$ 分别用二阶、三阶的麦克劳林公式:

$$e^x=1+x+\frac{x^2}{2!}+o(x^2), \quad \sin x=x-\frac{x^3}{3!}+o(x^4),$$

于是 $e^x\sin x-x(1+x)=\left[1+x+\dfrac{x^2}{2!}+o(x^2)\right] \cdot \left[x-\dfrac{x^3}{3!}+o(x^4)\right]-x(1+x)$

$$=\frac{x^3}{3}+o(x^3),$$

因此 $\qquad \lim\limits_{x \to 0}\dfrac{e^x\sin x-x(1+x)}{x^2\arctan x}=\lim\limits_{x \to 0}\dfrac{\dfrac{x^3}{3}+o(x^3)}{x^3}=\dfrac{1}{3}.$

习 题 2.6

1. 已知 $f(x)=(x+3)(x+1)(x-2)(x-4)$，试说明方程 $f'(x)=0$ 有几个实根，并指出它们所在的区间.

2. 若方程 $a_0x^n+a_1x^{n-1}+\cdots+a_{n-1}x=0$ 有一个负根 $x=x_0$，证明方程 $a_0nx^{n-1}+a_1(n-1)x^{n-2}+\cdots+a_{n-1}=0$ 必有一个大于 x_0 的负根.

3. 设 $f(x)$ 在 $[0,1]$ 上具有二阶导数，且 $f(0)=f(1)=0$. 若 $F(x)=xf(x)$，证明：至少存在一点 $\xi\in(0,1)$，使得 $F''(\xi)=0$.

4. 设 $f(x)$ 在 $[0,a]$ 上连续，在 $(0,a)$ 内可导，且 $f(a)=0$，证明：至少存在一点 $\xi\in(0,a)$，使得 $f(\xi)+\xi f'(\xi)=0$.

5. 证明：当 $x\geqslant 1$ 时，$\arctan x-\dfrac{1}{2}\arccos\dfrac{2x}{1+x^2}=\dfrac{\pi}{4}$.

6. 证明：$nb^{n-1}(a-b)<a^n-b^n<na^{n-1}(a-b)$，$(n>1,a>b>0)$.

7. 设函数 $f(x)$ 在 $[0,2]$ 上具有二阶导数，且 $f(0)=f(2)<f(1)$，证明存在 $\xi\in(0,2)$，使 $f''(\xi)<0$.

8. 写出函数 $f(x)=\dfrac{1}{x}$ 在 $x_0=1$ 处带拉格朗日余项的 n 阶泰勒公式.

9. 写出下列函数带佩亚诺余项的 n 阶麦克劳林公式：

(1) $f(x)=\ln(2+x)$；   (2) $f(x)=\sqrt{1+x}$.

10. 利用带佩亚诺余项的麦克劳林公式求下列极限：

(1) $\displaystyle\lim_{x\to 0}\dfrac{\sin x-e^x-1-\dfrac{x^2}{2}}{x\ln(1+x^2)}$；   (2) $\displaystyle\lim_{x\to 0}\dfrac{\cos x\ln(1+x^2)-x^2}{x^2(1-e^{-x^2})}$.

11. 设 $f(x)$ 在 $[a,b]$ 上二阶可导，$f'(a)=f'(b)=0$，试证在 (a,b) 内至少存在一点 ξ，使得 $(b-a)^2|f''(\xi)|\geqslant|f(b)-f(a)|$.

习题 2.6 详解

2.7　　洛比达法则与函数的单调性

2.7.1　洛比达法则

1. $\frac{0}{0}$ 型与 $\frac{\infty}{\infty}$ 型未定式的极限

如果当 $x \to x_0$（或 $x \to \infty$）时，函数 $f(x)$ 与 $g(x)$ 同时趋于 0 或同时趋于 ∞，那么极限 $\lim\limits_{x \to x_0} \dfrac{f(x)}{g(x)} \left(\text{或} \lim\limits_{x \to \infty} \dfrac{f(x)}{g(x)}\right)$ 可能存在，也可能不存在. 通常称这类极限为"未定式"，并分别记为 $\dfrac{0}{0}$ 型或 $\dfrac{\infty}{\infty}$ 型. 这时不能直接运用"商的极限的运算法则"求此极限. 下面我们介绍一种借助于导数求未定式的极限的新方法——洛比达法则.

定理 2.12　如果函数 $f(x)$ 和 $g(x)$ 在 x_0 的某一邻域内（点 x_0 可除外）有定义，且满足

(1) $\lim\limits_{x \to x_0} f(x) = \lim\limits_{x \to x_0} g(x) = 0$（或 $\lim\limits_{x \to x_0} f(x) = \infty$, $\lim\limits_{x \to x_0} g(x) = \infty$）;

(2) $f'(x)$ 与 $g'(x)$ 存在，且 $g'(x)$ 不等于 0;

(3) $\lim\limits_{x \to x_0} \dfrac{f'(x)}{g'(x)} = A$（或 ∞）;

那么　　$\lim\limits_{x \to x_0} \dfrac{f(x)}{g(x)} = \lim\limits_{x \to x_0} \dfrac{f'(x)}{g'(x)} = A$（或 ∞）.

证明　只证明当 $\lim\limits_{x \to x_0} f(x) = \lim\limits_{x \to x_0} g(x) = 0$ 时的情形.

由于在一点的极限值与函数值无关，所以可定义 $f(x_0) = g(x_0) = 0$. 于是由已知得 $f(x)$

为什么要这样定义呢？

和 $g(x)$ 在 x_0 的某一邻域内连续. 设 x 是该邻域内的某一点，则 $f(x)$ 和 $g(x)$ 在以 x 与 x_0 为端点的区间上满足柯西中值定理条件，因而有

$$\frac{f(x)}{g(x)} = \frac{f(x) - f(x_0)}{g(x) - g(x_0)} = \frac{f'(\xi)}{g'(\xi)} (\xi \text{ 介于 } x_0 \text{ 与 } x \text{ 之间}),$$

令 $x \to x_0$，此时 $\xi \to x_0$，对上式两边取极限，结合条件(3)，得

$$\lim_{x \to x_0} \frac{f(x)}{g(x)} = \lim_{x \to x_0} \frac{f'(\xi)}{g'(\xi)} = \lim_{\xi \to x_0} \frac{f'(\xi)}{g'(\xi)} = \lim_{x \to x_0} \frac{f'(x)}{g'(x)} = A(\text{或} \infty).$$

这种在一定条件下通过分子分母同时分别求导再求极限来确定未定式的极限的方法称为洛必达 (L'Hospital) 法则. 将上述定理中的 "$x \to x_0$" 换成其他任何一种 x 的变化趋势，结论仍然成立.

例 2.50 求下列极限：

(1) $\lim\limits_{x\to\pi}\dfrac{1+\cos x}{\tan^2 x}$；

(2) $\lim\limits_{x\to-1}\dfrac{\ln(-x)}{(x+1)^2}$；

(3) $\lim\limits_{x\to 0}\dfrac{e^{2x}-e^{-2x}-4x}{\sin x-x}$；

(4) $\lim\limits_{x\to 0}\dfrac{\cos\sqrt{2}x-e^{-x^2}}{x\sin^2 x\ln(1+x)}$.

解 易知上述极限均为未定式 $\dfrac{0}{0}$ 型.

> 请你逐一进行验证.

(1) $\lim\limits_{x\to\pi}\dfrac{1+\cos x}{\tan^2 x}=\lim\limits_{x\to\pi}\dfrac{-\sin x}{2\tan x\sec^2 x}=-\lim\limits_{x\to\pi}\dfrac{\cos^3 x}{2}=\dfrac{1}{2}$.

(2) $\lim\limits_{x\to-1}\dfrac{\ln(-x)}{(x+1)^2}=\lim\limits_{x\to-1}\dfrac{\dfrac{1}{-x}\cdot(-1)}{2(x+1)}=\lim\limits_{x\to-1}\dfrac{1}{2x(x+1)}=\infty$.

(3) $\lim\limits_{x\to 0}\dfrac{e^{2x}-e^{-2x}-4x}{\sin x-x}=\lim\limits_{x\to 0}\dfrac{2e^{2x}+2e^{-2x}-4}{\cos x-1}$

$\qquad=\lim\limits_{x\to 0}\dfrac{4e^{2x}-4e^{-2x}}{-\sin x}=\lim\limits_{x\to 0}\dfrac{8e^{2x}+8e^{-2x}}{-\cos x}=-16$.

(4) 因为当 $x\to 0$ 时，$\sin^2 x\ln(1+x)\sim x^3$，所以

$\lim\limits_{x\to 0}\dfrac{\cos\sqrt{2}x-e^{-x^2}}{x\sin^2 x\ln(1+x)}=\lim\limits_{x\to 0}\dfrac{\cos\sqrt{2}x-e^{-x^2}}{x^4}=\lim\limits_{x\to 0}\dfrac{-\sqrt{2}\sin\sqrt{2}x+2xe^{-x^2}}{4x^3}$

$\qquad=\lim\limits_{x\to 0}\dfrac{-2\cos\sqrt{2}x+2e^{-x^2}-4x^2e^{-x^2}}{12x^2}=\lim\limits_{x\to 0}\dfrac{-\cos\sqrt{2}x+e^{-x^2}}{6x^2}-\lim\limits_{x\to 0}\dfrac{e^{-x^2}}{3}$

$\qquad=\lim\limits_{x\to 0}\dfrac{\sqrt{2}\sin\sqrt{2}x-2xe^{-x^2}}{12x}-\dfrac{1}{3}=\lim\limits_{x\to 0}\dfrac{\sin\sqrt{2}x}{6\sqrt{2}x}-\lim\limits_{x\to 0}\dfrac{e^{-x^2}}{6}-\dfrac{1}{3}=-\dfrac{1}{3}$.

注 (1) 在满足定理条件下，可以多次运用洛比达法则来求极限.

(2) 使用洛必达法则时，要注意与其他求极限方法有效结合，如等价无穷小替换，利用重要极限和极限运算法则等，使运算尽可能简化.

例 2.51 求下列极限：

(1) $\lim\limits_{x\to\pi}\dfrac{\cot x}{\cot 3x}$；

(2) $\lim\limits_{x\to+\infty}\dfrac{x^a}{e^{\lambda x}}\ (a>0,\lambda>0)$.

解 易知上述极限均为未定式 $\dfrac{\infty}{\infty}$ 型.

(1) $\lim\limits_{x\to\pi}\dfrac{\cot x}{\cot 3x}=\lim\limits_{x\to\pi}\dfrac{-\csc^2 x}{-3\csc^2 3x}=\lim\limits_{x\to\pi}\dfrac{\sin^2 3x}{3\sin^2 x}=\dfrac{1}{3}\left(\lim\limits_{x\to\pi}\dfrac{\sin 3x}{\sin x}\right)^2$

$\qquad=\dfrac{1}{3}\left(\lim\limits_{x\to\pi}\dfrac{3\cos 3x}{\cos x}\right)^2=3$.

(2) $\lim\limits_{x\to+\infty}\dfrac{x^a}{e^{\lambda x}}=\lim\limits_{x\to+\infty}\left(\dfrac{x}{e^{\frac{\lambda x}{a}}}\right)^a=\left(\lim\limits_{x\to+\infty}\dfrac{x}{e^{\frac{\lambda x}{a}}}\right)^a=\left(\lim\limits_{x\to+\infty}\dfrac{a}{\lambda e^{\frac{\lambda x}{a}}}\right)^a=0$.

1. 其他类型未定式的极限

其他类型的未定式($0 \cdot \infty$型，$\infty - \infty$型，∞^0型，0^0型和1^∞型)都可以通过变形转化为$\dfrac{0}{0}$型或$\dfrac{\infty}{\infty}$型，从而使用洛必达法则求极限.

例 2.52 求下列极限:

(1) $\lim\limits_{x \to -\infty} x(\pi - \text{arccot}\,x)$;   (2) $\lim\limits_{x \to 1}\left(\dfrac{x^2}{1-x} + \dfrac{1}{\ln x}\right)$;

(3) $\lim\limits_{x \to 0^+} (\cot x)^{\frac{1}{\ln x}}$;   (4) $\lim\limits_{x \to 0}\left[\dfrac{(1+x)^{\frac{1}{x}}}{e}\right]^{\frac{1}{x}}$.

解 (1)这是未定式$0 \cdot \infty$型.

$$\lim_{x \to -\infty} x(\pi - \text{arccot}\,x) = \lim_{x \to -\infty} \frac{\pi - \text{arccot}\,x}{\frac{1}{x}} = \lim_{x \to -\infty} \frac{\frac{1}{1+x^2}}{-\frac{1}{x^2}} = \lim_{x \to -\infty} \frac{-x^2}{1+x^2} = -1.$$

(2)这是未定式$\infty - \infty$型.

$$\lim_{x \to 1}\left(\frac{x^2}{1-x} + \frac{1}{\ln x}\right) = \lim_{x \to 1}\frac{x^2\ln x - x + 1}{(1-x)\ln x} = \lim_{x \to 1}\frac{2x\ln x + x - 1}{-\ln x + \frac{1-x}{x}}$$

$$= \lim_{x \to 1}\frac{2\ln x + 3}{-\frac{1}{x} - \frac{1}{x^2}} = -\frac{3}{2}.$$

(3)这是未定式∞^0型，设 $y = (\cot x)^{\frac{1}{\ln x}}$，$\ln y = \dfrac{\ln\cot x}{\ln x}$，则

$$\lim_{x \to 0^+}\ln y = \lim_{x \to 0^+}\frac{\ln\cot x}{\ln x} = \lim_{x \to 0^+}\frac{\frac{-1}{\cot x \cdot \sin^2 x}}{\frac{1}{x}} = -\lim_{x \to 0^+}\left(\frac{x}{\sin x} \cdot \frac{1}{\cos x}\right) = -1,$$

因此原极限为 e^{-1}.

(4)这是未定式1^∞型，设 $y = \lim\limits_{x \to 0}\left[\dfrac{(1+x)^{\frac{1}{x}}}{e}\right]^{\frac{1}{x}}$，$\ln y = \dfrac{1}{x}\left[\ln(1+x)^{\frac{1}{x}} - 1\right] = \dfrac{\ln(1+x) - x}{x^2}$，则

$$\lim_{x \to 0}\ln y = \lim_{x \to 0}\frac{\ln(1+x) - x}{x^2} = \lim_{x \to 0}\frac{\frac{1}{1+x} - 1}{2x} = \lim_{x \to 0}\frac{-1}{2(1+x)} = -\frac{1}{2},$$

因此原极限为 $e^{-\frac{1}{2}}$.

注 $0 \cdot \infty$型和$\infty - \infty$型的未定式，可以分别利用分式基本性质和分式的加减运算转化为$\dfrac{0}{0}$型或$\dfrac{\infty}{\infty}$型；而∞^0型，0^0型和1^∞型的未定式，可以先设所求极限中的函数为 y，再两边取对数，则 $\ln y$ 的极限就化为$0 \cdot \infty$型的未定式，或者也可以利用公式 $u(x)^{v(x)} = e^{v(x)\ln u(x)}$ $(u(x) > 0)$将所求极限转化为$0 \cdot \infty$型(参阅《微积分及其应用导学(上册)》2.7节).

例 2.53 求极限$\lim\limits_{x \to \infty}\dfrac{2x}{\sin x - 3x}$.

解　所求极限虽是 $\dfrac{\infty}{\infty}$ 型未定式,但若分别对分子、分母求导,得

$$\lim_{x\to\infty}\frac{2x}{\sin x-3x}=\lim_{x\to\infty}\frac{2}{\cos x-3},$$

即分子分母分别求导后的极限不存在(既非有限,又非无穷大),因此不能用洛必达法则计算.但可以如下计算:

$$\lim_{x\to\infty}\frac{2x}{\sin x-3x}=\lim_{x\to\infty}\frac{2}{\dfrac{\sin x}{x}-3}=-\frac{2}{3}.$$

2.7.2　函数的单调性

如图 2-12(a),如果可导函数 $y=f(x)$ 在 $[a,b]$ 上单调增加,那么它的图形是一条沿 x 轴上升的曲线.这时,曲线上各点处切线的倾斜角都是锐角(或个别点处为零),因此它们的斜率都是非负的,即 $f'(x)\geqslant0$.同理,如图 2-12(b),如果可导函数 $y=f(x)$ 在 $[a,b]$ 上单调减少,那么有 $f'(x)\leqslant0$.由此可见,函数的单调性决定着导数的符号.反过来,能否利用导数的符号来判定函数的单调性呢? 事实上,有以下定理:

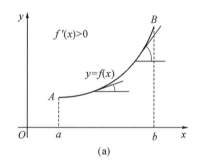 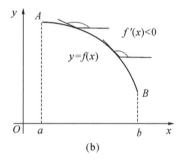

图 2-12

定理 2.13　设函数 $y=f(x)$ 在 (a,b) 内可导.

(1)如果在 (a,b) 内恒有 $f'(x)>0$,则 $y=f(x)$ 在 (a,b) 内严格单调增加;

(2)如果在 (a,b) 内恒有 $f'(x)<0$,则 $y=f(x)$ 在 (a,b) 内严格单调减少.

证明　在 (a,b) 内任取两点 x_1,x_2(不妨设 $x_1<x_2$),由拉格朗日中值定理得

$$f(x_2)-f(x_1)=f'(\xi)(x_2-x_1)\quad(x_1<\xi<x_2),$$

上式中,由于 $x_2>x_1$,因此 $x_2-x_1>0$.

(1)如果在 (a,b) 内 $f'(x)>0$,那么也有 $f'(\xi)>0$,于是

$$f(x_2)-f(x_1)=f'(\xi)(x_2-x_1)>0\Leftrightarrow f(x_2)>f(x_1),$$

因此,$f(x)$ 在 (a,b) 内严格单调增加.

请你证明(2)的结论.

注 (1)如果在(a,b)内 $f'(x){\geqslant}0$(或 $f'(x){\leqslant}0$),但等号只在个别点处成立,则 $f(x)$ 在 (a,b)内仍是严格单调增加(或严格单调减少).

(2)定理中的开区间(a,b)换成闭区间$[a,b]$,只要再增加一个条件:$f(x)$ 在$[a,b]$上连续,结论仍然成立.

例 2.54 判定函数 $y=x+\cos x$ 在$[0,2\pi]$上的单调性.

解 因为此函数在$[0,2\pi]$上连续,且在$(0,2\pi)$内有 $y'=1-\sin x{\geqslant}0$,又只有在 $x=\dfrac{\pi}{2}$处 $y'=0$.因此,$y=x+\cos x$ 在$[0,2\pi]$上严格单调增加.

例 2.55 求下列函数的单调区间:

(1)$y=2x^3-9x^2+12x-3$;   (2)$y=(x^2-4)\sqrt[3]{x^2}$.

解 (1)函数定义域为$(-\infty,+\infty)$,$y'=6x^2-18x+12=6(x-1)(x-2)$,

令 $y'=0$,得 $x=1$ 或 $x=2$.上述两个点将函数定义域划分成部分区间,列表讨论如下:

x	$(-\infty,1)$	1	$(1,2)$	2	$(2,+\infty)$
y'	$+$	0	$-$	0	$+$
y	↗		↘		↗

即函数在$(-\infty,1]$和$[2,+\infty)$上严格单调增加,在$[1,2]$上严格单调减少.

(2)函数定义域为$(-\infty,+\infty)$,$y'=2x\cdot\sqrt[3]{x^2}+(x^2-4)\cdot\dfrac{2}{3\sqrt[3]{x}}=\dfrac{8(x+1)(x-1)}{3\sqrt[3]{x}}$,令 $y'=0$,得 $x=\pm1$,又 $y'|_{x=0}$不存在.上述三个点将函数定义域划分成部分区间,列表讨论如下:

x	$(-\infty,-1)$	-1	$(-1,0)$	0	$(0,1)$	1	$(1,+\infty)$
y'	$-$	0	$+$	不存在	$-$	0	$+$
y	↘		↗		↘		↗

即函数在$(-\infty,-1]$和$[0,1]$上严格单调减少,在$[-1,0]$和$[1,+\infty)$上严格单调增加.

注 求函数 $f(x)$ 的单调区间时,应先确定 $f(x)$ 的定义域;再求出 $f(x)$ 的零点及 $f'(x)$ 不存在的点,由上述这些点将 $f(x)$ 的定义域划分成部分区间;最后考察上述各部分区间内 $f'(x)$ 的符号,并由此求出 $f(x)$ 的单调区间.

例 2.56 证明下列不等式:

(1)$x<1$ 时,$\mathrm{e}^x{\leqslant}\dfrac{1}{1-x}$;   (2)$x>0$ 时,$\sin x>x-\dfrac{x^3}{6}$.

证明 (1)即证 $x<1$ 时,$\mathrm{e}^{-x}{\geqslant}1-x$.令 $f(x)=\mathrm{e}^{-x}-1+x$,$f(x)$ 在$(-\infty,0]$上连续可导,且 $f'(x)=1-\mathrm{e}^{-x}$.因此当 $0{\leqslant}x<1$ 时,$f'(x)>0$,即有 $f(x){\geqslant}f(0)=0$;当 $x<0$ 时,$f'(x)<0$,即有 $f(x)>f(0)=0$.综上可知,当 $x<1$ 时,$f(x){\geqslant}0$,即 $\mathrm{e}^{-x}{\geqslant}1-x$.

(2)令 $f(x) = \sin x - x + \dfrac{x^3}{6}$,则 $f(x)$ 在 $[0, +\infty)$ 上连续可导,且

$$f'(x) = \cos x - 1 + \frac{x^2}{2},$$

$f'(x)$ 在 $[0, +\infty)$ 上连续可导,且 $f''(x) = -\sin x + x$.

为什么呢?

易知 $x > 0$ 时,$f''(x) > 0$,且 $f'(0) = 0$,从而 $f'(x) > f'(0) = 0$,$x \in (0, +\infty)$. 于是,$x > 0$ 时 $f(x) > f(0) = 0$,即 $\sin x > x - \dfrac{x^3}{6}$.

习 题 2.7

1.用洛必达法则求下列极限:

(1) $\lim\limits_{x \to \pi} \dfrac{\sin 3x - \sin x}{\tan 5x}$;

(2) $\lim\limits_{x \to 0^+} \dfrac{\ln\tan x}{\ln\sin 3x}$;

(3) $\lim\limits_{x \to -1} \dfrac{x^3 - 3x - 2}{x^3 + x^2 - x - 1}$;

(4) $\lim\limits_{x \to 0} \dfrac{x - \tan x}{x^2 \sin x}$;

(5) $\lim\limits_{x \to +\infty} \dfrac{x^2 \ln x}{e^x}$;

(6) $\lim\limits_{x \to +\infty} x\left(\dfrac{\pi}{2} - \arctan x\right)$;

(7) $\lim\limits_{x \to 0} \left(\dfrac{1}{2x} - \dfrac{1}{e^x - e^{-x}}\right)$;

(8) $\lim\limits_{x \to 1^-} \left(\tan \dfrac{\pi}{2} x\right)^{x-1}$;

(9) $\lim\limits_{x \to 1^-} (2-x)^{\tan \frac{\pi}{2} x}$;

(10) $\lim\limits_{x \to +\infty} \left(\dfrac{\pi}{2} - \arctan x\right)^{\frac{1}{\ln x}}$.

2.证明函数 $y = \left(1 + \dfrac{1}{x}\right)^x$ 在区间 $(0, +\infty)$ 内是严格单调增加的.

3.求下列函数的单调区间:

(1) $y = 2\sin x - x, x \in [0, 2\pi]$;

(2) $y = \dfrac{x}{4 + x^2}$;

(3) $y = x^2 - \ln(x^2 - 1)$;

(4) $y = (2x - 5)\sqrt[3]{x^2}$.

4.证明下列不等式:

(1) $1 + x\ln(x + \sqrt{1 + x^2}) > \sqrt{1 + x^2}$ $(x > 0)$;

(2) $\sin x + \tan x > 2x$ $\left(0 < x < \dfrac{\pi}{2}\right)$;

(3) $\dfrac{\sin x}{x} > \dfrac{2}{\pi}$ $\left(0 < x < \dfrac{\pi}{2}\right)$.

5.讨论下列方程实根的个数:

(1)$\ln x = ax(a>0)$;

(2)$\sin^3 x\cos x = a(a>0), x\in[0,\pi]$.

习题 2.7 详解

2.8　函数的极值与最大值、最小值问题

2.8.1　函数的极值

如图 2-13,函数 $y=f(x)$ 的图形在点 x_1、x_3 处的函数值 $f(x_1)$、$f(x_3)$ 比它们左右近旁各点的函数值都大,而在点 x_2、x_5 处的函数值 $f(x_2)$、$f(x_5)$ 比它们左右近旁各点的函数值都小.为了刻画函数的这种性质,我们有如下定义:

定义 2.4　设函数 $y=f(x)$ 在点 x_0 的某邻域内有定义.若对该邻域内任意 $x(x\neq x_0)$,总有 $f(x)<f(x_0)$(或 $f(x)>f(x_0)$),则称 $f(x_0)$ 为函数 $f(x)$ 的极大值(或极小值),x_0 称为函数 $f(x)$ 的极大点(或极小点).

极大值与极小值统称为极值,极大点与极小点统称为极值点.图 2-13 中,$f(x_1)$、$f(x_3)$ 是该函数的极大值,x_1、x_3 是该函数的极大点;$f(x_2)$、$f(x_5)$ 是该函数的极小值,x_2、x_5 是该函数的极小点.

> 请你观察图 2-13 并思考.

注　(1)函数的极值只是一个局部概念,它仅仅与极值点左右近旁所有点的函数值相比是较大或较小,而并不是在函数的整个定义区间中的最大或最小.

(2)函数的极大值并不一定比该函数的极小值大.

(3)函数的极值只可能出现在区间内部,在区间端点处不可能取得;而函数的最大值与最小值可能出现在区间内部,也可能在区间的端点处取得.

下面讨论函数极值的判定与求法.

由图 2-13 可以看出,若函数图形在极值点处存在切线,则切线一定与 x 轴平行.但反之不一定正确,如图 2-13 中的点 x_4 不是极值点.事实上,函数取得极值有以下必要条件.

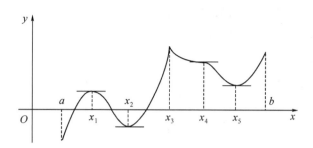

图 2-13

定理 2.14　若函数 $f(x)$ 在 x_0 处取得极值,且 $f'(x_0)$ 存在,则 $f'(x_0)=0$.

证明　若 $f(x_0)$ 为极大值,则存在 x_0 的某去心邻域,对于该邻域内的任意 x,恒有 $f(x)$ $<f(x_0)$. 于是当 $x<x_0$ 时,$\dfrac{f(x)-f(x_0)}{x-x_0}>0$,当 $x>x_0$ 时,$\dfrac{f(x)-f(x_0)}{x-x_0}<0$.

又因为 $f'(x_0)$ 存在,所以有

$$f'(x_0)=f'_-(x_0)=\lim_{x\to x_0^-}\frac{f(x)-f(x_0)}{x-x_0}\geqslant 0,$$

$$f'(x_0)=f'_+(x_0)=\lim_{x\to x_0^+}\frac{f(x)-f(x_0)}{x-x_0}\leqslant 0.$$

因此　　　　　　　　　　　　$f'(x_0)=0.$

同理可以证明 $f(x_0)$ 为极小值的情形.

> 这里用了函数极限的什么性质?

我们称方程 $f'(x)=0$ 的实根 x 为函数 $f(x)$ 的驻点.从定理 2.14 及以上的讨论可知,可导点处的极值点必定为驻点,而驻点不一定是极值点.

需要指出的是,定理 2.14 只讨论了可导点处的极值点情形.其实导数不存在的点也有可能是极值点(如图 2-13 中的点 x_3).

又如函数 $f(x)=x^{\frac{2}{3}}$,$f'(0)$ 不存在,但 $f(0)$ 是此函数的极小值.

> 请自行验证或观察图 1-6.

综上所述,函数的极值只可能在驻点及导数不存在的点处取得.但驻点及导数不存在的点仍有可能不是极值点.因此在求函数极值时,应先求出驻点及导数不存在的点,然后进一步判别它们是否为极值点,是极大点还是极小点.

由图 2-13 可见,在驻点或导数不存在的点的两侧,如果函数具有不同的单调性,那么该点一定是极值点.例如在点 x_1 左侧附近,函数严格单调增加($f'(x)>0$),在点 x_1 右侧附近,函数严格单调减少($f'(x)<0$),这时 x_1 为 $f(x)$ 的极大点;在点 x_2 左侧附近,函数严格单调

减少($f'(x)<0$),在点 x_2 右侧附近,函数严格单调增加($f'(x)>0$),这时 x_2 为 $f(x)$ 的极大点;而在 x_4 处左右附近,函数都是严格单调减少(恒有 $f'(x)<0$),这时 x_4 不是极值点.由此可得判别函数极值的一个充分条件.

定理 2.15 设函数 $f(x)$ 在点 x_0 的某一邻域内连续且可导(但 $f'(x_0)$ 可以不存在),x 由小到大经过点 x_0.

(1)若 $f'(x)$ 的符号由正变负,则 x_0 是函数 $f(x)$ 的极大点;

(2)若 $f'(x)$ 的符号由负变正,则 x_0 是函数 $f(x)$ 的极小点;

(3)若 $f'(x)$ 的符号不变,则 x_0 不是函数 $f(x)$ 的极值点.

例 2.57 求函数 $f(x)=x^2-6\sqrt[3]{2x^2}$ 的极值.

解 函数的定义域为 $(-\infty,+\infty)$.

$$f'(x)=2x-6\sqrt[3]{2}\cdot\frac{2}{3}x^{-\frac{1}{3}}=\frac{2(x\sqrt[3]{x}-2\sqrt[3]{2})}{\sqrt[3]{x}},$$

令 $f'(x)=0$,得 $x=\pm2$,又 $f'(0)$ 不存在,用上述三个点将函数定义域划分成部分区间,列表讨论如下:

x	$(-\infty,-2)$	-2	$(-2,0)$	0	$(0,2)$	2	$(2,+\infty)$
$f'(x)$	$-$	0	$+$	不存在	$-$	0	$+$
$f(x)$	↘	极小值	↗	极大值	↘	极小值	↗

因此函数的极大值为 $f(0)=0$,极小值为 $f(\pm2)=-8$.

注 求函数极值的一般步骤是:确定函数的定义域;求出函数的驻点及不可导点,由这些点将函数定义域划分成部分区间;考察上述各部分区间内导数的符号,并由此确定驻点及不可导点中哪些是极大点,哪些是极小点,哪些不是极值点;计算各极值点的函数值,即得函数的全部极值.

当函数 $f(x)$ 在驻点处的二阶导数存在且不为零时,也可以利用以下定理来判别 $f(x)$ 在驻点处取得极大值还是极小值.

定理 2.16 设函数 $f(x)$ 在 x_0 处具有二阶导数,且 $f'(x_0)=0$,$f''(x_0)\neq0$,则当 $f''(x_0)>0$ 时,x_0 是函数 $f(x)$ 的极小点;当 $f''(x_0)<0$ 时,x_0 是函数 $f(x)$ 的极大点.

证明 只证 $f''(x_0)>0$ 时的情形.因为 $f''(x_0)>0$,$f'(x_0)=0$,所以

$$f''(x_0)=\lim_{x\to x_0}\frac{f'(x)-f'(x_0)}{x-x_0}=\lim_{x\to x_0}\frac{f'(x)}{x-x_0}>0,$$

由极限的保号性可知,在 x_0 的足够小的去心邻域内,有 $\dfrac{f'(x)}{x-x_0}>0$.

因此,当 $x<x_0$ 时,$f'(x)<0$;当 $x>x_0$ 时,$f'(x)>0$.由定理 2.15 得 x_0 是函数 $f(x)$ 的极小点.

例 2.58 求函数 $f(x)=e^x\cos x$ 的极值.

解　函数 $f(x)$ 的定义域为 $(-\infty, +\infty)$.
$$f'(x) = e^x(\cos x - \sin x), f''(x) = -2e^x \sin x,$$

令 $f'(x) = 0$，得　$x = 2k\pi + \dfrac{\pi}{4}$ 或 $x = 2k\pi + \dfrac{5\pi}{4}(k \in \mathbf{Z})$，

易得　　　　　　　　$f''\left(2k\pi + \dfrac{\pi}{4}\right) < 0, f''\left(2k\pi + \dfrac{5\pi}{4}\right) > 0,$

因此函数 $f(x)$ 的极大值与极小值依次为

$$f\left(2k\pi + \frac{\pi}{4}\right) = \frac{\sqrt{2}}{2}e^{2k\pi + \frac{\pi}{4}}, f\left(2k\pi + \frac{5\pi}{4}\right) = -\frac{\sqrt{2}}{2}e^{2k\pi + \frac{5\pi}{4}}(k \in \mathbf{Z}).$$

注　对于不可导点及二阶导数为零的驻点，其极值的判别不能运用定理 2.16，而应改用定理 2.15.

2.8.2　最大值与最小值问题

在实际应用中，常常会遇到这样的问题：在一定条件下，如何使"产量最高"、"用料最省"、"利润最大"或"成本最小"等. 把这类问题数量化，有些可归结为求某个函数（目标函数）的最大值或最小值问题，简称为最值问题.

由闭区间上连续函数的最值存在定理知，闭区间 $[a, b]$ 上的连续函数一定存在最大值和最小值. 利用图 2-13 可以得到，闭区间上函数的最值可能在区间内的驻点或不可导点取得，也可能在区间的端点取得. 因此我们只要先求出所有使 $f'(x) = 0$ 的点和所有 $f'(x)$ 不存在的点，再将 $f(x)$ 在这些点的函数值与 $f(a)$、$f(b)$ 一起加以比较，其中最大的即为 $f(x)$ 在 $[a, b]$ 上的最大值，最小的就是 $f(x)$ 在 $[a, b]$ 上的最小值.

在求解最值问题中，还经常遇到如下情况：

> 这些结论可以直接应用.

（1）若 $f(x)$ 在 $[a, b]$ 上的单调函数，则其最值必在端点处取得.

（2）若 $f(x)$ 在区间 I（开或闭，有限或无限）上连续，在区间 I 内部有唯一的可能的极值点 x_0，如果 x_0 为极大点，则 $f(x)$ 在 x_0 处取最大值；如果 x_0 为极小点，则 $f(x)$ 在 x_0 处取最小值.

> 请你通过画函数图形进行验证.

（3）在实际问题中，若 $f(x)$ 在区间 I 上连续，在区间 I 内部有唯一的可能的极值点 x_0，且能由问题的实际意义判定 $f(x)$ 在区间 I 内部必有最大（小）值，则 x_0 就是 $f(x)$ 的最大（小）点.

例 2.59　求函数 $f(x) = |x^2 - 8|e^x$ 在区间 $[-5, 3]$ 上的最大值和最小值.

解　显然 $f(x)$ 在 $[-5, 3]$ 上连续，且

$$f(x) = \begin{cases} (x^2-8)e^x, & x < -2\sqrt{2} \text{ 或 } x > 2\sqrt{2}, \\ (8-x^2)e^x, & -2\sqrt{2} \leqslant x \leqslant 2\sqrt{2}. \end{cases}$$

当 $x < -2\sqrt{2}$ 或 $x > 2\sqrt{2}$ 时，$f'(x) = (x^2+2x-8)e^x$；

当 $-2\sqrt{2} < x < 2\sqrt{2}$ 时，$f'(x) = (8-2x-x^2)e^x$.

令 $f'(x) = 0$，得驻点 $x_1 = 2$，$x_2 = -4$，而 $f'(\pm 2\sqrt{2})$ 可能不存在.

由于 $f(2) = 4e^2$，$f(-4) = 8e^{-4}$，$f(\pm 2\sqrt{2}) = 0$，$f(-5) = 17e^{-5}$，$f(3) = e^3$，因此，此函数在 $[-5, 3]$ 上的最大值是 $f(2) = 4e^2$，最小值是 $f(\pm 2\sqrt{2}) = 0$.

例 2.60 求函数 $y = x^4 - \dfrac{128}{x}$ 在 $(-\infty, 0)$ 内的最大值和最小值.

解 $y' = 4x^3 + \dfrac{128}{x^2}$，令 $y' = 0$，得驻点 $x = -2$，

$$y'' = 12x^2 - \frac{256}{x^3}, \quad y''|_{x=-2} = 80 > 0.$$

由定理 2.16 可知，此函数在 $(-\infty, 0)$ 内部有唯一的极值点 $x = -2$，且是极小点. 因此 $x = -2$ 也是函数在 $(-\infty, 0)$ 内的最小点，最小值为 $y|_{x=-2} = 80$. 易知此函数在 $(-\infty, 0)$ 内无最大值.

· 请你想一想这是为什么？

例 2.61 过曲线 $y = x^{-n}$（$n \in \mathbf{Z}^+$，$x > 0$）上的点作切线，求切线被两坐标轴所截线段有最短长度时切点的坐标.

解 $y = x^{-n}$ 在点 (x_0, x_0^{-n}) 处的切线斜率为 $y'|_{x=x_0} = -nx_0^{-n-1}$，因此曲线在点 (x_0, x_0^{-n}) 处的切线方程为

$$y - x_0^{-n} = -nx_0^{-n-1}(x-x_0).$$

它与两坐标轴的交点分别为 $\left(0, \dfrac{n+1}{x_0^n}\right)$ 和 $\left(\dfrac{n+1}{n}x_0, 0\right)$. 将所截切线段长度的平方 d^2 表示为 x_0 的函数，有

$$d^2 = f(x_0) = \frac{(n+1)^2}{x_0^{2n}} + \frac{(n+1)^2}{n^2}x_0^2, \quad f'(x_0) = -\frac{2n(n+1)^2}{x_0^{2n+1}} + \frac{2(n+1)^2}{n^2}x_0.$$

令 $f'(x_0) = 0$，得驻点 $x_0 = n^{\frac{3}{2n+2}}$，又

$$f''(x_0) = \frac{2n(2n+1)(n+1)^2}{x_0^{2n+2}} + \frac{2(n+1)^2}{n^2} > 0,$$

所以当 $x_0 = n^{\frac{3}{2n+2}}$ 时，d^2 有唯一的极小值，也就是最小值，即当切点的坐标为 $\left(n^{\frac{3}{2n+2}}, n^{-\frac{3n}{2n+2}}\right)$ 时，切线被两坐标轴所截线段有最短长度.

例 2.62 从一块半径为 R 的圆铁片上挖去一个扇形做成一个漏斗（图 2-14）. 问留下的扇形的中心角 θ 取多大时，做成的漏斗的容积最大？

解　留下扇形的弧长为 $R\theta$，即为漏斗底面的圆周长，故漏斗的底面半径为 $r=\dfrac{R\theta}{2\pi}(0<r<R)$，而 R 为漏斗的斜高，故漏斗的高为 $h=\sqrt{R^2-r^2}$，从而漏斗的容积为

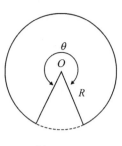

$$V=\frac{1}{3}\pi r^2 h=\frac{\pi r^2}{3}\sqrt{R^2-r^2}(0<r<R),$$

$$V'=\frac{\pi}{3}\left(2r\sqrt{R^2-r^2}+r^2\frac{-r}{\sqrt{R^2-r^2}}\right).$$

图 2-14

令 $V'=0$，得 $r=\dfrac{\sqrt{6}}{3}R$. 在 $0<r<R$ 内有唯一驻点，故该点为最大点，当 $r=\dfrac{\sqrt{6}}{3}R$ 时，即 $\theta=\dfrac{2\sqrt{6}}{3}\pi$ 时漏斗的容积最大.

例 2.63　有一个碗，其内壁形状是半径为 a 的半球，在碗内放一根长为 $l(l>2a)$ 的棒，求棒的平衡位置.

解　设棒是均匀的，则其重心在棒的中心，设棒与碗口平面交角为 θ，棒的中心为 G（如图 2-15），$AB=2a\cos\theta$.

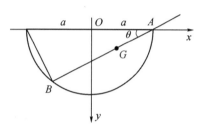

若 $l>4a$，则对于无论怎样的角度 θ，G 总落在碗外，因而不可能有平衡位置，故设 $2a<l\leqslant 4a$，G 点的纵坐标为

图 2-15

$$y=AG\sin\theta=(AB-GB)\sin\theta=\left(2a\cos\theta-\frac{l}{2}\right)\sin\theta.$$

棒的平衡位置即是使重心最低的位置，也即是求 y 的最大值.

$$y'=2a(\cos^2\theta-\sin^2\theta)-\frac{l}{2}\cos\theta=4a\cos^2\theta-\frac{l}{2}\cos\theta-2a,$$

令 $y'=0$，得 $8a\cos^2\theta-l\cos\theta-4a=0$，由此求得

$$\cos\theta=\frac{l\pm\sqrt{l^2+128a^2}}{16a},$$

其中取负号时不合题意，故舍去，于是

$$\cos\theta=\frac{l+\sqrt{l^2+128a^2}}{16a}.$$

由题意知，y 有最大值，故当 $\theta=\arccos\dfrac{l+\sqrt{l^2+128a^2}}{16a}$ 时，棒处于平衡位置.

习　题　2.8

1. 求下列函数的极值：

(1) $y=4x^3-3x^2-6x+2$；

(2) $y=x^2\mathrm{e}^{-x^2}$；

(3) $y=(x-4)\sqrt[3]{(x+1)^2}$;   (4) $y=|x|e^{-|x-1|}$.

2. 设 $f(x)=a\ln x+bx^2+x$ 在 $x_1=1,x_2=2$ 处取得极值,求 a、b 的值,此时 $f(x)$ 在 x_1 与 x_2 处取极大值还是极小值?

3. 如果函数 $f(x)=ax^3+bx^2+cx+d$ 没有极值,试求 $f(x)$ 的字母系数应满足的条件.

4. 求下列函数在给定区间上的最大值与最小值:

(1) $y=x^4-\dfrac{8}{3}x^3-2x^2+8x,x\in[-2,3]$;

(2) $y=|x|e^x,x\in[-2,1]$;   (3) $y=2\cos^2 x+x,x\in[0,2\pi]$.

5. 求函数 $y=x+\dfrac{8}{x^4}$ 在 $(0,+\infty)$ 内的最大值和最小值.

6. 用铁皮制作一个容积为 V 的两底密封的圆柱形容器,应如何选择底和高,使所用材料最少?

7. 由曲线 $y=x^2,y=0,x=a(a>0)$ 围成一曲边三角形 OAB(其中点 A 在 x 轴上),在曲线弧 OB 上求一点,使得过此点所作曲线 $y=x^2$ 的切线与 OA、AB 围成的三角形面积最大.

8. 作半径为 R 的球的外切圆锥,问此圆锥的高为多少时,其体积最小?并求此最小体积.

习题 2.8 详解

2.9　曲线的斜渐近线、凹凸性与曲率

2.9.1　曲线的斜渐近线

关于曲线的渐近线,除本书第一章中已经讨论的水平渐近线和铅直渐近线外,还可以给出斜渐近线的概念.

对于曲线 $y=f(x)$,若 $\lim\limits_{x\to+\infty}[f(x)-(ax+b)]=0$ 或 $\lim\limits_{x\to-\infty}[f(x)-(ax+b)]=0$,则称直线 $y=ax+b$ 为曲线 $y=f(x)$ 的斜渐近线.

由上述定义易得,若曲线 $y=f(x)$ 存在斜渐近线,则

$$a=\lim_{x\to+\infty}\frac{f(x)}{x}\left(\text{或}\ a=\lim_{x\to-\infty}\frac{f(x)}{x}\right)(a\neq 0),$$

你能证明吗？

$$b=\lim_{x\to+\infty}[f(x)-ax]（或 b=\lim_{x\to-\infty}[f(x)-ax]）.$$

反之,对于给定的曲线 $y=f(x)$,若 $\lim\limits_{x\to+\infty}\dfrac{f(x)}{x}\left(\lim\limits_{x\to-\infty}\dfrac{f(x)}{x}\right)$ 不存在,或虽然上述极限存在,但 $\lim\limits_{x\to+\infty}[f(x)-ax]\left(\lim\limits_{x\to-\infty}[f(x)-ax]\right)$ 不存在,则可以断定曲线 $y=f(x)$ 不存在斜渐近线.

例 2.64　求曲线 $f(x)=2x+\operatorname{arccot}x$ 的渐近线.

解　因为 $f(x)$ 的定义域为 $(-\infty,+\infty)$,所以此曲线不存在铅垂渐近线;又

$$a=\lim_{x\to+\infty}\frac{f(x)}{x}=\lim_{x\to+\infty}\left(2+\frac{\operatorname{arccot}x}{x}\right)=2,$$

$$或\ a=\lim_{x\to-\infty}\frac{f(x)}{x}=\lim_{x\to-\infty}\left(2+\frac{\operatorname{arccot}x}{x}\right)=2,$$

$$b=\lim_{x\to+\infty}[f(x)-2x]=\lim_{x\to+\infty}\operatorname{arccot}x=0,$$

$$或\ b=\lim_{x\to-\infty}[f(x)-2x]=\lim_{x\to-\infty}\operatorname{arccot}x=\pi,$$

因此直线 $y=2x$ 和 $y=2x+\pi$ 是曲线的两条斜渐近线.

2.9.2　曲线的凹凸性

我们知道,单调增加函数的图形是一条沿 x 轴正方向上升的曲线. 但上升的过程中,还存在一个弯曲方向的问题. 例如,图 2-16 中有两条曲线弧 $\overset{\frown}{ACB}$ 与 $\overset{\frown}{ADB}$,它们都是上升的,但弧 $\overset{\frown}{ACB}$ 是凸（向上凸）的曲线弧,而弧 $\overset{\frown}{ADB}$ 却是凹（向下凸）的. 下面我们从几何上给出曲线凹凸性的概念,并研究其判别法.

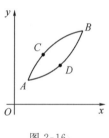

图 2-16

在图 2-17 中可以看出,(a)曲线是凹的,其特点是曲线上任一弦 MN 总在对应弧 $\overset{\frown}{MN}$ 的上方,此时弦 MN 的中点位于弧上相应点之上;而(b)曲线则正好相反. 由此,我们可以给出以下定义.

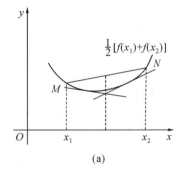
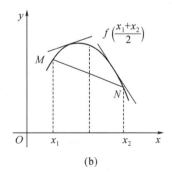

图 2-17

定义 2.5 设函数 $f(x)$ 在区间 I 上连续，对于 $\forall x_1, x_2 \in I, x_1 \neq x_2$.

(1)若 $f\left(\dfrac{x_1 + x_2}{2}\right) < \dfrac{f(x_1) + f(x_2)}{2}$，则称 $f(x)$ 在 I 上是凹函数（或凹弧）；

(2)若 $f\left(\dfrac{x_1 + x_2}{2}\right) > \dfrac{f(x_1) + f(x_2)}{2}$，则称 $f(x)$ 在 I 上是凸函数（或凸弧）.

通过观察图 2-17 还可以发现：随着 x 的增大，凹弧上各点处的切线斜率 $k = f'(x)$ 为单调增加的函数，即 $(f'(x))' > 0$；凸弧则相反. 这就启发我们利用二阶导数的符号来确定曲线的凹凸性.

定理 2.17 设函数 $f(x)$ 在 $[a, b]$ 上连续，在 (a, b) 内具有二阶导数.

(1)若 $\forall x \in (a, b)$，$f''(x) > 0$，则曲线 $y = f(x)$ 在 $[a, b]$ 上是凹的；

(2)若 $\forall x \in (a, b)$，$f''(x) < 0$，则曲线 $y = f(x)$ 在 $[a, b]$ 上是凸的.

证明 (1)不妨设 $x_1 < x_2$，由拉格朗日中值定理得

$$f\left(\frac{x_1 + x_2}{2}\right) - f(x_1) = \frac{1}{2} f'(\xi_1)(x_2 - x_1) \left(x_1 < \xi_1 < \frac{x_1 + x_2}{2}\right),$$

$$f(x_2) - f\left(\frac{x_1 + x_2}{2}\right) = \frac{1}{2} f'(\xi_2)(x_2 - x_1) \left(\frac{x_1 + x_2}{2} < \xi_1 < x_2\right).$$

将上述两式相减可得

$$f\left(\frac{x_1 + x_2}{2}\right) = \frac{f(x_1) + f(x_2)}{2} + \frac{1}{4}[f'(\xi_1) - f'(\xi_2)](x_2 - x_1),$$

因为 $\xi_1 < \xi_2$，$f''(x) > 0$，所以 $f'(\xi_1) - f'(\xi_2) < 0$，从而

$$f\left(\frac{x_1 + x_2}{2}\right) < \frac{f(x_1) + f(x_2)}{2},$$

故曲线 $y = f(x)$ 在 $[a, b]$ 上是凹的.

> 请你证明(2)的结论.

例 2.65 判断曲线 $y = x - \ln(1 - x^2)$ 的凹凸性.

解 函数的定义域为 $(-1, 1)$.

$$y' = 1 + \frac{2x}{1 - x^2}, \quad y'' = \frac{2(1 + x^2)}{(1 - x^2)^2} > 0,$$

所以曲线 $y = x - \ln(1 - x^2)$ 在 $(-1, 1)$ 内是凹的.

连续曲线 $y = f(x)$ 凸弧与凹弧的分界点，称为曲线的拐点. 由定理 2.17 知，在拐点左右两侧邻近 $f''(x)$ 必定异号，因而在拐点处有 $f''(x) = 0$ 或 $f''(x)$ 不存在. 与极值点的情形类似，使 $f''(x) = 0$ 或 $f''(x)$ 不存在的点 $(x_0, f(x_0))$ 不一定就是曲线的拐点，只有当 $f''(x)$ 在该点左右两侧异号时，该点才是拐点.

例 2.66 求曲线 $y = (x - 4)\sqrt[3]{x^5}$ 的凹凸区间与拐点.

解 函数的定义域为 $(-\infty, +\infty)$，

$$y' = \frac{8}{3}x^{\frac{5}{3}} - \frac{20}{3}x^{\frac{2}{3}}, \quad y'' = \frac{40}{9}x^{\frac{2}{3}} - \frac{40}{9}x^{-\frac{1}{3}} = \frac{40}{9} \cdot \frac{x-1}{\sqrt[3]{x}}.$$

令 $y''=0$，得 $x=1$，又 $y''|_{x=0}$ 不存在，用上述两个点将函数定义域划分成部分区间，列表讨论如下：

x	$(-\infty, 0)$	0	$(0, 1)$	1	$(1, +\infty)$
y''	$+$	不存在	$-$	0	$+$
y	$\cup$	拐点	$\cap$	拐点	$\cup$

即曲线在 $(-\infty, 0)$ 和 $(1, +\infty)$ 内是凹的，在 $(0, 1)$ 内是凸的；且有拐点 $(0, 0)$ 和 $(1, -3)$.

2.9.3　平面曲线的曲率

在工程技术中，常常需要考虑曲线弯曲问题. 如铁路弯道设计中，需选择适当的曲线来衔接，使火车能在弯道中平稳运行；又如建筑设计中，需计算梁在荷载的作用下产生的弯曲程度. 曲线的弯曲程度在数学上是用曲率的概念来刻画的.

1. 曲率的概念

如何定量地刻画曲线的弯曲程度呢？我们先从几何图形上直观地考察曲线的弯曲程度与哪些量有关.

图 2-18 中有两段曲线弧 $\overset{\frown}{MN}$ 与 $\overset{\frown}{M_1N_1}$. 假设它们的弧长相同，当动点沿曲线弧 $\overset{\frown}{MN}$ 由端点 M 移到 N 时，曲线上切线转过的角度为 $\Delta\alpha$；当动点沿曲线弧 $\overset{\frown}{M_1N_1}$ 由端点 M_1 移到 N_1 时，曲线上切线转过的角度为 $\Delta\beta$. 可以看出：弧 $\overset{\frown}{M_1N_1}$ 比 $\overset{\frown}{MN}$ 弯曲程度大，这时 $\Delta\beta > \Delta\alpha$. 由此可见，曲线的弯曲程度与切线转过的角度成正比.

但切线转过的角度大小还不能完全反映曲线的弯曲程度. 图 2-19 中，曲线弧 $\overset{\frown}{MN}$ 与 $\overset{\frown}{M_1N_1}$ 上切线转过的角度相同，但显然短弧 $\overset{\frown}{M_1N_1}$ 比长弧 $\overset{\frown}{MN}$ 弯曲程度大. 由此可见，曲线的弯曲程度与弧长成反比.

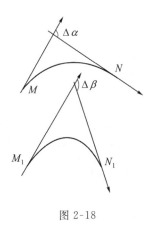

图 2-18

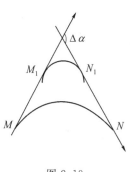

图 2-19

基于以上的分析,现在我们可以用一个数量来刻画曲线的弯曲度——曲率.

定义 2.6 假设光滑曲线弧 $\overset{\frown}{MN}$ 的弧长为 $|\Delta s|$,动点沿曲线由 M 移至 N 时,曲线的切线转过的角度为 $|\Delta\alpha|$,称 $\overline{K}=\left|\dfrac{\Delta\alpha}{\Delta s}\right|$ 为曲线弧 $\overset{\frown}{MN}$ 的平均曲率(单位弧段上切线转过的角度).令 $\Delta s\to 0$,即 $N\to M$,若 $\lim\limits_{\Delta s\to 0}\dfrac{\Delta\alpha}{\Delta s}$ 存在,则称平均曲率的极限为曲线在 M 点处的曲率,记作 K,即 $K=\lim\limits_{\Delta s\to 0}\overline{K}=\lim\limits_{\Delta s\to 0}\left|\dfrac{\Delta\alpha}{\Delta s}\right|$.

由曲率的定义,易得如下两个基本结论:

> 你能给出证明吗?

(1)直线的曲率为零;

(2)圆周上任一点处的曲率都等于其半径的倒数.

2.曲率的计算

下面介绍一般曲线的曲率计算公式.

如图 2-20,设曲线 C 的方程为 $y=f(x)$,点 $M(x,y)$ 是曲线上任一点,点 $N(x+\Delta x,y+\Delta y)$ 为曲线上 M 邻近处的另一点,过 M 点的切线的倾斜角为 α,过点 N 的切线的倾斜角为 $\alpha+\Delta\alpha$,则弧段 $\overset{\frown}{MN}$ 的转角为 $|\Delta\alpha|$.

记曲线上点 A 作为弧长的起点,设弧段 $\overset{\frown}{AM}$ 的长度为 s,弧段 $\overset{\frown}{AN}$ 的长度为 $s+\Delta s$,则弧段 $\overset{\frown}{MN}$ 的长度为 $|\Delta s|$.

由曲率的定义,在点 $M(x,y)$ 处的曲率为

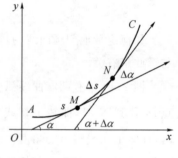

图 2-20

$$K=\lim_{\Delta s\to 0}\left|\frac{\Delta\alpha}{\Delta s}\right|=\left|\frac{\mathrm{d}\alpha}{\mathrm{d}s}\right|=\left|\frac{\dfrac{\mathrm{d}\alpha}{\mathrm{d}x}}{\dfrac{\mathrm{d}s}{\mathrm{d}x}}\right|,$$

由于 $\tan\alpha=y'$,等式两边对 x 求导得 $\sec^2\alpha\cdot\dfrac{\mathrm{d}\alpha}{\mathrm{d}x}=y''$,由此可得

$$\left|\frac{\mathrm{d}\alpha}{\mathrm{d}x}\right|=\left|\frac{y''}{\sec^2\alpha}\right|=\frac{|y''|}{1+\tan^2\alpha}=\frac{|y''|}{1+y'^2},$$

可以证明,当 $y=f(x)$ 的导数存在时,当 $\Delta x\to 0$ 时,弧段 $\overset{\frown}{MN}$ 的长度 $|\Delta s|$ 与线段 MN 的长度 $\sqrt{\Delta x^2+\Delta y^2}$ 之差为 Δx 的高阶无穷小,即 $|\Delta s|=\sqrt{\Delta x^2+\Delta y^2}+o(\Delta x)$,因此有

$$\left|\frac{\mathrm{d}s}{\mathrm{d}x}\right|=\lim_{\Delta x\to 0}\left|\frac{\Delta s}{\Delta x}\right|=\lim_{\Delta x\to 0}\frac{\sqrt{\Delta x^2+\Delta y^2}}{|\Delta x|}=\lim_{\Delta x\to 0}\sqrt{1+\left(\frac{\Delta y}{\Delta x}\right)^2}=\sqrt{1+y'^2},$$

$$K=\frac{\dfrac{|y''|}{1+y'^2}}{\sqrt{1+y'^2}}=\frac{|y''|}{(1+y'^2)^{\frac{3}{2}}}.$$

在上述推导过程中,我们已得

$$ds = \sqrt{1 + y'^2}\,dx,$$

显然弧段 $\overparen{AM}$ 的长度 s 是 x 的函数,即 $s = s(x)$,该函数的微分 ds 称为弧微分,上式就是弧微分 ds 的计算公式.

例 2.67　求曲线 $y = e^x$ 上曲率达到最大的点.

解　因为 $y' = e^x$,$y'' = e^x$,所以 $K = \dfrac{e^x}{(1 + e^{2x})^{\frac{3}{2}}}$,

$$K' = \frac{e^x(1 + e^{2x})^{\frac{3}{2}} - e^x \cdot \dfrac{3}{2}(1 + e^{2x})^{\frac{1}{2}} \cdot 2e^{2x}}{(1 + e^{2x})^3} = \frac{e^x(1 - 2e^{2x})}{(1 + e^{2x})^{\frac{5}{2}}},$$

令 $K' = 0$,得唯一的驻点 $x = -\dfrac{1}{2}\ln 2$. 当 $x < -\dfrac{1}{2}\ln 2$ 时,$K' > 0$,当 $x > -\dfrac{1}{2}\ln 2$ 时,$K' < 0$,所以 $x = -\dfrac{1}{2}\ln 2$ 是极大点,也是最大点. 即曲线 $y = e^x$ 上曲率达到最大的点为 $\left(-\dfrac{1}{2}\ln 2, \dfrac{\sqrt{2}}{2}\right)$.

例 2.68　求曲线 $\begin{cases} x = \ln(1 + t^2), \\ y = t - \arctan t \end{cases}$ 在 $t = 1$ 时对应点处的曲率.

解　由例 2.32 得,$y' = \dfrac{t}{2}$,$y'' = \dfrac{1 + t^2}{4t}$,所以 $y'|_{t=1} = \dfrac{1}{2}$,$y''|_{t=1} = \dfrac{1}{2}$,所以曲线在 $t = 1$ 时对应点处的曲率为 $K = \dfrac{\dfrac{1}{2}}{\left(1 + \dfrac{1}{4}\right)^{\frac{3}{2}}} = \dfrac{4\sqrt{5}}{25}$.

3. 曲率圆与曲率半径

曲率从数量上刻画了曲线的弯曲程度. 能否根据曲率的大小从直观上感觉曲线到底弯曲到什么程度呢? 例如,抛物线 $y = x^2$ 在原点处的曲率为 2,那么它在原点处的弯曲度与半径为 $\dfrac{1}{2}$ 的圆的弯曲度相同. 由此就产生了曲率圆的概念.

如图 2-21,设曲线 $y = f(x)$ 在 M 处的曲率为 $K(\neq 0)$. 在 M 处的法线上(位于曲线凹的一侧)取一点 D,使 $|MD| = \dfrac{1}{K} = r$,以 D 为圆心、r 为半径作圆,称该圆为曲线在 M 处的曲率圆;该圆的半径 $r = \dfrac{1}{K}$ 为曲线在 M 处的曲率半径;圆心 D 为曲线在 M 处的曲率中心.

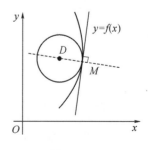

图 2-21

可见,曲线在 M 处的曲率圆与曲线在该点有相同的切线、相同的曲率及相同的弯曲方向. 因此,实际问题中,为使问题简化,常用曲率圆的圆弧段来近似替代复杂的曲线弧段.

例 **2.69** 如图 2-22 所示，一架飞机沿抛物线路径 $y=\dfrac{1}{10000}x^2$ 做俯冲飞行. 在坐标原点 O 处飞机的速度为 $v=200\text{m/s}$，飞行员体重为 70kg，求飞机冲至最低点时座椅对飞行员的反作用力.

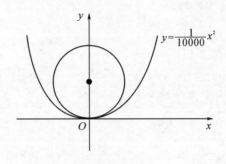

图 2-22

解 因为 $y'=\dfrac{x}{5000}$，$y''=\dfrac{1}{5000}$，所以 $y'|_{x=0}=0$，$y''|_{x=0}=\dfrac{1}{5000}$，因此抛物线在原点的曲率为 $K=\dfrac{|y''|}{(1+y'^2)^{\frac{3}{2}}}=\dfrac{1}{5000}$，在原点的曲率半径 $r=\dfrac{1}{K}=5000$，向心力为 $F=\dfrac{mv^2}{r}=\dfrac{70\times200^2}{5000}$ $=560(\text{N})$. 飞行员的离心力及他本身重量对座椅的压力为 $560+70\times9.8=1246(\text{N})$，此即座椅对飞行员的反作用力.

习　题　2.9

1.求下列曲线的渐近线：

(1) $y=\dfrac{2x^3}{1-x^2}$；

(2) $y=x\mathrm{e}^{-\frac{1}{x}}$.

2.判断曲线 $y=x\arctan x-\dfrac{1}{2}\ln(1+x^2)$ 的凹凸性.

3.求下列曲线的凹凸区间与拐点：

(1) $y=x^2+\dfrac{8}{x}$；

(2) $y=\dfrac{x}{1+x^2}$；

(3) $y=x^3-6x^2+6x-6(x+2)\ln x$；

(4) $y=3x^{\frac{4}{3}}-\dfrac{2}{3}x^2$.

4.试确定曲线 $f(x)=k(x^2-3)^2$ 中的 k 值，使曲线的拐点处的法线通过原点.

5.求下列曲线在指定点处的曲率与曲率半径：

(1) $y=\dfrac{1}{\sqrt{x}}$ 在点 $(1,1)$ 处；

(2) $x+y^2+y=0$ 在点 $(0,-1)$ 处；

(3)摆线 $\begin{cases} x=a(t-\sin t), \\ y=a(1-\cos t) \end{cases}(a>0)$ 在 $t=\dfrac{\pi}{2}$ 处的点.

6. 求曲线 $y=\tan x$ 在点 $\left(\dfrac{3\pi}{4},-1\right)$ 处的曲率圆方程.

7. 设某工件截面曲线为抛物线 $y=0.4x^2$,若用砂轮磨光其表面,求砂轮半径多大时最合适?

8. 已知曲线 $y=f(x)$ 满足 $f(1)=1$, $f'(x)>0$, $f''(1)=1$, 并且 $x=1$ 时曲率为 $\dfrac{1}{8}$, 求 $x=1$ 时曲线的切线方程与法线方程.

习题 2.9 详解

2.10　导数在经济学中的应用

2.10.1　经济学的厂商理论中的常见函数

1. 需求函数

某种商品的需求是指在给定的价格条件下,消费者需要购买的且有支付能力的商品总量. 市场经济中,需求由多种因素决定,而价格是决定需求的主要因素,我们假定其他因素不变(看作常数),则需求量 Q 是价格 p 的函数,即
$$Q=f(p),$$
称为需求函数,需求函数一般是单调减少函数. 可以运用大量的统计数据,用一些简单的初等函数来拟合需求函数,建立经验公式,常见的需求函数有:

> 为什么是单调减少函数呢?

线性函数 $Q=-ap+b$;幂函数 $Q=kp^{-a}$;指数函数 $Q=ae^{-bp}$,这里 a、b、k 均为正常数.

2. 供给函数

某种商品的供给是指在给定的价格条件下,生产者愿意生产并可供出售的商品总量. 市场经济中,影响供给的因素很多,而价格是主要因素. 在假定其他因素不变的前提下,供给量是价格的函数,即
$$Q=\varphi(p),$$
称为供给函数,它一般是单调增加函数.

当市场对商品的需求 $f(p)$ 等于供给 $\varphi(p)$ 时的价格称为均衡价格,此时的商品需求量(即商品供给量)Q_0 称为均衡商品量(图 2-23).

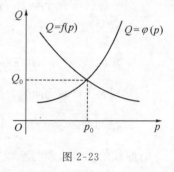

图 2-23

显然,当市场价格 p 高于均衡价格 p_0 时,将出现供过于求的现象,而当市场价格低于均衡价格时,将出现供不应求的现象.所以,市场的商品价格是在均衡价格上下波动,市场经济主要是通过价格来平衡供求关系的.

3.成本函数

某产品的成本是指生产一定数量的产品所需的全部经济资源投入(劳动力、原料、设备等)的价格或费用总额,它由固定成本与可变成本组成,即
$$C=C(Q)=C_0+C_1(Q),$$
称为成本函数,其中 C_0 是固定成本,$C_1(Q)$ 是可变成本,$\overline{C}(Q)=\dfrac{C(Q)}{Q}$ 为平均成本.

4.收益函数与利润函数

收益是指生产者(经营者)出售一定数量产品所得到的全部收入,记为 $R=R(Q)$,称为收益函数,$\overline{R}(Q)=\dfrac{R(Q)}{Q}$ 称为平均收益.

利润 $L(Q)$ 为收益与成本之差,即
$$L(Q)=R(Q)-C(Q),$$
称为利润函数,这是销售 Q 单位产品的利润.

2.10.2 边际分析

在经济学中,导函数 $f'(x)$ 也称为 $f(x)$ 的边际函数,相应地,$f'(x_0)$ 就被称为 $f(x)$ 在 x_0 处的边际值(简称边际).

由微分的近似公式可知,当 $|\Delta x|$ 比较小时,有 $\Delta y\approx f'(x_0)\Delta x$ 成立.一般地,当经济函数 $f(x)$ 中自变量 x 的取值比较大时,若取 $\Delta x=1$,则可认为 $|\Delta x|$ 比较小,于是有 $\Delta y\approx f'(x_0)$.为此,经济学中对边际的解释是:当自变量在 x_0 处产生一个单位的改变量时,相应的函数值的改变量即为函数在点 x_0 处的边际 $f'(x_0)$.

由此相应地,成本函数 $C(Q)$ 的导数 $C'(Q)$ 称为边际成本.对边际成本 $C'(Q)$ 的解释是:当产量达到 Q 时,再多生产一个单位产品所需增加的成本.收益函数 $R(Q)$ 的导数 $R'(Q)$ 称为边际收益.对边际收益 $R'(Q)$ 的解释是:当销售量达到 Q 时,再多销售一个单位产品所增加的销售收益.利润函数 $L(Q)$ 的导数 $L'(Q)$ 称为边际利润.对边际利润 $L'(Q)$ 的解释是:当销售量达到 Q 时,再多销售一个单位产品所增加的利润.

因为 $L(Q)=R(Q)-C(Q)$,由导数运算法则可知
$$L'(Q)=R'(Q)-C'(Q),$$

即边际利润为边际收益与边际成本之差.

例 2.70　某产品生产 Q 个单位的总成本函数为 $C(Q)=2000+0.004Q^2$（元）.

(1)求生产 2000 件产品时的总成本和平均单位成本；

(2)求生产 2000 件产品时的边际成本.

解　(1)由成本函数可得，生产 2000 件产品时的成本为
$$C(2000)=2000+0.004\times2000^2=18000（元）.$$

平均成本为
$$\overline{C}(2000)=\frac{C(2000)}{2000}=\frac{18000}{2000}=9（元）.$$

(2)边际成本函数 $C'(Q)=0.008Q$，生产 2000 件产品时的边际成本为
$$C'(2000)=0.008\times2000=16（元）.$$

例 2.71　已知某企业生产某种产品，其销售量为 x 件，每件销售价格为 $P=500+2x-0.1x^2$，试求其总收益函数、平均收益与边际收益函数，并求在 $x=15$ 件时的平均收益与边际收益.

解　该企业的总收益函数为
$$R(x)=Px=(500+2x-0.1x^2)x=500x+2x^2-0.1x^3,$$

其平均收益函数是
$$\overline{R}(x)=\frac{R(x)}{x}=500+2x-0.1x^2,$$

而边际收益函数为
$$R'(x)=(500x+2x^2-0.1x^3)'=500+4x-0.3x^2.$$

于是，当 $x=15$ 件时的平均收益与边际收益分别为
$$\overline{R}(15)=(500+2x-0.1x^2)|_{x=15}=507.5;$$
$$R'(15)=(500+4x-0.3x^2)|_{x=15}=492.5.$$

2.10.3　弹性分析

在边际分析中所研究的是函数的绝对改变量与绝对变化率.在经济活动分析中，还需要定量地描述一个经济变量对另一个经济变量变化的反应程度，即需要知道自变量在 x_0 处改变百分之 x_0 值时，相应地函数 $f(x)$ 的值改变 $f(x_0)$ 的百分之几.这就需要引入弹性的概念.

1.弹性的定义

定义 2.7　对于函数 $y=f(x)$，如果极限 $\lim\limits_{\Delta x\to0}\dfrac{\Delta y/y}{\Delta x/x}$ 存在，则
$$\lim\limits_{\Delta x\to0}\frac{\Delta y/y}{\Delta x/x}=\frac{x}{y}\lim\limits_{\Delta x\to0}\frac{\Delta y}{\Delta x}=\frac{x}{y}\cdot\frac{dy}{dx}=\frac{x}{y}f'(x),$$

称 $\dfrac{x}{y}f'(x)$ 为函数 $f(x)$ 的弹性函数（简称弹性），记作 $\dfrac{Ey}{Ex}$，即

$$\frac{Ey}{Ex} = \frac{x}{y}f'(x).$$

弹性函数在 x_0 处的值 $\frac{x_0}{y_0}f'(x_0)$ 称为函数 $f(x)$ 在 x_0 处的弹性值(简称弹性).

由弹性的定义知,$f(x)$ 在 x_0 处的弹性即为函数 $f(x)$ 在 x_0 处的相对改变量 $\frac{\Delta y}{y_0}$ 与自变量的相对改变量 $\frac{\Delta x}{x_0}$ 比值的极限,故它也被称为函数 $f(x)$ 在 x_0 处的相对变化率,可解释成自变量在 x_0 处变化百分之一时函数值变化的百分数.

2.经济学中的常用弹性

(1)需求弹性

因为需求函数 $Q=f(p)$ 是减函数,$f'(p)<0$,因此在实际应用中,为了便于讨论,定义 $\eta = -p\frac{f'(p)}{f(p)}$ 为需求函数 $Q=f(p)$ 的需求弹性.它表示当产品价格为 p 时,若价格再提高 1%,需求量将减少 $\eta\%$.

(2)供给弹性

实际应用中,$\varepsilon = p\frac{\varphi'(p)}{\varphi(p)}$ 称为供给函数 $Q=\varphi(p)$ 的供给弹性.它表示当产品价格为 p 时,若价格再提高 1%,供给量将增大 $\varepsilon\%$.

(3)收益弹性

由于收益函数 $R(p)=pf(p)$,这里 $f(p)$ 为需求函数,因此收益弹性 $\frac{ER}{Ep}$ 为

$$\frac{ER}{Ep} = p\frac{R'(p)}{R(p)} = \frac{p}{pf(p)}[f(p)+pf'(p)] = 1+p\frac{f'(p)}{f(p)} = 1-\eta.$$

收益分析:如上所述,若价格上涨 1%,则需求量下降 $\eta\%$.当 $\eta<1$,即需求量下降幅度小于价格上涨幅度时,$1-\eta>0$,收益将增加 $(1-\eta)\%$;当 $\eta>1$,即需求量下降幅度大于价格上涨幅度时,$1-\eta<0$,收益将减少 $(\eta-1)\%$;当 $\eta=1$,即需求量下降幅度等于价格上涨幅度时,由 $\frac{ER}{Ep}=0$ 可得 $R'(p)=0$,此时总收益取得最大值.

例 2.72 设某商品的需求函数为 $Q=20-\frac{1}{2}\sqrt{p}$,其中,Q 为需求量,p 为价格.

(1)求需求弹性函数 $\eta(p)$;

(2)价格 p 在什么范围内变化时,总收益 R 随 p 增加而增加? p 在什么范围内变化时,总收益 R 随 p 增加而减少? p 为何值时,总收益 R 最大,其最大值为多少?

(3)当 $p=4$ 时,若价格上涨 1%,需求量将变化百分之几? 总收益 R 是增加还是减少,将变化百分之几?

解 (1)需求弹性函数 $\eta(p) = -\frac{p}{Q}\frac{\mathrm{d}Q}{\mathrm{d}p} = -\frac{p}{20-\frac{1}{2}\sqrt{p}}\left(-\frac{1}{4\sqrt{p}}\right) = \frac{\sqrt{p}}{80-2\sqrt{p}}.$

(2)由需求弹性函数 $\eta(p)$ 对总收益 R 的关系得,当 $0<\dfrac{\sqrt{p}}{80-2\sqrt{p}}<1$,即 $0<p<\dfrac{6400}{9}$ 时,总收益 R 随 p 单调增加;当 $\dfrac{\sqrt{p}}{80-2\sqrt{p}}>1$,即 $p>\dfrac{6400}{9}$ 时,总收益 R 随 p 单调减少;当 $\dfrac{\sqrt{p}}{80-2\sqrt{p}}=1$,即 $p=\dfrac{6400}{9}$ 时,总收益 R 最大.由于 $R=pQ=20p-\dfrac{p^{\frac{3}{2}}}{2}$,所以最大收益为 $R\left(\dfrac{6400}{9}\right)=\dfrac{128000}{27}$.

(3)在 $p=4$ 时,因需求弹性 $\eta(4)=\dfrac{\sqrt{4}}{80-2\sqrt{4}}=\dfrac{2}{76}\approx0.03<1$,所以价格上涨 1%,需求量减少 0.03%.

由于 $R'(p)=20-\dfrac{3}{4}p^{\frac{1}{2}}$,故总收益 R 关于价格的弹性为

$$\left.\frac{ER}{Ep}\right|_{p=4}=\frac{4R'(4)}{R(4)}=4\left(20-\frac{3}{4}\times4^{\frac{1}{2}}\right)\frac{1}{20\times4-\frac{1}{2}\times4^{\frac{3}{2}}}=\frac{74}{76}\approx0.97;$$

并注意到 $\eta(4)<1$,所以价格上涨 1%,总收益将增加 0.97%.

2.10.4　经济学中的最优问题

利用导数求函数最大值或最小值的方法,可以解决某些经济活动中的最优问题.

例 2.73　某商店每年销售某种商品 100 万件,每购货一次,需手续费 1000 元,而每件商品库存费为 0.05 元/年,若该商品均匀销售,且上一批售完后,立即进下一批货,问商店应分几批购进此种商品,能使所用的手续费及库存费总和最少?

解　设分为 x 批购进此种商品,所用手续费及库存费总和为 y 元.则每年所需的购货手续费为 $1000x$ 元,而每年商品平均库存量为 $\left(\dfrac{1}{2}\times\dfrac{10^6}{x}\right)$ 件,故每年库存费为 $\left(0.05\times\dfrac{1}{2}\times\dfrac{10^6}{x}\right)$ 元,所以

$$y=1000x+0.05\times\frac{1}{2}\times\frac{10^6}{x}=1000x+\frac{25000}{x}.$$

为讨论方便,将 x 的取值范围扩大到正实数,即取 $x>0$,则

$$y'=1000-\frac{25000}{x^2},$$

令 $y'=0$,得唯一驻点 $x=5$.按题意,手续费及库存费总和的最小值存在,因此当分 5 批购进时能使手续费及库存费总和为最少.

例 2.74　设商家销售某商品的价格为 $p=7-0.2x$,其中,x 为销售量(t),p 的单位为万元/t,商品的不变成本为 1 万元,可变成本为 $3x$ 万元.

(1)求商家纳税前的最大利润及此时的产量和价格;

(2)若销售 1t 商品,政府征税 t 万元(称为税率),求征税后商家获得最大利润时的销售量;

（3）当商家获最大的税后利润时,要使政府税收总额最大,税率 t 应为多少?

解　总收益函数 $R(x)=px=7x-0.2x^2$,总成本函数 $C(x)=3x+1$.

（1）纳税前的利润函数为

$$L_1(x)=R(x)-C(x)=4x-0.2x^2-1,$$

令 $L_1{}'(x)=0$ 得唯一驻点 $x=10$,又 $L_1{}''(x)=-4<0$,故当 $x=10$ 时纳税前利润最大. 此时最大利润为 $L_1(10)=19$（万元）,税前价格为 $p(10)=5$（万元/t）.

（2）记 T 为总税额,则 $T=tx$. 因此,征税后的利润函数为

$$L_2(x)=L_1(x)-T=(4-t)x-0.2x^2-1,$$

令 $L_2{}'(x)=0$ 得唯一驻点 $x=\dfrac{5}{2}(4-t)$,又 $L_2{}''(x)=-4<0$,故当 $x=\dfrac{5}{2}(4-t)$ 时纳税后利润最大. 即征税后商家获得最大利润的销售量为 $\left[\dfrac{5}{2}(4-t)\right]$t.

（3）当 $x=\dfrac{5}{2}(4-t)$ 时,商家获得税后最大利润,此时总税额为

$$T=tx=\frac{5}{2}(4t-t^2),$$

令 $T'(t)=0$ 得唯一驻点 $t=2$,又 $T''(t)=-5<0$,故税率 $t=2$ 时政府税收总额最大.

习　题　2.10

1.设某商品的需求量 Q 是价格 p 的线性函数,已知该商品的最大需求量为 40000 件（价格为零时的需求量）,最高价格为 40 元/件（需求量为零时的价格）.求该商品的需求函数与收益函数.

2.设某产品的成本函数和收益函数各为 $C(x)=3+2\sqrt{x}$,$R(x)=\dfrac{5x}{x+1}$,其中 x 是产品的销售量.求:(1)该产品的平均成本和边际成本;(2)该产品的边际收益、利润函数和边际利润.

3.设某商品的需求函数是 $p+0.1x=80$,总成本为 $C(x)=5000+20x$,其中 p、x 分别是商品的价格和销售量,求边际利润函数,并分别计算 $x=100$、200 时的边际利润,并解释结果的经济意义.

4.设某商品的供给函数为 $Q=2+3p^2$,求供给弹性函数,并计算 $p=3$ 时的供给弹性,并解释结果的经济意义.

5.设某商品的需求函数为 $Q=1000e^{-0.01p}$.求:(1)求需求弹性函数和 $p=50$ 时的需求弹性;(2)在 $p=50$ 时,价格上涨 1%,总收益是增加还是减少? 将变化百分之几?

6.已知某厂生产件产品的成本为 $C(x)=250000+200x+\dfrac{1}{4}x^2$（元）.问:(1)要使平均成

本最小,应生产多少件产品?（2）若产品以每件 500 元售出,要使利润最大,应生产多少件产品?

7.设某产品的需求函数与供给函数分别为 $Q_d = 14 - 2p$,$Q_s = -4 + 2p$,若厂商以供需一致来控制产量,政府对产品征收税率为 t.求:（1）t 为何值时,总税收最大? 最大值是多少? （2）征税前后的均衡价格和均衡产量.

习题 2.10 详解

复习题　2

1.选择题

（1）已知 $f(x) = |\sin 2x|$,则 $f'(0)($ 　　　).

A. 等于 2　　　　　　　　B. 等于 -2　　　　　　　C. 等于 2 或 -2　　　　　D. 不存在

（2）设 $y = y(x)$ 是由方程 $e^y + xy = e$ 所确定的隐函数,则 $y''(0) = ($ 　　　).

A. e^{-2}　　　　　　　　B. $-e^{-2}$　　　　　　　C. e^{-1}　　　　　　　　D. $-e^{-1}$

（3）当 $-1 < x < 0$ 时,函数 $y = \arcsin \sqrt{1 - x^2}$ 的微分 dy 等于（　　　）.

A. $-\dfrac{1}{\sqrt{x^2 - 1}} dx$　　　　B. $\dfrac{1}{\sqrt{x^2 - 1}} dx$　　　　C. $-\dfrac{1}{\sqrt{1 - x^2}} dx$　　　　D. $\dfrac{1}{\sqrt{1 - x^2}} dx$

（4）函数 $f(x) = \sqrt{4 - x}$ 在区间 $[0, 3]$ 上符合拉格朗日中值定理条件的 ξ 的值为（　　　）.

A. $\dfrac{5}{4}$　　　　　　　　B. $\dfrac{3}{2}$　　　　　　　C. $\dfrac{7}{4}$　　　　　　　D. 2

（5）函数 $y = f(x)$ 在 $x = x_0$ 点处取得极大值,则（　　　）.

A. x_0 必为 $f(x)$ 的驻点　　　　　　　　　　B. 必有 $f''(x_0) < 0$

C. $f'(x_0) = 0$ 且 $f''(x_0) < 0$　　　　　　　D. $f'(x_0) = 0$ 或 $f'(x_0)$ 不存在

（6）已知某商品的需求函数为 $Q = 100 e^{-0.1p}$,则在价格 $p = 16$ 时,当价格上涨 1%,总收益将（　　　）.

A. 增加 0.6%　　　　　　B. 增加 1.6%　　　　　　C. 减少 0.6%　　　　　　D. 减少 1.6%

2.填空题

（1）过点 $(-1, 0)$ 作抛物线 $y^2 = x$ 的切线,则切线方程为＿＿＿＿＿＿.

（2）设 $y = y(x)$ 是由方程组 $\begin{cases} x = t^2, \\ y^2 + ty = 2 \end{cases}$ 所确定的函数,则 $\left. \dfrac{dy}{dx} \right|_{t=1} = $ ＿＿＿＿＿＿.

(3)计算 $\sqrt[5]{0.995} \times \ln 1.005$ 的近似值是_____.

(4)函数 $f(x) = \dfrac{1}{\sqrt{1+2x}}$ 的麦克劳林公式中的 x^5 项是_____.

(5)极限 $\lim\limits_{\Delta x \to 0} \dfrac{\ln(1+x) - e^2 + 1}{1 - \cos x} = $ _____.

(6)设某商品的需求函数是 $x = 80 - p$,总成本为 $C(x) = 400 + 2x$,则边际利润关于价格 p 的函数是_____.

3.解答题

(1)求函数 $y = \sqrt{x^2+1}\ln(x + \sqrt{x^2+1})$ 的导数.

(2)求方程 $x^{\sin y} = y^{\cos x}$ 所确定的隐函数 $y = y(x)$ 的导数.

(3)已知 $f(1-2x) = x^2 e^{-2x}$,求 $f''(x)$.

(4)求函数 $y = 2x\cos^2 x$ 的 n 阶导数.

(5)求极限 $\lim\limits_{\Delta x \to 0}\left(\dfrac{1-x}{2x} - \dfrac{1}{e^{2x}-1}\right)$.

(6)求函数 $f(x) = 2x - 3x^{\frac{2}{3}} - 12x^{\frac{1}{3}}$ 的单调区间与极值.

(7)求曲线 $f(x) = \ln(1 - \sqrt[3]{x^2})$ 的凹凸区间与拐点.

(8)做一个上端开口的圆柱形容器,它的净容积为 V,壁厚为 a(V 和 a 是正常数),问容器内壁半径为多少,才能使所用的材料最省?

(9)设 $f(x)$ 在 $[0,1]$ 上连续,在 $(0,1)$ 内可导,且 $f(0) = f(1) = 0$,证明在 $(0,1)$ 内至少存在一点 ξ,使得 $2\xi f(\xi) + f'(\xi) = 0$.

(10)已知 $x > 0$,证明 $\ln(1+x) > x - \dfrac{x^2}{2} + \dfrac{x^3}{3} - \dfrac{x^4}{4}$.

复习题 2 详解

第3章 一元函数积分学

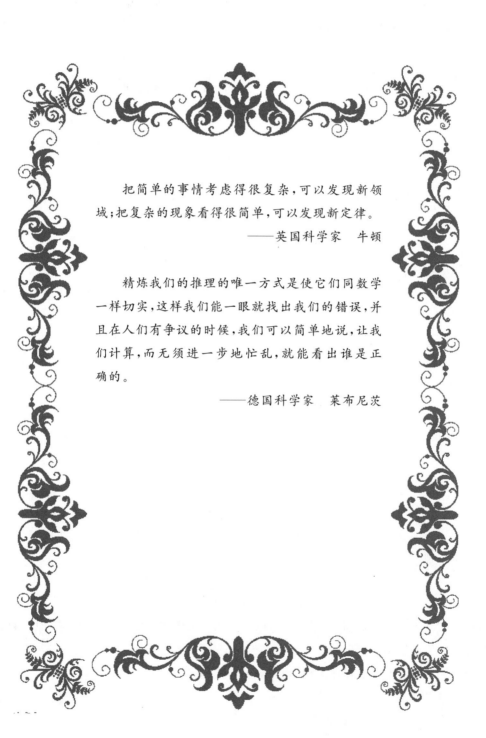

把简单的事情考虑得很复杂,可以发现新领域;把复杂的现象看得很简单,可以发现新定律。

——英国科学家 牛顿

精炼我们的推理的唯一方式是使它们同数学一样切实,这样我们能一眼就找出我们的错误,并且在人们有争议的时候,我们可以简单地说,让我们计算,而无须进一步地忙乱,就能看出谁是正确的。

——德国科学家 莱布尼茨

本章主要讨论一元函数积分学,它是一元函数微积分学的重要组成部分,包括不定积分、定积分和定积分的应用.本章主要围绕两个基本问题进行:第一个问题是研究导数问题的逆问题,由此引出了原函数与不定积分的概念;第二个问题是研究微小量的无限累加问题,由此引出了定积分的概念.上述两个问题从表面上看互不相关,实际上两者的关系密不可分.17世纪,科学家牛顿、莱布尼茨建立起来的微积分基本公式揭示了这两个问题的内在联系,并因此促使微分学和积分学构成了一个统一的整体.

3.1 不定积分的概念与性质

3.1.1 原函数与不定积分的概念

定义 3.1 如果在区间 I 上,可导函数 $F(x)$ 的导函数为 $f(x)$,即 $\forall x \in I$,都有
$$F'(x) = f(x) \text{ 或 } \mathrm{d}F(x) = f(x)\mathrm{d}x,$$
则称函数 $F(x)$ 为 $f(x)$(或 $f(x)\mathrm{d}x$)在区间 I 上的一个原函数.

例如,因为 $(x^2)' = 2x, x \in (-\infty, +\infty)$,故 x^2 是 $2x$ 在 $(-\infty, +\infty)$ 上的一个原函数.因为 $(x^2+1)' = 2x, x \in (-\infty, +\infty)$,故 x^2+1 是 $2x$ 在 $(-\infty, +\infty)$ 上的一个原函数.又例如,对 $\forall x \in (-\infty, +\infty)$,有

$$\left[x\arctan x - \frac{1}{2}\ln(1+x^2) \right]' = \arctan x + \frac{x}{1+x^2} - \frac{1}{2} \cdot \frac{2x}{1+x^2} = \arctan x,$$

所以 $F(x) = x\arctan x - \frac{1}{2}\ln(1+x^2)$ 在 $(-\infty, +\infty)$ 上是 $\arctan x$ 的一个原函数.

研究原函数的概念,应该注意以下几个重要问题:

(1)满足什么条件的函数能确保其原函数一定存在? 若存在,是否唯一?

(2)如果函数 $f(x)$ 在区间 I 上有原函数,又怎样把它求出来?

关于第一个问题,我们用下面两个定理来回答;至于第二个问题,本章接下来介绍的各种积分方法会提供解决途径.

定理 3.1(原函数存在定理) 如果函数 $f(x)$ 在区间 I 上连续,则在区间 I 上存在可导函数 $F(x)$,使对任意一个 $x \in I$,都有
$$F'(x) = f(x).$$

简而言之,连续函数一定存在原函数.本定理将在3.6节获得证明.需要指出的是,一切初等函数在其定义区间上都是连续的,所以每个初等函数在其定义区间上都有原函数,只是初等函数的原函数不一定仍是初等函数(参见《微积分及其应用导学(上册)》3.1节).还需进一步强调的是:"原函数存在定理"是充分不必要的,例如分段函数

$$f(x) = \begin{cases} 2x\cos\dfrac{1}{x} + \sin\dfrac{1}{x}, & x \neq 0, \\ 0, & x = 0. \end{cases}$$

由于 $\lim\limits_{x \to 0}\left(2x\cos\dfrac{1}{x} + \sin\dfrac{1}{x}\right)$ 不存在，$x = 0$ 为 $f(x)$ 的第二类间断点，但它的原函数存在，函数

$$F(x) = \begin{cases} x^2\cos\dfrac{1}{x}, & x \neq 0, \\ 0, & x = 0, \end{cases}$$

请读者自行验证 $F'(x) = f(x)$.

是 $f(x)$ 在 $(-\infty, +\infty)$ 上的一个原函数.

另外，如果函数 $f(x)$ 在区间 I 上存在原函数，其原函数是否唯一？我们有以下结论：

定理 3.2 设函数 $F(x)$ 是 $f(x)$ 在区间 I 上的一个原函数，则

(1) $F(x) + C$ 也是 $f(x)$ 在区间 I 上的原函数（C 为任意常数）；

(2) $f(x)$ 在区间 I 上的任意两个原函数之间，只能相差一个常数.

证 (1) $\forall x \in I, [F(x) + C]' = F'(x) = f(x), （C$ 为任意常数）.

(2) 设 $F(x)$、$\Phi(x)$ 为 $f(x)$ 在区间 I 上的任意两个原函数，则有

$$[\Phi(x) - F(x)]' = \Phi'(x) - F'(x) = f(x) - f(x) \equiv 0,$$

由第二章的知识可知，在一个区间上导数恒为零的函数必为常数，所以

$$\Phi(x) - F(x) = C_0, （C_0$ 为某个常数）.

上面的定理 3.2 表明：函数族

$$\{F(x) + C \mid -\infty < C < +\infty\}$$

表示了 $f(x)$ 的全体原函数.

综上所述，我们就有了下面不定积分的概念.

定义 3.2 在区间 I 上，函数 $f(x)$ 的全体原函数称为 $f(x)$（或 $f(x)\mathrm{d}x$）在区间 I 上的不定积分，记作

$$\int f(x)\mathrm{d}x,$$

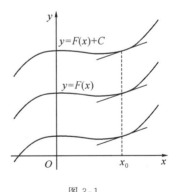

图 3-1

其中符号 $\int$ 称为积分号，$f(x)$ 称为被积函数，$f(x)\mathrm{d}x$ 称为被积表达式，x 称为积分变量，$F(x)$ 的图形称为 $f(x)$ 的积分曲线（如图 3-1 所示）.

由定义 3.2 可知，如果函数 $F(x)$ 是 $f(x)$ 在区间 I 上的一个原函数，则

$$\int f(x)\mathrm{d}x = F(x) + C.$$

于是，本节开头的几个例子可以写作

$$\int 2x \mathrm{d}x = x^2 + C,$$

$$\int \arctan x \mathrm{d}x = x \arctan x - \frac{1}{2}\ln(1+x^2) + C,$$

这样,求 $\int f(x)\mathrm{d}x$ 时,只需先求出 $f(x)$ 的一个原函数 $F(x)$,然后再加上任意常数 C 就可以了.

例 3.1 求 $\int \dfrac{1}{1+x^2}\mathrm{d}x$.

解 因为 $(\arctan x)' = \dfrac{1}{1+x^2}$,所以 $\arctan x$ 是 $\dfrac{1}{1+x^2}$ 的一个原函数,故

$$\int \frac{1}{1+x^2}\mathrm{d}x = \arctan x + C.$$

例 3.2 求 $\int \dfrac{1}{x}\mathrm{d}x$.

解 当 $x>0$ 时,由于 $(\ln x)' = \dfrac{1}{x}$,所以 $\ln x$ 是 $\dfrac{1}{x}$ 在 $(0,+\infty)$ 内的一个原函数,即

$$\int \frac{1}{x}\mathrm{d}x = \ln x + C, \qquad x \in (0, +\infty);$$

当 $x<0$ 时,由于 $[\ln(-x)]' = \dfrac{1}{-x}(-1) = \dfrac{1}{x}$,所以 $\ln(-x)$ 是 $\dfrac{1}{x}$ 在 $(-\infty, 0)$ 内的一个原函数,即

$$\int \frac{1}{x}\mathrm{d}x = \ln(-x) + C, \qquad x \in (-\infty, 0).$$

综合上述结果,得

$$\int \frac{1}{x}\mathrm{d}x = \ln|x| + C.$$

通过上面的实例,我们不难发现,求导运算与求不定积分(简称积分运算)是互为反问题的.

3.1.2 不定积分的性质

根据原函数与不定积分的定义,可以推得如下性质:

性质 1 $\left[\displaystyle\int f(x)\mathrm{d}x\right]' = f(x)$ 或 $\mathrm{d}\displaystyle\int f(x)\mathrm{d}x = f(x)\mathrm{d}x$;

$\displaystyle\int f'(x)\mathrm{d}x = f(x) + C$ 或 $\displaystyle\int \mathrm{d}f(x) = f(x) + C$.

性质 1 可以由原函数和不定积分的定义直接推导得出. 它表明积分运算与导数(或微分)运算(简称微分运算)是互逆运算,当这两种运算连在一起时,或者相互抵消,或者抵消后差一个常数.

性质 2　设函数 $f(x)$ 及 $g(x)$ 的原函数存在，k_1、k_2 为两个任意常数，则

$$\int \left[k_1 f(x) + k_2 g(x)\right]\mathrm{d}x = k_1 \int f(x)\mathrm{d}x + k_2 \int g(x)\mathrm{d}x.$$

证　由于

$$\left[\int k_1 f(x)\mathrm{d}x + k_2 \int g(x)\mathrm{d}x\right]' = \left[k_1 \int f(x)\mathrm{d}x\right]' + \left[k_2 \int g(x)\mathrm{d}x\right]'$$
$$= k_1 f(x) + k_2 g(x),$$

上式表明 $\int k_1 f(x)\mathrm{d}x + \int k_2 g(x)\mathrm{d}x$ 是 $k_1 f(x) + k_2 g(x)$ 的原函数，又因为它右端项有两个积分号，形式上含有两个任意常数，而任意常数的和仍为任意常数，故实际上含有一个任意常数，所以性质 2 成立.

性质 2 可以推广到有限多个函数的情形

$$\int \left[k_1 f_1(x) + k_2 f_2(x) + \cdots + k_n f_n(x)\right]\mathrm{d}x$$
$$= k_1 \int f_1(x)\mathrm{d}x + k_2 \int f_2(x)\mathrm{d}x + \cdots + k_n \int f_n(x)\mathrm{d}x,$$

上式表明积分运算和微分运算一样，都保持线性运算法则，并且，结合积分运算与微分运算的互逆性，我们可以很自然地从导数公式得到下面相应的基本积分公式表.

3.1.3　基本积分公式表

(1) $\int k\mathrm{d}x = kx + C\left(k \text{ 是常数}, k = 1 \text{ 时}, \int \mathrm{d}x = x + C\right)$；

(2) $\int x^\mu \mathrm{d}x = \dfrac{1}{\mu+1} x^{\mu+1} + C(\mu \neq -1)$；

(3) $\int \dfrac{1}{x}\mathrm{d}x = \ln|x| + C$；

(4) $\int a^x \mathrm{d}x = \dfrac{a^x}{\ln a} + C(a > 0, a \neq 1)$；

(5) $\int \mathrm{e}^x \mathrm{d}x = \mathrm{e}^x + C$；　　　　(6) $\int \sin x\mathrm{d}x = -\cos x + C$；

(7) $\int \cos x\mathrm{d}x = \sin x + C$；　　　(8) $\int \sec^2 x\mathrm{d}x = \tan x + C$；

(9) $\int \csc^2 x\mathrm{d}x = -\cot x + C$；　　(10) $\int \sec x\tan x\mathrm{d}x = \sec x + C$；

(11) $\int \csc x\cot x\mathrm{d}x = -\csc x + C$；　(12) $\int \dfrac{1}{\sqrt{1-x^2}}\mathrm{d}x = \arcsin x + C$；

(13) $\int \dfrac{1}{1+x^2}\mathrm{d}x = \arctan x + C$.

以上公式是计算不定积分的基础,必须熟记.结合不定积分的性质和基本积分公式,我们可以求出一些简单函数的不定积分,这称为**直接积分法**.

例 3.3 求 $\int(x^3+\mathrm{e}^x)\mathrm{d}x$.

解 $\int(x^3+\mathrm{e}^x)\mathrm{d}x=\int x^3\mathrm{d}x+\int\mathrm{e}^x\mathrm{d}x=\dfrac{1}{3+1}x^{3+1}+\mathrm{e}^x+C=\dfrac{1}{4}x^4+\mathrm{e}^x+C.$

注意 检验积分结果是否正确,只需要对右端结果求导,看它是否等于左端的被积函数,相等时结果正确,否则错误,如就例 3.3 的结果来看,由于

$$\left(\frac{1}{4}x^4+\mathrm{e}^x+C\right)'=x^3+\mathrm{e}^x,$$

所以结果是正确的.

例 3.4 求 $\int\dfrac{(x-1)^3}{\sqrt{x}}\mathrm{d}x$.

解
$$\begin{aligned}
\int\frac{(x-1)^3}{\sqrt{x}}\mathrm{d}x&=\int\frac{(x^3-3x^2+3x-1)}{\sqrt{x}}\mathrm{d}x\\
&=\int(x^{\frac{5}{2}}-3x^{\frac{3}{2}}+3x^{\frac{1}{2}}-x^{-\frac{1}{2}})\mathrm{d}x\\
&=\int x^{\frac{5}{2}}\mathrm{d}x-3\int x^{\frac{3}{2}}\mathrm{d}x+3\int x^{\frac{1}{2}}\mathrm{d}x-\int x^{-\frac{1}{2}}\mathrm{d}x\\
&=\frac{2}{7}x^{\frac{7}{2}}-\frac{6}{5}x^{\frac{5}{2}}+2x^{\frac{3}{2}}-2\sqrt{x}+C.
\end{aligned}$$

例 3.5 求 $\int\dfrac{2^x+4\cdot 3^{x+1}}{5^x}\mathrm{d}x$.

解
$$\begin{aligned}
\int\frac{2^x+4\cdot 3^{x+1}}{5^x}\mathrm{d}x&=\int\left(\frac{2^x}{5^x}+\frac{12\cdot 3^x}{5^x}\right)\mathrm{d}x=\int\left[\left(\frac{2}{5}\right)^x+12\cdot\left(\frac{3}{5}\right)^x\right]\mathrm{d}x\\
&=\frac{\left(\dfrac{2}{5}\right)^x}{\ln2-\ln5}+\frac{12\cdot\left(\dfrac{3}{5}\right)^x}{\ln3-\ln5}+C\\
&=\frac{2^x}{5^x(\ln2-\ln5)}+\frac{12\cdot 3^x}{5^x(\ln3-\ln5)}+C.
\end{aligned}$$

例 3.6 求 $\int\dfrac{x^4+1}{x^2+1}\mathrm{d}x$.

解
$$\begin{aligned}
\int\frac{x^4+1}{x^2+1}\mathrm{d}x&=\int\frac{(x^4+x^2)-(x^2+1)+2}{x^2+1}\mathrm{d}x\\
&=\int\left(x^2-1+\frac{2}{1+x^2}\right)\mathrm{d}x.\\
&=\frac{1}{3}x^3-x+2\arctan x+C.
\end{aligned}$$

例 3.7 求 $\int\tan^2 x\mathrm{d}x$.

解 $\int\tan^2 x\mathrm{d}x=\int(\sec^2 x-1)\mathrm{d}x=\tan x-x+C.$

注意 基本积分公式表中,没有这种类型的积分,但我们可以先利用三角恒等式化成表中有的类型的积分,然后再逐项求积分,类似的例题如下.

例 3.8 求 $\int \dfrac{1}{1+\cos 2x}\mathrm{d}x$

解
$$
\begin{aligned}
\int \frac{1}{1+\cos 2x}\mathrm{d}x &= \int \frac{1}{2\cos^2 x}\mathrm{d}x \\
&= \frac{1}{2}\int \sec^2 x\,\mathrm{d}x \\
&= \frac{1}{2}\tan x + C.
\end{aligned}
$$

例 3.9 求 $\int \dfrac{1}{\sin^2 x\cos^2 x}\mathrm{d}x$.

解
$$
\begin{aligned}
\int \frac{1}{\sin^2 x\cos^2 x}\mathrm{d}x &= \int \frac{\sin^2 x+\cos^2 x}{\sin^2 x\cos^2 x}\mathrm{d}x \\
&= \int \left(\frac{1}{\cos^2 x}+\frac{1}{\sin^2 x}\right)\mathrm{d}x \\
&= \int (\sec^2 x+\csc^2 x)\mathrm{d}x \\
&= \tan x - \cot x + C.
\end{aligned}
$$

例 3.10 求 $\int \dfrac{1}{\sin^2 \dfrac{x}{2}\cos^2 \dfrac{x}{2}}\mathrm{d}x$.

解
$$
\int \frac{1}{\sin^2 \dfrac{x}{2}\cos^2 \dfrac{x}{2}}\mathrm{d}x = \int \frac{4}{4\sin^2 \dfrac{x}{2}\cos^2 \dfrac{x}{2}}\mathrm{d}x = \int \frac{4}{\sin^2 x}\mathrm{d}x
$$
$$
= 4\int \csc^2 x\,\mathrm{d}x = -4\cot x + C.
$$

由于被积函数的多样性,积分方法不可能拘泥于同一形式,在接下来的内容中,我们将着重介绍一些积分方法,并逐步扩充不定积分公式.

习 题 3.1

1. 验证下列各题中的函数式是同一函数的原函数:

(1) $y=\ln x$,$y=\ln(3x)$,$y=\ln(5x)+10$;

(2) $y=(\mathrm{e}^x+\mathrm{e}^{-x})^2$,$y=(\mathrm{e}^x-\mathrm{e}^{-x})^2$;

(3) $y=\ln\tan\dfrac{x}{2}$,$y=\ln(\csc x-\cot x)$.

2. 设 $\int xf(x)\mathrm{d}x = \arccos x + C$,求 $f(x)$.

3.一曲线通过点$(e^2, -1)$,且在任意点处的切线的斜率都等于该点的横坐标的倒数,求此曲线的方程.

4.证明:在区间I上有第一类间断点的函数不存在原函数.

5.求下列不定积分:

(1) $\int \dfrac{\mathrm{d}x}{x^3 \sqrt{x}}$;

(2) $\int \left(\sqrt[3]{x} - \dfrac{1}{\sqrt[3]{x}}\right)\mathrm{d}x$;

(3) $\int \sqrt{x}(x+2)\mathrm{d}x$;

(4) $\int \sqrt{x\sqrt{x\sqrt{x}}}\,\mathrm{d}x$;

(5) $\int \left(\sqrt{\dfrac{1-x}{1+x}} + \sqrt{\dfrac{1+x}{1-x}}\right)\mathrm{d}x$;

(6) $\int \dfrac{x^4 + x^2 + 1}{x^2 + 1}\mathrm{d}x$;

(7) $\int \dfrac{2}{x^2(1+x^2)}\mathrm{d}x$;

(8) $\int \dfrac{\mathrm{e}^{2x} - 1}{\mathrm{e}^x - 1}\mathrm{d}x$;

(9) $\int 4^x \mathrm{e}^x \mathrm{d}x$;

(10) $\int \dfrac{3^x - 3 \cdot 2^x}{3^x}\mathrm{d}x$;

(11) $\int \cot^2 x \mathrm{d}x$;

(12) $\int \cos^2 \dfrac{x}{2}\mathrm{d}x$.

习题 3.1 详解

3.2 不定积分的换元积分法

能用直接积分法计算的不定积分毕竟十分有限,本节介绍的换元积分法就是把复合函数的微分法反过来用于计算不定积分,通过适当的变量代换得到的积分法,称为**换元积分法**,它通常分成两类,我们先学习第一类换元积分法.

3.2.1 第一类换元积分法(凑微分法)

定理 3.3 设函数$F(u)$是$f(u)$的一个原函数,$u = \varphi(x)$可导,则有换元积分公式

$$\int f[\varphi(x)]\varphi'(x)\mathrm{d}x = \left[\int f(u)\mathrm{d}u\right]_{u=\varphi(x)} = F[\varphi(x)] + C. \tag{3-1}$$

证 只需证明(3-1)式右端函数$F[\varphi(x)]$是左端被积函数$f[\varphi(x)]\varphi'(x)$的原函数,由复合函数求导法则,得

$$\{F[\varphi(x)]\}' = F'[\varphi(x)]\varphi'(x) = f[\varphi(x)]\varphi'(x),$$

即$F[\varphi(x)]$是$f[\varphi(x)]\varphi'(x)$的原函数,所以换元积分公式(3-1)成立.证毕.

注意　从形式上看,被积表达式 $\int f[\varphi(x)]\varphi'(x)\mathrm{d}x$ 中的 $\mathrm{d}x$ 可以当作变量 x 的微分来对待,从而微分形式 $\varphi'(x)\mathrm{d}x$ 可以方便地凑成 $\mathrm{d}\varphi(x)$,使运算得以继续进行,即若函数 $g(x)$ 可以化为 $g(x)=f[\varphi(x)]\varphi'(x)$ 的形式,则

$$\int g(x)\mathrm{d}x \stackrel{\text{分解}g(x)}{=\!=\!=} \int f[\varphi(x)]\varphi'(x)\mathrm{d}x \stackrel{\text{凑微分}}{=\!=\!=} \int f[\varphi(x)]\mathrm{d}[\varphi(x)]$$

$$\stackrel{u=\varphi(x)}{=\!=\!=} \int f(u)\mathrm{d}u$$

$$= F(u)+C$$

$$= F[\varphi(x)]+C.$$

这就是第一类换元积分法,也称之为凑微分法.

例 3.11　求 $\int \dfrac{1}{5+4x}\mathrm{d}x$.

解　　$\displaystyle\int \frac{1}{5+4x}\mathrm{d}x = \frac{1}{4}\int \frac{1}{5+4x}\mathrm{d}(5+4x)$

$$= \frac{1}{4}\int \frac{1}{u}\mathrm{d}u = \frac{1}{4}\ln\mid u\mid +C = \frac{1}{4}\ln\mid 5+4x\mid +C.$$

$u = 5+4x$

注意　一般地,有 $\displaystyle\int f(ax+b)\mathrm{d}x \stackrel{ax+b=u}{=\!=\!=} \frac{1}{a}\int f(u)\mathrm{d}u(a\neq 0)$.

例 3.12　求 $\int x^2 \mathrm{e}^{x^3}\mathrm{d}x$.

解　　$\displaystyle\int x^2 \mathrm{e}^{x^3}\mathrm{d}x = \frac{1}{3}\int \mathrm{e}^{x^3}\mathrm{d}(x^3)$

$$= \frac{1}{3}\int \mathrm{e}^u \mathrm{d}u = \frac{1}{3}\mathrm{e}^u +C = \frac{1}{3}\mathrm{e}^{x^3}+C.$$

$u = x^3$

注意　一般地,有 $\displaystyle\int f(x^\mu)x^{\mu-1}\mathrm{d}x = \frac{1}{\mu}\int f(x^\mu)\mathrm{d}(x^\mu)(\mu\neq 0)$.

例 3.13　求 $\int \dfrac{1}{x(1+3\ln x)}\mathrm{d}x$.

解　　$\displaystyle\int \frac{1}{x(1+3\ln x)}\mathrm{d}x = \int \frac{1}{1+3\ln x}\mathrm{d}(\ln x)$

$$= \frac{1}{3}\int \frac{1}{1+3\ln x}\mathrm{d}(1+3\ln x)$$

$$= \frac{1}{3}\int \frac{1}{u}\mathrm{d}u = \frac{1}{3}\ln\mid u\mid +C = \frac{1}{3}\ln\mid 1+3\ln x\mid +C.$$

$$u = 1 + 3\ln x$$

注意　一般地,有$\int f(\ln x)\dfrac{1}{x}\mathrm{d}x = \int f(\ln x)\mathrm{d}(\ln x)$.

例 3.14　求$\int\dfrac{\mathrm{d}x}{\mathrm{e}^x + \mathrm{e}^{-x}}$.

解　$\displaystyle\int\dfrac{\mathrm{d}x}{\mathrm{e}^x + \mathrm{e}^{-x}} = \int\dfrac{\mathrm{e}^x}{\mathrm{e}^{2x} + 1}\mathrm{d}x = \int\dfrac{1}{\mathrm{e}^{2x} + 1}\mathrm{d}\mathrm{e}^x$

$$= \int\dfrac{1}{u^2 + 1}\mathrm{d}u = \arctan u + C = \arctan \mathrm{e}^x + C.$$

$$u = \mathrm{e}^x$$

　　通过上述例题可以看出,利用第一类换元积分法求不定积分,具有一定的技巧性,读者必须熟悉掌握以下所列的常用凑微分形式。

常用凑微分形式

$(1)\displaystyle\int f(ax + b)\mathrm{d}x = \dfrac{1}{a}\int f(ax + b)\mathrm{d}(ax + b)(a \neq 0)$;

$(2)\displaystyle\int f(x^\mu)x^{\mu-1}\mathrm{d}x = \dfrac{1}{\mu}\int f(x^\mu)\mathrm{d}(x^\mu)(\mu \neq 0)$;

$(3)\displaystyle\int f(\ln x)\dfrac{1}{x}\mathrm{d}x = \int f(\ln x)\mathrm{d}(\ln x)$;

$(4)\displaystyle\int f(\mathrm{e}^x)\mathrm{e}^x\mathrm{d}x = \int f(\mathrm{e}^x)\mathrm{d}(\mathrm{e}^x)$;

$(5)\displaystyle\int f(a^x)a^x\mathrm{d}x = \dfrac{1}{\ln a}\int f(a^x)\mathrm{d}(a^x)(a > 0, a \neq 1)$;

$(6)\displaystyle\int f(\sin x)\cos x\mathrm{d}x = \int f(\sin x)\mathrm{d}(\sin x)$;

$(7)\displaystyle\int f(\cos x)\sin x\mathrm{d}x = -\int f(\cos x)\mathrm{d}(\cos x)$;

$(8)\displaystyle\int f(\tan x)\sec^2 x\mathrm{d}x = \int f(\tan x)\mathrm{d}(\tan x)$;

$(9)\displaystyle\int f(\cot x)\csc^2 x\mathrm{d}x = -\int f(\cot x)\mathrm{d}(\cot x)$;

$(10)\displaystyle\int f(\arctan x)\dfrac{1}{1 + x^2}\mathrm{d}x = \int f(\arctan x)\mathrm{d}(\arctan x)$;

$(11)\displaystyle\int f(\arcsin x)\dfrac{1}{\sqrt{1 - x^2}}\mathrm{d}x = \int f(\arcsin x)\mathrm{d}(\arcsin x)$.

　　对变量代换比较熟悉后,我们可省去书写中间变量的换元与回代过程.

例 3.15　求$\int\tan x\mathrm{d}x$.

解　$\displaystyle\int\tan x\,\mathrm{d}x = \int\frac{\sin x}{\cos x}\,\mathrm{d}x = -\int\frac{1}{\cos x}\,\mathrm{d}(\cos x)$

$\qquad\qquad = -\ln|\cos x| + C.$

同理可得　$\displaystyle\int\cot x\,\mathrm{d}x = \ln|\sin x| + C.$

例 3.16　求 $\displaystyle\int\sec^4 x\,\mathrm{d}x.$

解　$\displaystyle\int\sec^4 x\,\mathrm{d}x = \int\sec^2 x\,\mathrm{d}(\tan x) = \int(1+\tan^2 x)\,\mathrm{d}(\tan x)$

$\qquad\qquad = \tan x + \dfrac{1}{3}\tan^3 x + C.$

例 3.17　求 $\displaystyle\int\frac{1}{a^2+x^2}\,\mathrm{d}x\,(a\neq 0).$

解　$\displaystyle\int\frac{1}{a^2+x^2}\,\mathrm{d}x = \int\frac{1}{a^2}\cdot\frac{1}{1+\dfrac{x^2}{a^2}}\,\mathrm{d}x = \frac{1}{a}\int\frac{1}{1+\left(\dfrac{x}{a}\right)^2}\,\mathrm{d}\left(\frac{x}{a}\right)$

$\qquad\qquad = \dfrac{1}{a}\arctan\dfrac{x}{a} + C.$

例 3.18　求 $\displaystyle\int\frac{1}{\sqrt{a^2-x^2}}\,\mathrm{d}x\,(a>0).$

解　$\displaystyle\int\frac{1}{\sqrt{a^2-x^2}}\,\mathrm{d}x = \int\frac{1}{a}\cdot\frac{1}{\sqrt{1-\dfrac{x^2}{a^2}}}\,\mathrm{d}x = \int\frac{1}{\sqrt{1-\left(\dfrac{x}{a}\right)^2}}\,\mathrm{d}\left(\frac{x}{a}\right)$

$\qquad\qquad = \arcsin\dfrac{x}{a} + C.$

例 3.19　求 $\displaystyle\int\frac{1}{x^2-a^2}\,\mathrm{d}x\,(a\neq 0).$

解　$\displaystyle\int\frac{1}{x^2-a^2}\,\mathrm{d}x = \frac{1}{2a}\int\left[\frac{1}{x-a}-\frac{1}{x+a}\right]\mathrm{d}x$

$\qquad\qquad = \dfrac{1}{2a}\left[\int\dfrac{1}{x-a}\,\mathrm{d}(x-a) - \int\dfrac{1}{x+a}\,\mathrm{d}(x+a)\right]$

$\qquad\qquad = \dfrac{1}{2a}\left[\ln|x-a| - \ln|x+a|\right] + C = \dfrac{1}{2a}\ln\left|\dfrac{x-a}{x+a}\right| + C.$

例 3.20　求 $\displaystyle\int\frac{x+\arctan x}{1+x^2}\,\mathrm{d}x.$

解　$\displaystyle\int\frac{x+\arctan x}{1+x^2}\,\mathrm{d}x = \int\frac{x}{1+x^2}\,\mathrm{d}x + \int\frac{\arctan x}{1+x^2}\,\mathrm{d}x$

$\qquad\qquad = \dfrac{1}{2}\int\dfrac{1}{1+x^2}\,\mathrm{d}(1+x^2) + \int\arctan x\,\mathrm{d}(\arctan x)$

$\qquad\qquad = \dfrac{1}{2}\ln(1+x^2) + \dfrac{1}{2}(\arctan x)^2 + C.$

例 3. 21　求 $\int \cos^2 x \mathrm{d}x$.

解　$\int \cos^2 x \mathrm{d}x = \int \dfrac{1 + \cos 2x}{2} \mathrm{d}x$

$\qquad = \dfrac{1}{2} \int \mathrm{d}x + \dfrac{1}{2} \int \cos 2x \mathrm{d}x = \dfrac{1}{2} x + \dfrac{1}{4} \sin 2x + C.$

若求 $\int \sin^2 x \mathrm{d}x$ 呢?

例 3. 22　求 $\int \sin^3 x \cos^2 x \mathrm{d}x$.

解　$\int \sin^3 x \cos^2 x \mathrm{d}x = -\int \sin^2 x \cos^2 x \mathrm{d}(\cos x)$

$\qquad = -\int (1 - \cos^2 x) \cos^2 x \mathrm{d}(\cos x)$

$\qquad = -\int (\cos^2 x - \cos^4 x) \mathrm{d}(\cos x)$

$\qquad = -\dfrac{1}{3} \cos^3 x + \dfrac{1}{5} \cos^5 x + C.$

注意　一般地,结合公式 $\sin^2 x + \cos^2 x = 1$,可得

$$\int \sin^{2k+1} x \cos^n x \mathrm{d}x = -\int (1 - \cos^2 x)^k \cos^n x \mathrm{d}(\cos x);$$

$$\int \sin^n x \cos^{2k+1} x \mathrm{d}x = \int \sin^n x (1 - \sin^2 x)^k \mathrm{d}(\sin x),$$

其中 k、$n \in \mathbf{N}$.

例 3. 23　求 $\int \sin^2 3x \cos^2 3x \mathrm{d}x$.

解　$\int \sin^2 3x \cos^2 3x \mathrm{d}x = \dfrac{1}{4} \int \sin^2 6x \mathrm{d}x = \dfrac{1}{8} \int (1 - \cos 12x) \mathrm{d}x$

$\qquad = \dfrac{1}{8} (x - \dfrac{1}{12} \sin 12x) + C.$

注意　一般地,结合公式

$$\sin^2 \alpha = \dfrac{1 - \cos 2\alpha}{2}, \cos^2 \alpha = \dfrac{1 + \cos 2\alpha}{2}$$

可得

$$\int \sin^{2k} x \cos^{2n} x \mathrm{d}x = \dfrac{1}{2^{k+n}} \int (1 - \cos 2x)^k (1 + \cos 2x)^n \mathrm{d}x (k, n \in \mathbf{N}).$$

例 3. 24　求 $\int \cos 3x \cos 5x \mathrm{d}x$.

解　$\int \cos 3x \cos 5x \mathrm{d}x = \dfrac{1}{2} \int (\cos 8x + \cos 2x) \mathrm{d}x$

$$= \frac{1}{16}\sin 8x + \frac{1}{4}\sin 2x + C.$$

注意　一般地,结合公式

$$\sin A \cos B = \frac{1}{2}\big[\sin(A+B) + \sin(A-B)\big],$$

$$\cos A \cos B = \frac{1}{2}\big[\cos(A+B) + \cos(A-B)\big],$$

$$\sin A \sin B = -\frac{1}{2}\big[\cos(A+B) - \cos(A-B)\big],$$

可求得 $\int \sin kx \cos nx \, dx$、$\int \cos kx \cos nx \, dx$ 及 $\int \sin kx \sin nx \, dx \, (k、n \in \mathbf{N})$ 的积分.

例 3.25　求 $\int \sec x \, dx$.

解
$$\int \sec x \, dx = \int \frac{1}{\cos x} dx = \int \frac{\cos x}{\cos^2 x} dx = \int \frac{1}{1 - \sin^2 x} d(\sin x)$$

$$= \frac{1}{2}\ln\left|\frac{1 + \sin x}{1 - \sin x}\right| + C = \frac{1}{2}\ln\left|\frac{(1 + \sin x)^2}{\cos^2 x}\right| + C$$

$$= \ln\left|\frac{1 + \sin x}{\cos x}\right| + C = \ln|\sec x + \tan x| + C.$$

同理可得
$$\int \csc x \, dx = \ln|\csc x - \cot x| + C.$$

3.2.2　第二类换元积分法

定理 3.4　设 $x = \psi(t)$ 是单调、可导的函数,且 $\psi'(t) \neq 0$,$x = \psi(t)$ 的反函数记为 $t = \psi^{-1}(x)$,又设 $f[\psi(t)]\psi'(t)$ 具有原函数 $F(t)$,则有换元公式

$$\int f(x) dx = \int f[\psi(t)]\psi'(t) dt = [F(t) + C]_{t = \psi^{-1}(x)} \tag{3-2}$$

证　利用复合函数与反函数求导法则,得

$$\{F[\psi^{-1}(x)]\}' = \frac{dF(t)}{dt} \cdot \frac{dt}{dx} = \frac{dF(t)}{dt} \cdot \frac{1}{\dfrac{dx}{dt}}$$

$$= f[\psi(t)]\psi'(t) \cdot \frac{1}{\psi'(t)} = f(x),$$

即 $F[\psi^{-1}(x)]$ 是 $f(x)$ 的原函数,所以换元积分公式(3-2)成立. 证毕.

式(3-2)所采用的积分方法称为**第二类换元积分法**,下面举例说明.

例 3.26　求 $\int \sqrt{a^2 - x^2} \, dx \, (a > 0)$.

解　令 $x = a\sin t$,$-\dfrac{\pi}{2} < t < \dfrac{\pi}{2}$,那么 $dx = a\cos t \, dt$,$t = \arcsin \dfrac{x}{a}$,$\sqrt{a^2 - x^2} = \sqrt{a^2 - a^2\sin^2 t} = a\cos t$. 于是

$$\int \sqrt{a^2 - x^2}\,\mathrm{d}x = \int a\cos t \cdot a\cos t\,\mathrm{d}t = a^2 \int \frac{1 + \cos 2t}{2}\,\mathrm{d}t$$

$$= a^2 \left(\frac{t}{2} + \frac{\sin 2t}{4} \right) + C.$$

根据变换 $x = a\sin t$ 作辅助三角形（见图 3-2），有

$$\sin 2t = 2\sin t\cos t = 2 \cdot \frac{x}{a} \cdot \frac{\sqrt{a^2 - x^2}}{a},$$

因此原积分

$$\int \sqrt{a^2 - x^2}\,\mathrm{d}x = \frac{x}{2}\sqrt{a^2 - x^2} + \frac{a^2}{2}\arcsin \frac{x}{a} + C.$$

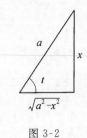

图 3-2

例 3.27　求 $\displaystyle\int \frac{\mathrm{d}x}{\sqrt{x^2 + a^2}}(a > 0)$.

解　令 $x = a\tan t, -\dfrac{\pi}{2} < t < \dfrac{\pi}{2}$，那么 $\mathrm{d}x = a\sec^2 t\,\mathrm{d}t$，$\sqrt{x^2 + a^2} = \sqrt{a^2\tan^2 t + a^2} = a\sec t$. 于是

$$\int \frac{\mathrm{d}x}{\sqrt{x^2 + a^2}} = \int \frac{a\sec^2 t}{a\sec t}\,\mathrm{d}t = \int \sec t\,\mathrm{d}t = \ln|\sec t + \tan t| + C_1.$$

根据变换 $x = a\tan t$ 作辅助三角形（见图 3-3），有

$$\sec t = \frac{\sqrt{x^2 + a^2}}{a}, \tan t = \frac{x}{a},$$

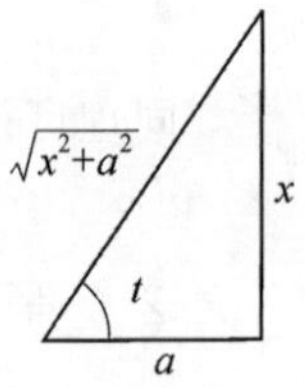

因此原积分

$$\int \frac{\mathrm{d}x}{\sqrt{x^2 + a^2}} = \ln\left| \frac{\sqrt{x^2 + a^2}}{a} + \frac{x}{a} \right| + C_1$$

$$= \ln(x + \sqrt{x^2 + a^2}) + C,$$

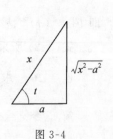

图 3-3

其中 $C = C_1 - \ln a$.

例 3.28　求 $\displaystyle\int \frac{\mathrm{d}x}{\sqrt{x^2 - a^2}}(a > 0)$.

解　考虑到被积函数的定义域是 $\{x \mid x \in (-\infty, -a) \cup (a, +\infty)\}$，于是

当 $x > a$ 时，令 $x = a\sec t, 0 < t < \dfrac{\pi}{2}$，则 $\mathrm{d}x = a\sec t\tan t\,\mathrm{d}t$，$\sqrt{x^2 - a^2} = \sqrt{a^2\sec^2 t - a^2} = a\tan t$. 于是

$$\int \frac{\mathrm{d}x}{\sqrt{x^2 - a^2}} = \int \frac{a\sec t\tan t}{a\tan t}\,\mathrm{d}t = \int \sec t\,\mathrm{d}t$$

$$= \ln|\sec t + \tan t| + C_1.$$

根据变换 $x = a\sec t$ 作辅助三角形（见图 3-4），有

$$\sec t = \frac{x}{a}, \tan t = \frac{\sqrt{x^2 - a^2}}{a},$$

图 3-4

因此原积分得

$$\int \frac{\mathrm{d}x}{\sqrt{x^2 - a^2}} = \ln \left| \frac{x}{a} + \frac{\sqrt{x^2 - a^2}}{a} \right| + C_1 = \ln \left| x + \sqrt{x^2 - a^2} \right| + C,$$

其中 $C = C_1 - \ln a$.

可验证上述结论在 $x < -a$ 时也成立. 即

$$\int \frac{\mathrm{d}x}{\sqrt{x^2 - a^2}} = \ln \left| x + \sqrt{x^2 - a^2} \right| + C.$$

注意　结合上面的三个实例, 我们可以总结出以下规律:

(1) 被积函数中含有 $\sqrt{a^2 - x^2}$, 可作三角代换 $x = a\sin t$ 或 $x = a\cos t$;

(2) 被积函数中含有 $\sqrt{a^2 + x^2}$, 可作三角代换 $x = a\tan t$ 或 $x = a\cot t$;

(3) 被积函数中含有 $\sqrt{x^2 - a^2}$, 可作三角代换 $x = a\sec t$ 或 $x = a\csc t$.

当然, 具体问题需要具体分析, 很多问题的积分方法并不唯一, 我们不要拘泥于某种固定的变量代换形式.

在本节的例题中, 有几个积分的结果可以作为基本公式使用, 于是, 我们的基本积分公式表得到了如下拓展.

---

(14) $\displaystyle\int \tan x \, \mathrm{d}x = -\ln |\cos x| + C$;

(15) $\displaystyle\int \cot x \, \mathrm{d}x = \ln |\sin x| + C$;

(16) $\displaystyle\int \sec x \, \mathrm{d}x = \ln |\sec x + \tan x| + C$;

(17) $\displaystyle\int \csc x \, \mathrm{d}x = \ln |\csc x - \cot x| + C$;

(18) $\displaystyle\int \frac{\mathrm{d}x}{a^2 + x^2} = \frac{1}{a}\arctan \frac{x}{a} + C$;

(19) $\displaystyle\int \frac{\mathrm{d}x}{a^2 - x^2} = \frac{1}{2a}\ln \left| \frac{a+x}{a-x} \right| + C \, (a \neq 0)$;

(20) $\displaystyle\int \frac{\mathrm{d}x}{\sqrt{a^2 - x^2}} = \arcsin \frac{x}{a} + C \, (a \neq 0)$;

(21) $\displaystyle\int \frac{\mathrm{d}x}{\sqrt{x^2 \pm a^2}} = \ln \left| x + \sqrt{x^2 \pm a^2} \right| + C \, (a \neq 0)$.

例 3.29　求 $\displaystyle\int \frac{x-1}{\sqrt{1-2x-x^2}}\mathrm{d}x$.

解法 1　$\displaystyle\int \frac{x-1}{\sqrt{1-2x-x^2}}\mathrm{d}x = -\frac{1}{2}\int \frac{-2x-2}{\sqrt{1-2x-x^2}}\mathrm{d}x - \int \frac{2}{\sqrt{1-2x-x^2}}\mathrm{d}x$

$\displaystyle = -\frac{1}{2}\int \frac{1}{\sqrt{1-2x-x^2}}\mathrm{d}(1-2x-x^2) - 2\int \frac{1}{\sqrt{1-\left(\frac{x+1}{\sqrt{2}}\right)^2}}\mathrm{d}\frac{x+1}{\sqrt{2}}$

$$= -\sqrt{1 - 2x - x^2} - 2\arcsin\frac{x+1}{\sqrt{2}} + C.$$

解法 2 因 $\sqrt{1 - 2x - x^2} = \sqrt{2 - (x+1)^2}$，令 $x + 1 = \sqrt{\sin t}$，$\sqrt{1 - 2x - x^2} = \sqrt{2}\cos t$，

$t = \arcsin\dfrac{x+1}{\sqrt{2}}$，则

$$\int \frac{x-1}{\sqrt{1 - 2x - x^2}}\mathrm{d}x = \int \frac{\sqrt{2}\sin t - 2}{\sqrt{2}\cos t}\sqrt{2}\cos t\,\mathrm{d}t = \int (\sqrt{2}\sin t - 2)\mathrm{d}t$$

$$= -\sqrt{2}\cos t - 2t + C$$

$$= -\sqrt{1 - 2x - x^2} - 2\arcsin\frac{x+1}{\sqrt{2}} + C.$$

例 3.30 求 $\displaystyle\int \frac{1}{x(1+x^3)}\mathrm{d}x$.

相对分子，分母的次数偏高.

解法 1 $\displaystyle\int \frac{1}{x(1+x^3)}\mathrm{d}x = \int \frac{(1+x^3) - x^3}{x(1+x^3)}\mathrm{d}x$

$$= \int \frac{1}{x}\mathrm{d}x - \int \frac{x^2}{1+x^3}\mathrm{d}x$$

$$= \ln|x| - \frac{1}{3}\int \frac{1}{1+x^3}\mathrm{d}(1+x^3)$$

$$= \ln|x| - \frac{1}{3}\ln|1+x^3| + C.$$

解法 2 令 $x = \dfrac{1}{t}$，则 $\mathrm{d}x = -\dfrac{1}{t^2}\mathrm{d}t$，有

$$\int \frac{1}{x(1+x^3)}\mathrm{d}x = \int \frac{1}{\dfrac{1}{t}\left(1 + \dfrac{1}{t^3}\right)}\left(-\frac{1}{t^2}\right)\mathrm{d}t = -\int \frac{t^2}{1+t^3}\mathrm{d}t$$

$$= -\frac{1}{3}\int \frac{1}{1+t^3}\mathrm{d}t^3 = -\frac{1}{3}\ln|1+t^3| + C$$

$$= -\frac{1}{3}\ln\left|\frac{1+x^3}{x^3}\right| + C$$

$$= \ln|x| - \frac{1}{3}\ln|1+x^3| + C.$$

注意 我们称例 3.30 的解法 2 中采用的 $x = \dfrac{1}{t}$ 换元法为倒代换法，一般来说，当被积函数分母次数较高时，可以尝试使用倒代换法进行积分运算. 另外，该例题除了上面提供的两种解法以外，还有其他解法，读者可以自行演算.

习　题　3.2

1. 在下列各式等号右端的空白处填入适当的式子,使等式成立:

(1) $\mathrm{d}x = \dfrac{1}{3}\mathrm{d}(\qquad)$;　　　　　　(2) $x\mathrm{d}x = -\dfrac{1}{4}\mathrm{d}(\qquad)$;

(3) $\mathrm{e}^{-2x}\mathrm{d}x = -\dfrac{1}{2}\mathrm{d}(\qquad)$;　　　　(4) $\mathrm{e}^{-\frac{x}{4}}\mathrm{d}x = -4\mathrm{d}(\qquad)$;

(5) $\sin 3x\mathrm{d}x = -\dfrac{1}{3}\mathrm{d}(\qquad)$;　　　(6) $\dfrac{1}{x}\mathrm{d}x = -\dfrac{3}{2}\mathrm{d}(\qquad)$;

(7) $\dfrac{1}{1+4x^2}\mathrm{d}x = \dfrac{1}{2}\mathrm{d}(\qquad)$;　　(8) $\dfrac{x}{\sqrt{1-x^2}}\mathrm{d}x = -\mathrm{d}(\qquad)$;

2. 利用第一类换元法求下列不定积分:

(1) $\displaystyle\int \cos 2x\mathrm{d}x$;　　　　　　(2) $\displaystyle\int \dfrac{1}{4+3x}\mathrm{d}x$;

(3) $\displaystyle\int \dfrac{\mathrm{d}x}{\mathrm{e}^x - \mathrm{e}^{-x}}$;　　　　　(4) $\displaystyle\int (2^x + 3^x)^2\mathrm{d}x$;

(5) $\displaystyle\int \dfrac{x}{1+x^2}\mathrm{d}x$;　　　　　(6) $\displaystyle\int \cos(2+3x)\mathrm{d}x$;

(7) $\displaystyle\int \dfrac{1}{2+5x^2}\mathrm{d}x$;　　　　(8) $\displaystyle\int \dfrac{\mathrm{d}x}{\sqrt{1-2x^2}}$;

(9) $\displaystyle\int x\sqrt{1-x^2}\mathrm{d}x$;　　　　(10) $\displaystyle\int \dfrac{x}{1+x^4}\mathrm{d}x$;

(11) $\displaystyle\int \dfrac{1}{x^2}\sin\dfrac{1}{x}\mathrm{d}x$;　　　　(12) $\displaystyle\int \dfrac{1}{\sqrt{x-x^2}}\mathrm{d}x$;

(13) $\displaystyle\int \dfrac{1}{x\ln x}\mathrm{d}x$;　　　　　(14) $\displaystyle\int \dfrac{x+\arctan x}{1+x^2}\mathrm{d}x$;

(15) $\displaystyle\int \cos^3 x\mathrm{d}x$;　　　　　(16) $\displaystyle\int \tan^{10} x\sec^2 x\mathrm{d}x$;

(17) $\displaystyle\int \sin 5x\cos 3x\mathrm{d}x$;　　　(18) $\displaystyle\int \dfrac{\sin x+\cos x}{\sqrt[3]{\sin x-\cos x}}\mathrm{d}x$;

(19) $\displaystyle\int \dfrac{x\tan\sqrt{1+x^2}}{\sqrt{1+x^2}}\mathrm{d}x$;　　(20) $\displaystyle\int \dfrac{2^{\arctan\sqrt{x}}}{\sqrt{x}(1+x)}\mathrm{d}x$.

3. 利用第二类换元法求下列不定积分:

(1) $\displaystyle\int \dfrac{\mathrm{d}x}{1+\sqrt{x-1}}$;　　　　(2) $\displaystyle\int \dfrac{\mathrm{d}x}{\sqrt{(1-x^2)^3}}$;

(3) $\displaystyle\int \dfrac{\mathrm{d}x}{1+\sqrt{2x}}$;　　　　(4) $\displaystyle\int x^2\sqrt[3]{1-x}\mathrm{d}x$;

$(5) \displaystyle\int \dfrac{\mathrm{d}x}{1+\sqrt{x-1}}$；

$(6) \displaystyle\int \dfrac{\mathrm{d}x}{\sqrt{(1-x^2)^3}}$；

$(7) \displaystyle\int \dfrac{x^2}{\sqrt{a^2-x^2}}\mathrm{d}x$；

$(8) \displaystyle\int \dfrac{\sqrt{a^2-x^2}}{x^4}\mathrm{d}x$；

$(9) \displaystyle\int \dfrac{\mathrm{d}x}{1+\sqrt{1-x^2}}$；

$(10) \displaystyle\int \dfrac{x^{15}}{(x^4-1)^3}\mathrm{d}x$；

$(11) \displaystyle\int \dfrac{1}{x}\sqrt{\dfrac{1-x}{x}}\mathrm{d}x$；

$(12) \displaystyle\int \dfrac{\mathrm{d}x}{\sqrt{\mathrm{e}^x+1}}$；

$(13) \displaystyle\int \dfrac{x+1}{x^2\sqrt{x^2-1}}\mathrm{d}x$；

$(14) \displaystyle\int \dfrac{\sqrt{x^2+1}}{x^4}\mathrm{d}x$．

习题 3.2 详解

3.3 不定积分的分部积分法

本节介绍的积分法称为分部积分法.

定理 3.5 设函数 $u(x)$、$v(x)$ 具有连续导数，则

$$\int u\mathrm{d}v = uv - \int v\mathrm{d}u. \tag{3-3}$$

证 由于 $u(x)$、$v(x)$ 具有连续导数，则有

$$\mathrm{d}(uv) = u\mathrm{d}v + v\mathrm{d}u,$$

对上式两边求不定积分，得

$$uv = \int u\mathrm{d}v + \int v\mathrm{d}u,$$

移项，得

$$\int u\mathrm{d}v = uv - \int v\mathrm{d}u,$$

公式 (3-3) 成立，证毕. 我们称公式 (3-3) 所采用的方法为分部积分法.

注意 从形式上看，分部积分法主要解决两种不同类型函数乘积的积分问题，当求积分 $\displaystyle\int u\mathrm{d}v$ 困难，而求积分 $\displaystyle\int v\mathrm{d}u$ 容易时，可以通过分部积分公式实现转化. 下面举例说明.

例 3.31 求 $\displaystyle\int x\cos x\mathrm{d}x$.

解 被积函数是幂函数与三角函数的乘积，怎样选取 u 和 $\mathrm{d}v$ 呢？

$$\int x\cos x \mathrm{d}x = \int x \mathrm{d}(\sin x)$$

$$= x\sin x - \int \sin x \mathrm{d}x$$

$$= x\sin x + \cos x + C.$$

取 $u = x, \mathrm{d}v = \mathrm{d}(\sin x)$.

如果改变 u 和 $\mathrm{d}v$ 的取法,则

$$\int x\cos x \mathrm{d}x = \int \cos x \mathrm{d}\left(\frac{1}{2}x^2\right)$$

$$= \frac{1}{2}x^2 \cos x - \frac{1}{2}\int x^2 \mathrm{d}\cos x,$$

取 $u = \cos x, \mathrm{d}v = \mathrm{d}\left(\dfrac{x^2}{2}\right)$.

由于幂函数幂次升高,导致等式右端的积分比等式左端的积分更困难.

由此可见,正确选取 u 和 $\mathrm{d}v$ 对于求解不定积分很关键,选取 u 和 $\mathrm{d}v$ 的一般原则为:

(1) 选作 $\mathrm{d}v$ 的部分应容易求得 v;

(2) $\displaystyle\int v\mathrm{d}u$ 要比 $\displaystyle\int u\mathrm{d}v$ 容易积出.

例 3.32　求 $\displaystyle\int x^2 \mathrm{e}^x \mathrm{d}x$.

解　$\displaystyle\int x^2 \mathrm{e}^x \mathrm{d}x = \int x^2 \mathrm{d}(\mathrm{e}^x)$

$$= x^2 \mathrm{e}^x - \int 2x\mathrm{e}^x \mathrm{d}x$$

$$= x^2 \mathrm{e}^x - 2\int x\mathrm{d}(\mathrm{e}^x)$$

$$= x^2 \mathrm{e}^x - 2x\mathrm{e}^x + 2\int \mathrm{e}^x \mathrm{d}x$$

$$= (x^2 - 2x + 2)\mathrm{e}^x + C.$$

取 $u = x^2, \mathrm{d}v = \mathrm{d}(\mathrm{e}^x)$.

注意　由上述例 3.31、3.32 可知,当被积函数是整数次幂函数与三角函数或与指数函数的乘积时,可考虑将幂函数取作 u,这样会给接下来的计算带来方便.一般地,关于 u 和 $\mathrm{d}v$ 的选取,我们有"反、对、幂、指、三"的经验规则,指的是按反三角函数、对数函数、幂函数、指数函数以及三角函数的顺序,被积函数若为其中某两个函数的乘积时,顺序排在前面的函数

取作 u，顺序排在后面的函数凑微分成为 $\mathrm{d}v$. 例如

例 3.33 求 $\displaystyle\int x^2 \ln x \mathrm{d}x$.

解 $\displaystyle\int x^2 \ln x \mathrm{d}x = \int \ln x \mathrm{d}\left(\frac{x^3}{3}\right)$

$$= \frac{1}{3}x^3 \ln x - \frac{1}{3}\int x^3 \cdot \frac{1}{x}\mathrm{d}x$$

$$= \frac{1}{3}x^3 \ln x - \frac{1}{9}x^3 + C.$$

> 取 $u = \ln x, \mathrm{d}v = \mathrm{d}\left(\dfrac{x^3}{3}\right)$.

当我们对于分部积分法运用得比较熟练后，就只要把被积表达式凑成 $u\mathrm{d}v$ 的形式，而不必再把 u、$\mathrm{d}v$ 具体写出来.

例 3.34 求 $\displaystyle\int \ln(1+x^2)\mathrm{d}x$.

解 $\displaystyle\int \ln(1+x^2)\mathrm{d}x = x\ln(1+x^2) - \int \frac{2x^2}{1+x^2}\mathrm{d}x$

$$= x\ln(1+x^2) - \int \frac{2(x^2+1)-2}{1+x^2}\mathrm{d}x$$

$$= x\ln(1+x^2) - \int 2\mathrm{d}x + 2\int \frac{\mathrm{d}x}{1+x^2}$$

$$= x\ln(1+x^2) - 2x + 2\arctan x + C.$$

例 3.35 求 $\displaystyle\int x^2 \arctan x \mathrm{d}x$.

解 $\displaystyle\int x^2 \arctan x \mathrm{d}x = \int \arctan x \mathrm{d}\left(\frac{x^3}{3}\right) = \frac{1}{3}x^3 \arctan x - \frac{1}{3}\int \frac{x^3}{1+x^2}\mathrm{d}x$

$$= \frac{1}{3}x^3 \arctan x - \frac{1}{3}\int \frac{x^3+x-x}{1+x^2}\mathrm{d}x$$

$$= \frac{1}{3}x^3 \arctan x - \frac{1}{3}\int \left(x - \frac{x}{1+x^2}\right)\mathrm{d}x$$

$$= \frac{1}{3}x^3 \arctan x - \frac{1}{3}\int x\mathrm{d}x + \frac{1}{3}\int \frac{x}{1+x^2}\mathrm{d}x$$

$$= \frac{1}{3}x^3 \arctan x - \frac{1}{6}x^2 + \frac{1}{6}\int \frac{1}{1+x^2}\mathrm{d}(1+x^2)$$

$$= \frac{1}{3}x^3 \arctan x - \frac{1}{6}x^2 + \frac{1}{6}\ln(1+x^2) + C.$$

例 3.36 求 $\displaystyle\int \mathrm{e}^x \cos x \mathrm{d}x$.

解 $\displaystyle\int \mathrm{e}^x \cos x \mathrm{d}x = \int \mathrm{e}^x \mathrm{d}(\sin x) = \mathrm{e}^x \sin x - \int \mathrm{e}^x \sin x \mathrm{d}x$

$$= e^x \sin x + \int e^x d(\cos x)$$

$$= e^x \sin x + e^x \cos x - \int e^x \cos x dx,$$

所以
$$\int e^x \cos x dx = \frac{1}{2} e^x (\sin x + \cos x) + C.$$

注意　像例 3.36 这样,经过两次分部积分,使得所求的积分重新出现的问题是比较常见的.但应注意,两次分部积分时,需将相同类型的函数取作 u.当积分过程中产生所求的积分表达式时,将它移到等式左边合并,即可解出积分的结果.

例 3.37　求 $\int \sec^3 x dx$.

解　$\int \sec^3 x dx = \int \sec x d(\tan x) = \sec x \tan x - \int \tan^2 x \sec x dx$

$$= \sec x \tan x - \int (\sec^2 x - 1) \sec x dx$$

$$= \sec x \tan x - \int \sec^3 x dx + \int \sec x dx$$

$$= \sec x \tan x + \ln|\sec x + \tan x| - \int \sec^3 x dx,$$

所以
$$\int \sec^3 x dx = \frac{1}{2} \sec x \tan x + \frac{1}{2} \ln|\sec x + \tan x| + C.$$

例 3.38　求 $\int e^{\sqrt{x}} dx$.

解　令 $\sqrt{x} = t$,则 $x = t^2$,$dx = 2t dt$,于是
$$\int e^{\sqrt{x}} dx = \int e^t \cdot 2t dt = 2\int t e^t dt = 2\int t d(e^t)$$

$$= 2\left(t e^t - \int e^t dt\right) = 2(t-1)e^t + C$$

$$= 2(\sqrt{x} - 1)e^{\sqrt{x}} + C.$$

注意　换元积分法和分部积分法搭配在一起使用,往往可以提高解题效率.

例 3.39　已知 $f(x) = \dfrac{e^x}{x}$,求 $\int x f''(x) dx$.

解　$\int x f''(x) dx = \int x d(f'(x)) = x f'(x) - \int f'(x) dx$

$$= x f'(x) - f(x) + C,$$

又 $f(x) = \dfrac{e^x}{x}$,$f'(x) = \dfrac{x e^x - e^x}{x^2} = \dfrac{e^x(x-1)}{x^2}$,$x f'(x) = \dfrac{e^x(x-1)}{x}$,则

$$\int x f''(x) dx = \frac{e^x(x-1)}{x} - \frac{e^x}{x} + C = \frac{e^x(x-2)}{x} + C.$$

例 3.40　求 $I_n = \int \sin^n x dx$,$(n \in \mathbf{Z}^+)$.

$$I_n = \int \sin^n x \, dx = -\int \sin^{n-1} x \, d\cos x$$

$$= -\sin^{n-1} x \cos x + (n-1) \int \sin^{n-2} x \cos^2 x \, dx$$

$$= -\sin^{n-1} x \cos x + (n-1) \int \sin^{n-2} x (1 - \sin^2 x) \, dx$$

$$= -\sin^{n-1} x \cos x + (n-1)(I_{n-2} - I_n),$$

于是

$$I_n = -\frac{1}{n} \sin^{n-1} x \cos x + \frac{n-1}{n} I_{n-2}, (n = 2, 3, 4, \cdots),$$

其中 $I_0 = x + C, I_1 = -\cos x + C.$

习 题 3.3

1. 求下列不定积分：

(1) $\int x e^{2x} \, dx$；

(2) $\int x \ln(x-1) \, dx$；

(3) $\int \dfrac{x}{\sin^2 x} \, dx$；

(4) $\int x^2 \sin 3x \, dx$；

(5) $\int \arcsin x \, dx$；

(6) $\int \arctan x \, dx$；

(7) $\int x \cos^2 x \, dx$；

(8) $\int x \cos \dfrac{x}{2} \, dx$；

(9) $\int x \tan^2 x \, dx$；

(10) $\int \ln^2 x \, dx$；

(11) $\int \cos(\ln x) \, dx$；

(12) $\int x \sin x \cos x \, dx$；

(13) $\int \dfrac{\ln(1+e^x)}{e^x} \, dx$；

(14) $\int \sqrt{x} e^{\sqrt{x}} \, dx$；

(15) $\int \dfrac{\ln(1+x)}{\sqrt{x}} \, dx$；

(16) $\int \dfrac{\arcsin \sqrt{x}}{\sqrt{1-x}} \, dx$.

2. 设 $F(x)$ 为 $f(x)$ 的一个原函数，$F(0) = 1, F(x) > 0$，且当 $x \geqslant 0$ 时，有 $f(x)F(x) = \dfrac{x e^x}{2(1+x)^2}$，求 $f(x)$.

习题 3.3 详解

3.4 有理函数的积分

本节我们主要介绍一些比较简单的特殊类型函数的不定积分,包括有理函数的积分与可化为有理函数的积分,如简单无理函数、三角有理式的积分等.

3.4.1 有理函数的积分

有理函数是指两个多项式的商:

$$R(x)=\frac{P(x)}{Q(x)}=\frac{a_0x^n+a_1x^{n-1}+\cdots+a_n}{b_0x^m+b_1x^{m-1}+\cdots b_m},\tag{3-4}$$

其中 m、n 为非负整数,$a_0,a_1,\cdots,a_n$ 和 $b_0,b_1,\cdots,b_m$ 都是实数,且 $a_0\neq0,b_0\neq0$.并假定多项式 $P(x)$ 与 $Q(x)$ 之间没有公因式.

当 $m\geq n$ 时,称 $R(x)=\frac{P(x)}{Q(x)}$ 为有理真分式,例如 $R(x)=\frac{x-9}{x^2-8x+15}$;

当 $m<n$ 时,称 $R(x)=\frac{P(x)}{Q(x)}$ 为有理假分式,例如 $R(x)=\frac{x^5+x^4-8}{x^3-x}$.

注意 利用多项式的除法可以实现假分式向多项式与真分式的转化,例如

$$\frac{x^5+3x^2-2x+1}{x^3+x}=x^2-1+\frac{3x^2-x+1}{x^3+x}.$$

而多项式的不定积分比较容易求得,于是我们只需考虑真分式 $R(x)=\frac{P(x)}{Q(x)}$ 的不定积分,可以按下面的三个步骤加以实现:

(1)将分母多项式 $Q(x)$ 在实数范围内分解成一次式和二次质因式的乘积,分解结果只含 $(x-a)^k$、$(x^2+px+q)^l$ 两种类型的因式,其中 $p^2-4q<0,k$、l 为正整数.

(2)将真分式 $R(x)=\frac{P(x)}{Q(x)}$ 依据分母的分解拆分成有限个形如 $\frac{A}{(x-a)^k}$ 和 $\frac{Bx+C}{(x^2+px+q)^k}$ 的简单真分式之和.

(3)对拆分后的简单真分式逐个求不定积分,这些积分结果之和就是真分式 $R(x)=\frac{P(x)}{Q(x)}$ 的不定积分.

例 3.41 求 $\displaystyle\int\frac{x-9}{x^2-8x+15}\mathrm{d}x$.

解 被积函数是真分式,分解分母得 $x^2-8x+15=(x-3)(x-5)$,于是设

第一步:分母的因式分解.

$$\frac{x-9}{x^2-8x+15} = \frac{x-9}{(x-3)(x-5)} = \frac{A}{x-3} + \frac{B}{x-5},$$

其中 A、B 为待定系数,进一步可得

$$x-9 = A(x-5) + B(x-3) = (A+B)x - (5A+3B),$$

比较系数,得

$$\begin{cases} A+B=1, \\ 5A+3B=9. \end{cases}$$

解得 $A=3$,$B=-2$,即

$$\frac{x-9}{x^2-8x+15} = \frac{3}{x-3} - \frac{2}{x-5},$$

于是,原积分

$$\int \frac{x-9}{x^2-8x+15} dx = \int \frac{3}{x-3} dx - \int \frac{2}{x-5} dx$$

$$= 3\ln|x-3| - 2\ln|x-5| + C.$$

例 3.42 求 $\int \frac{x^5+3x^2-2x+1}{x^3+x} dx$.

解 被积函数是假分式,分解如下

$$\frac{x^5+3x^2-2x+1}{x^3+x} = x^2 - 1 + \frac{3x^2-x+1}{x^3+x},$$

进一步将上式右端的真分式进行简单分式的分解,设

$$\frac{3x^2-x+1}{x^3+x} = \frac{A}{x} + \frac{Bx+C}{x^2+1},$$

其中 A、B、C 为待定系数,进一步可得

$$3x^2 - x + 1 = A(x^2+1) + x(Bx+C) = (A+B)x^2 + Cx + A,$$

比较系数,得

$$\begin{cases} A+B=3, \\ C=-1, \\ A=1. \end{cases}$$

解得 $A=1, B=2, C=-1$, 即

$$\frac{3x^2-x+1}{x^3+x} = \frac{1}{x} + \frac{2x-1}{x^2+1},$$

于是, 原积分

$$\int \frac{x^5+3x^2-2x+1}{x^3+x} \mathrm{d}x = \int (x^2-1)\mathrm{d}x + \int \frac{1}{x}\mathrm{d}x + \int \frac{2x-1}{1+x^2}\mathrm{d}x$$

$$= \frac{x^3}{3} - x + \ln|x| + \int \frac{1}{1+x^2}\mathrm{d}(x^2+1) - \int \frac{1}{1+x^2}\mathrm{d}x$$

$$= \frac{x^3}{3} - x + \ln|x| + \ln(1+x^2) - \arctan x + C.$$

例 3.43　求 $\displaystyle\int \frac{3x^3+4x^2-7x-1}{(x+1)^2(x^2-x+1)}\mathrm{d}x$.

解　被积函数是真分式, 设

$$\frac{3x^3+4x^2-7x-1}{(x+1)^2(x^2-x+1)} = \frac{A}{x+1} + \frac{B}{(x+1)^2} + \frac{Cx+D}{x^2-x+1},$$

其中 A、B、C、D 为待定系数, 进一步可得

$$3x^3+4x^2-7x-1 = A(x+1)(x^2-x+1) + B(x^2-x+1) + (Cx+D)(x+1)^2$$

$$= (A+C)x^3 + (B+2C+D)x^2 + (-B+C+2D)x + (A+B+D),$$

比较系数, 得

$$\begin{cases} A+C=3, \\ B+2C+D=4, \\ -B+C+2D=-7, \\ A+B+D=-5. \end{cases}$$

解得 $A=-1, B=1, C=4, D=-5$, 即

$$\frac{3x^3+4x^2-7x-1}{(x+1)^2(x^2-x+1)} = \frac{-1}{x+1} + \frac{1}{(x+1)^2} + \frac{4x-5}{x^2-x+1},$$

于是, 原积分

$$\int \frac{3x^3+4x^2-7x-1}{(x+1)^2(x^2-x+1)}\mathrm{d}x = -\int \frac{1}{x+1}\mathrm{d}x + \int \frac{1}{(x+1)^2}\mathrm{d}x + \int \frac{4x-5}{x^2-x+1}\mathrm{d}x$$

$$= -\ln|x+1| - \frac{1}{x+1} + \int \frac{2(2x-1)-3}{x^2-x+1}\mathrm{d}x$$

$$= -\ln|x+1| - \frac{1}{x+1} + 2\int \frac{\mathrm{d}(x^2-x+1)}{x^2-x+1} - 3\int \frac{1}{x^2-x+1}\mathrm{d}x$$

$$= -\ln|x+1| - \frac{1}{x+1} + 2\ln(x^2-x+1) - 3\int \frac{1}{\left(x-\frac{1}{2}\right)^2 + \left(\frac{\sqrt{3}}{2}\right)^2}\mathrm{d}\left(x-\frac{1}{2}\right)$$

$$= -\ln|x+1| - \frac{1}{x+1} + 2\ln(x^2-x+1) - 2\sqrt{3}\arctan\frac{2x-1}{\sqrt{3}} + C.$$

虽然上面介绍的方法对求解有理函数的不定积分是普遍适用的, 但我们应该结合被积

函数的实际特征,灵活选用各种积分方法.

例 3.44 求 $\int \dfrac{x}{(x^2+1)(x^2+4)}\mathrm{d}x$.

解 $\displaystyle\int \frac{x}{(x^2+1)(x^2+4)}\mathrm{d}x = \frac{1}{2}\int \frac{\mathrm{d}x^2}{(x^2+1)(x^2+4)}$

$$= \frac{1}{6}\left[\int \frac{\mathrm{d}x^2}{x^2+1} - \int \frac{\mathrm{d}x^2}{x^2+4}\right] = \frac{1}{6}\ln\frac{x^2+1}{x^2+4} + C.$$

> 此题如果采用上面介绍的裂项分解方法,计算量会大很多.

例 3.45 求 $\int \dfrac{2x^3+2x^2+5x+5}{x^4+5x^2+4}\mathrm{d}x$.

解 $\displaystyle\int \frac{2x^3+2x^2+5x+5}{x^4+5x^2+4}\mathrm{d}x = \int \frac{2x^3+5x}{x^4+5x^2+4}\mathrm{d}x + \int \frac{2x^2+5}{x^4+5x^2+4}\mathrm{d}x$

$$= \frac{1}{2}\int \frac{\mathrm{d}(x^4+5x^2+4)}{x^4+5x^2+4} + \int \frac{x^2+1+x^2+4}{(x^2+1)(x^2+4)}\mathrm{d}x$$

$$= \frac{1}{2}\ln|x^4+5x^2+4| + \int \frac{1}{x^2+4}\mathrm{d}x + \int \frac{1}{x^2+1}\mathrm{d}x$$

$$= \frac{1}{2}\ln|x^4+5x^2+4| + \frac{1}{2}\arctan\frac{x}{2} + \arctan x + C.$$

3.4.2 可化为有理函数的积分举例

例 3.46 求 $\int \dfrac{1}{\sqrt[4]{x}+\sqrt{x}}\mathrm{d}x$.

解 变无理式为有理式,做变量替换 $t = \sqrt[4]{x}$,则 $x = t^4$,$\mathrm{d}x = 4t^3\mathrm{d}t$,则

$$\int \frac{\mathrm{d}x}{\sqrt[4]{x}+\sqrt{x}} = \int \frac{4t^3}{t+t^2}\mathrm{d}t = 4\int \frac{t^2}{1+t}\mathrm{d}t$$

$$= 4\int \frac{t^2-1+1}{1+t}\mathrm{d}t = 4\int\left(t-1+\frac{1}{1+t}\right)\mathrm{d}t$$

$$= 2t^2 - 4t + 4\ln(1+t) + C$$

$$= 2\sqrt{x} - 4\sqrt[4]{x} + 4\ln(1+\sqrt[4]{x}) + C.$$

例 3.47 求 $\int \dfrac{\mathrm{d}x}{x-\sqrt[3]{3x+2}}$.

解 变无理式为有理式,做变量替换 $t = \sqrt[3]{3x+2}$,则 $x = \dfrac{1}{3}(t^3-2)$,$\mathrm{d}x = t^2\mathrm{d}t$,则

$$\int \frac{\mathrm{d}x}{x-\sqrt[3]{3x+2}} = \int \frac{3t^2}{t^3-3t-2}\mathrm{d}t$$

$$= \int \frac{4}{3(t-2)}\mathrm{d}t + \int \frac{5}{3(t+1)}\mathrm{d}t - \int \frac{1}{(t+1)^2}\mathrm{d}t$$

$$= \frac{4}{3}\ln|t - 2| + \frac{5}{3}\ln(t + 1) + \frac{1}{t + 1} + C$$

$$= \frac{4}{3}\ln\left|\sqrt[3]{3x + 2} - 2\right| + \frac{5}{3}\ln\left|\sqrt[3]{3x + 2} + 1\right| + \frac{1}{\sqrt[3]{3x + 2} + 1} + C.$$

注意 像例 3.46、3.47 这样的简单无理函数积分,可以采用变量替换的方法把无理函数变为有理函数,再套用有理函数的积分方法实施计算.

如果被积函数是三角有理式,即被积函数是由三角函数及常数经过有限次四则运算所构成的函数,由于 $\tan x$、$\cot x$、$\sec x$、$\csc x$ 都可以用 $\sin x$ 和 $\cos x$ 的有理式来表示,所以三角有理式总可以写成 $\sin x$ 和 $\cos x$ 为变量的有理函数 $R(\sin x, \cos x)$ 的形式. 又因为

$$\sin x = 2\sin\frac{x}{2}\cos\frac{x}{2} = \frac{2\tan\frac{x}{2}}{\sec^2\frac{x}{2}} = \frac{2\tan\frac{x}{2}}{1 + \tan^2\frac{x}{2}},$$

$$\cos x = \cos^2\frac{x}{2} - \sin^2\frac{x}{2} = \frac{1 - \tan^2\frac{x}{2}}{\sec^2\frac{x}{2}} = \frac{1 - \tan^2\frac{x}{2}}{1 + \tan^2\frac{x}{2}},$$

故引入代换

$$\tan\frac{x}{2} = t, \mathrm{d}x = \frac{2}{1 + t^2}\mathrm{d}t$$

我们称该代换为"**万能代换**".

可将三角有理式的积分转化为有理函数的积分,即

$$\int R(\sin x, \cos x)\mathrm{d}x = \int R\left(\frac{2t}{1 + t^2}, \frac{1 - t^2}{1 + t^2}\right) \cdot \frac{2}{1 + t^2}\mathrm{d}t.$$

例 3.48 求 $\displaystyle\int \frac{\mathrm{d}x}{1 + \sin x + \cos x}$.

解 令 $t = \tan\dfrac{x}{2}$,则 $\sin x = \dfrac{2t}{1 + t^2}$,$\cos x = \dfrac{1 - t^2}{1 + t^2}$,$\mathrm{d}x = \dfrac{2\mathrm{d}t}{1 + t^2}$,则

$$\int \frac{\mathrm{d}x}{1 + \sin x + \cos x} = \int \frac{\dfrac{2\mathrm{d}t}{1 + t^2}}{1 + \dfrac{2t}{1 + t^2} + \dfrac{1 - t^2}{1 + t^2}}$$

$$= \int \frac{\mathrm{d}t}{1 + t} = \ln|1 + t| + C = \ln\left|1 + \tan\frac{x}{2}\right| + C.$$

例 3.49 求 $\displaystyle\int \frac{\mathrm{d}x}{(2 + \cos x)\sin x}$.

解 令 $t = \tan\dfrac{x}{2}$,则 $\sin x = \dfrac{2t}{1 + t^2}$,$\cos x = \dfrac{1 - t^2}{1 + t^2}$,$\mathrm{d}x = \dfrac{2\mathrm{d}t}{1 + t^2}$,则

$$\int \frac{\mathrm{d}x}{(2+\cos x)\sin x} = \int \frac{1+t^2}{(t^2+3)t}\mathrm{d}t = \int \left(\frac{2}{3} \cdot \frac{t}{t^2+3} + \frac{1}{3} \cdot \frac{1}{t}\right)\mathrm{d}t$$

$$= \frac{1}{3}\int \frac{\mathrm{d}(t^2+3)}{t^2+3} + \frac{1}{3}\int \frac{1}{t}\mathrm{d}t = \frac{1}{3}\ln(t^3+3t) + C$$

$$= \frac{1}{3}\ln\left(\tan^3\frac{x}{2} + 3\tan\frac{x}{2}\right) + C.$$

当然,我们仍应该结合实际情况,灵活选用尽可能简捷的积分方法.

例 3.50　求 $\displaystyle\int \frac{\mathrm{d}x}{(\sin x + \cos x)^2}$.

解　$\displaystyle\int \frac{\mathrm{d}x}{(\sin x + \cos x)^2} = \int \frac{\mathrm{d}x}{\left[\sqrt{2}\sin\left(x+\frac{\pi}{4}\right)\right]^2} = \frac{1}{2}\int \csc^2\left(x+\frac{\pi}{4}\right)\mathrm{d}x$

$$= -\frac{1}{2}\cot\left(x+\frac{\pi}{4}\right) + C.$$

通过本章前面四节的学习,我们掌握了不定积分的几种基本方法,同时我们也可以体会到,求积分往往比求导数困难.一些看似简单的初等函数,其不定积分甚至不能用初等函数来表示.例如

$$\int \frac{\sin x}{x}\mathrm{d}x, \int \sin x^2\,\mathrm{d}x, \int \mathrm{e}^{-x^2}\,\mathrm{d}x, \int \frac{1}{\ln x}\mathrm{d}x, \int \frac{1}{\sqrt{1+x^4}}\mathrm{d}x$$

等,我们称这些积分是积不出来的,由此可见,关于积分方法的探讨我们还需要进一步深入学习和研究.

习　题　3.4

求下列不定积分

(1) $\displaystyle\int \frac{x+1}{x^2-5x+6}\mathrm{d}x$;

(2) $\displaystyle\int \frac{x-2}{x^2(x+1)}\mathrm{d}x$;

(3) $\displaystyle\int \frac{x^2}{x^3-1}\mathrm{d}x$;

(4) $\displaystyle\int \frac{x\,\mathrm{d}x}{(x+1)(x+2)(x+3)}$;

(5) $\displaystyle\int \frac{x^5+x^4-8}{x^3-x}\mathrm{d}x$;

(6) $\displaystyle\int \frac{2x^4-x^3-x+1}{x^3+x}\mathrm{d}x$;

(7) $\displaystyle\int \frac{x}{\sqrt{3x+1}+\sqrt{2x+1}}\mathrm{d}x$;

(8) $\displaystyle\int \frac{x}{\sqrt[3]{3x+1}}\mathrm{d}x$;

(9) $\displaystyle\int \frac{1+\sin x}{\sin x(1+\cos x)}\mathrm{d}x$;

(10) $\displaystyle\int \frac{\mathrm{d}x}{\sin 2x+2\sin x}$.

习题 3.4 详解

3.5　定积分的概念与性质

定积分是微积分学中又一个重要的基本概念,它起源于求图形的面积和体积等实际问题,我们先从分析和解决几个典型问题入手,来看定积分的概念是怎样从原型中抽象出来的.

3.5.1　定积分问题举例

1.曲边梯形的面积

在平面直角坐标系中,由直线 $x=a$、$x=b$、$y=0$ 及连续曲线 $y=f(x)(f(x)\geqslant 0)$ 所围成的图形(如图 3-5 所示)称为**曲边梯形**,我们试着来求该曲边梯形的面积 A.

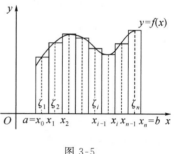

图 3-5

对于曲边梯形,由于在底边上各点处的高 $f(x)$ 在区间 $[a,b]$ 是变动的,所以它的面积不能直接按公式"矩形面积=底×高"计算,但注意到 $f(x)$ 是连续函数,在很小一段区间上变化很小,可近似地看成不变. 因此,如果把区间 $[a,b]$ 划分为许多小区间,并因此将曲边梯形分割成许多窄条形的小曲边梯形,我们可以用这些小矩形的面积之和近似代替曲边梯形的面积. 基于这一事实,我们通过如下步骤来计算曲边梯形的面积 A.

(1)近似:在区间 $[a,b]$ 内任意插入 $n-1$ 个分点

$$a=x_0<x_1<x_2<\cdots<x_{i-1}<x_i<\cdots<x_{n-1}<x_n=b,$$

记 $[a,b]$ 的 n 个小区间 $[x_0,x_1]$,$[x_1,x_2]$,$\cdots$,$[x_{i-1},x_i]$,$\cdots$,$[x_{n-1},x_n]$ 的长度依次为 $\Delta x_1=x_1-x_0$,$\Delta x_2=x_2-x_1$,$\cdots$,$\Delta x_i=x_i-x_{i-1}$,$\cdots$,$\Delta x_n=x_n-x_{n-1}$,在每个小区间 $[x_{i-1},x_i]$ 上任取一点 ξ_i,以底边长为 Δx_i、高为 $f(\xi_i)$ 的小矩形面积 $f(\xi_i)\Delta x_i$ 近似代替第 $i(i=1,2,\cdots,n)$ 个小曲边梯形的面积.

(2)求和:将 n 个小矩形的面积相加,得原曲边梯形面积 A 的近似值

$$A\approx f(\xi_1)\Delta x_1+f(\xi_2)\Delta x_2+\cdots+f(\xi_n)\Delta x_n=\sum_{i=1}^{n}f(\xi_i)\Delta x_i.$$

(3)逼近:对区间 $[a,b]$ 分割越细密,和式 $\sum\limits_{i=1}^{n}f(\xi_i)\Delta x_i$ 作为原曲边梯形面积 A 近似值的近似程度将越高,为此,记 $\lambda=\max\{\Delta x_1,\Delta x_2,\cdots,\Delta x_n\}$,并令 $\lambda\to 0$,则和式 $\sum\limits_{i=1}^{n}f(\xi_i)\Delta x_i$ 的极限就是原曲边梯形面积 A 的值. 即

$$A=\lim_{\lambda\to 0}\sum_{i=1}^{n}f(\xi_i)\Delta x_i.$$

2. 变速直线运动的路程

设某物体做直线运动,已知速度 $v = v(t)$ 是时间间隔 $[T_1, T_2]$ 上的连续函数,且 $v(t) \geqslant 0$,我们试着求这段时间内物体所经过的路程 s.

考虑到物体做变速直线运动,路程不能直接按公式"路程 $=$ 速度 $\times$ 时间"计算,但由于 $v(t)$ 是连续函数,当 t 在一个很小的区间上变化时,速度 $v(t)$ 的变化也很小,我们可用完全类似于求曲边梯形面积的方法来求变速直线运动的路程.

(1) 近似:在时间间隔 $[T_1, T_2]$ 内任意插入 $n-1$ 个分点

$$T_1 = t_0 < t_1 < t_2 < \cdots < t_{i-1} < t_i < \cdots < t_{n-1} < t_n = T_2,$$

记 $[T_1, T_2]$ 的 n 个小时段 $[t_0, t_1], [t_1, t_2], \cdots, [t_{i-1}, t_i], \cdots, [t_{n-1}, t_n]$ 的时长依次为

$$\Delta t_1 = t_1 - t_0, \Delta t_2 = t_2 - t_1, \cdots, \Delta t_i = t_i - t_{i-1}, \cdots, \Delta t_n = t_n - t_{n-1},$$

在每个小时段 $[t_{i-1}, t_i]$ 内任取一个时刻 τ_i,以时长 Δt_i 与时刻 τ_i 的速度 $v(\tau_i)$ 的乘积 $v(\tau_i)\Delta t_i$ 近似代替物体在第 $i(i = 1, 2, \cdots, n)$ 个小时段上的路程.

(2) 求和:把 n 个小时段上的路程相加,得路程 s 的近似值

$$s \approx v(\tau_1)\Delta t_1 + v(\tau_2)\Delta t_2 + \cdots + v(\tau_n)\Delta t_n = \sum_{i=1}^{n} v(\tau_i)\Delta t_i.$$

(3) 逼近:记 $\lambda = \max\{\Delta t_1, \Delta t_2, \cdots, \Delta t_n\}$,则当 $\lambda \to 0$ 时,上述和式的极限就是所求变速直线运动的路程

$$s = \lim_{\lambda \to 0} \sum_{i=1}^{n} v(\tau_i)\Delta t_i.$$

3.5.2 定积分的定义

从上面两个实际问题的讨论可知,尽管它们各自的具体内容不同,但它们解决问题的方法与步骤相同,并且所求的整体量表示为相同结构的一种特定和式的极限:

曲边梯形面积 $A = \lim_{\lambda \to 0} \sum_{i=1}^{n} f(\xi_i)\Delta x_i$;

变速直线运动的路程 $s = \lim_{\lambda \to 0} \sum_{i=1}^{n} v(\tau_i)\Delta t_i.$

类似这样的实际问题还有很多,我们提炼它们在数量关系上共同的本质与特性加以概括,可以抽象出下列定积分的定义.

定义 3.3 设函数 $f(x)$ 在 $[a, b]$ 上有界,在 $[a, b]$ 内任意插入 $n-1$ 个分点

$$a = x_0 < x_1 < \cdots < x_{n-1} < x_n = b,$$

把区间 $[a, b]$ 分成 n 个小区间

$$[x_0, x_1], [x_1, x_2], \cdots, [x_{n-1}, x_n],$$

各个小区间的长度依次为

$$\Delta x_1 = x_1 - x_0, \Delta x_2 = x_2 - x_1, \cdots, \Delta x_n = x_n - x_{n-1};$$

在每个小区间$[x_{i-1},x_i]$上任取一介点$\xi_i(x_{i-1}\leqslant\xi_i\leqslant x_i)$,作函数值$f(\xi_i)$与小区间长度$\Delta x_i$的乘积$f(\xi_i)\Delta x_i(i=1,2,\cdots,n)$,并求和

$$S=\sum_{i=1}^n f(\xi_i)\Delta x_i,$$

记$\lambda=\max\{\Delta x_1,\Delta x_2,\cdots,\Delta x_n\}$,如果不论对$[a,b]$怎样分法,也不论在小区间$[x_{i-1},x_i]$上点$\xi_i$怎样选取,只要当$\lambda\to0$时,和式$S$总趋于确定的极限$I$,则称该极限$I$为函数$f(x)$在区间$[a,b]$上的定积分(简称积分),记作

$$\int_a^b f(x)\mathrm{d}x,$$

即
$$\int_a^b f(x)\mathrm{d}x=I=\lim_{\lambda\to0}\sum_{i=1}^n f(\xi_i)\Delta x_i,$$

其中$f(x)$称为被积函数,$f(x)\mathrm{d}x$称为被积表达式,x称为积分变量,a称为积分下限,b称为积分上限,$[a,b]$称为积分区间,如果$f(x)$在$[a,b]$上的定积分存在,则称函数$f(x)$在$[a,b]$上可积.因此,上述定义提供了一种求解定积分的极限方法,读者可以参考《微积分及其应用导学(上册)》3.5节中的介绍,这里就不进一步展开了.

注意　由定积分的定义可知,它是一个确定的数值.这个数值仅与被积函数$f(x)$及积分区间$[a,b]$有关.如果既不改变被积函数$f(x)$,也不改变积分区间$[a,b]$,只是把积分变量x改成其他字母,如t或u,这时和的极限I是不变的,也就是定积分的值不变.即

$$\int_a^b f(x)\mathrm{d}x=\int_a^b f(t)\mathrm{d}t=\int_a^b f(u)\mathrm{d}u.$$

对于定积分,$f(x)$在区间$[a,b]$上满足什么条件才可积?《微积分及其应用导学(上册)》3.5节进行了一些探讨,本书就不做深入讨论,只不加证明地给出以下三个充分条件.

定理 3.6　如果函数$f(x)$在区间$[a,b]$上连续,则$f(x)$在$[a,b]$上可积.

定理 3.7　如果函数$f(x)$在区间$[a,b]$上有界,且只有有限个间断点,则$f(x)$在$[a,b]$上可积.

定理 3.8　如果函数$f(x)$在区间$[a,b]$上单调,则$f(x)$在$[a,b]$上可积.

利用定积分的定义,前面所讨论的两个实际问题可以分别表述如下:

曲线$y=f(x)(f(x)\geqslant0)$、x轴及两条直线$x=a$、$x=b$所围成的曲边梯形的面积A等于函数$f(x)$在区间$[a,b]$上的定积分,即

$$A=\int_a^b f(x)\mathrm{d}x.$$

物体以速度$v=v(t)(v(t)\geqslant0)$做直线运动,从时刻$t=T_1$到时刻$t=T_2$,该物体所经过的路程s等于函数$v(t)$在区间$[T_1,T_2]$上的定积分,即

$$s=\int_{T_1}^{T_2} v(t)\mathrm{d}t.$$

关于定积分的几何意义,我们可以用曲边梯形的面积来说明:

当$f(x)\geqslant0$时,定积分$\int_a^b f(x)\mathrm{d}x$在几何上表示由曲线$y=f(x)$、直线$x=a$、$x=b$与

x 轴所围成的位于 x 轴上方的曲边梯形(如图 3-6 所示)的面积.

当 $f(x) \leqslant 0$ 时,定积分 $\int_a^b f(x)\mathrm{d}x$ 在几何上表示由曲线 $y = f(x)$、直线 $x = a$、$x = b$ 与 x 轴所围成的位于 x 轴下方的曲边梯形(如图 3-7 所示)的面积的负值.

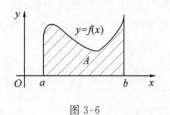

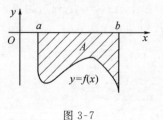

图 3-6

图 3-7

当 $f(x)$ 在区间 $[a,b]$ 上正、负均有取值时,定积分 $\int_a^b f(x)\mathrm{d}x$ 在几何上表示由曲线 $y = f(x)$、直线 $x = a$、$x = b$ 与 x 轴所围成的 x 轴上方的图形面积与 x 轴下方的图形面积之差(如图 3-8 所示),即

$$\int_a^b f(x)\mathrm{d}x = A_1 - A_2 + A_3 - A_4 + A_5.$$

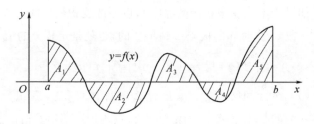

图 3-8

3.5.3 定积分的性质

为了应用和计算的方便,我们先对定积分做以下两点补充规定:

(1) 当 $a = b$ 时,$\int_a^b f(x)\mathrm{d}x = 0$;

(2) 当 $a \neq b$ 时,$\int_a^b f(x)\mathrm{d}x = -\int_b^a f(x)\mathrm{d}x$.

上式表明,积分限 a、b 两者的大小均可不加限制,我们假定下面各性质中所列出的定积分都是存在的.

性质 1 设 k_1、k_2 为两个任意常数,则

$$\int_a^b [k_1 f(x) \pm k_2 g(x)]\mathrm{d}x = k_1 \int_a^b f(x)\mathrm{d}x \pm k_2 \int_a^b g(x)\mathrm{d}x.$$

证　　$\displaystyle\int_a^b \left[k_1 f(x) \pm k_2 g(x)\right]\mathrm{d}x$

$$= \lim_{\lambda \to 0} \sum_{i=1}^n \left[k_1 f(\xi_i) \pm k_2 g(\xi_i)\right]\Delta x_i$$

$$= k_1 \cdot \lim_{\lambda \to 0} \sum_{i=1}^n f(\xi_i)\Delta x_i \pm k_2 \cdot \lim_{\lambda \to 0} \sum_{i=1}^n g(\xi_i)\Delta x_i$$

$$= k_1 \int_a^b f(x)\mathrm{d}x \pm k_2 \int_a^b g(x)\mathrm{d}x.$$

注意　性质 1 对于任意有限多个函数的和(差)都是成立的,我们称之为定积分的线性性质.

性质 2　设 $a < c < b$,则
$$\int_a^b f(x)\mathrm{d}x = \int_a^c f(x)\mathrm{d}x + \int_c^b f(x)\mathrm{d}x.$$

证　因为函数 $f(x)$ 在区间 $[a,b]$ 上可积,所以不论把 $[a,b]$ 怎样分割,积分和的极限总是不变的.因此,在分区间时,可以使 c 永远是个分点.那么 $[a,b]$ 上的积分和等于 $[a,c]$ 上的积分和加 $[c,b]$ 上的积分和,记为

$$\sum_{[a,b]} f(\xi_i)\Delta x_i = \sum_{[a,c]} f(\xi_i)\Delta x_i + \sum_{[c,b]} f(\xi_i)\Delta x_i.$$

令 $\lambda \to 0$,上式两端同时取极限,即得

$$\int_a^b f(x)\mathrm{d}x = \int_a^c f(x)\mathrm{d}x + \int_c^b f(x)\mathrm{d}x.$$

注意　不论 a、b、c 的相对位置如何,性质 2 中的等式总是成立的,例如当 $a < b < c$ 时,由已证明的结论

$$\int_a^c f(x)\mathrm{d}x = \int_a^b f(x)\mathrm{d}x + \int_b^c f(x)\mathrm{d}x,$$

得
$$\int_a^b f(x)\mathrm{d}x = \int_a^c f(x)\mathrm{d}x - \int_b^c f(x)\mathrm{d}x$$

$$= \int_a^c f(x)\mathrm{d}x + \int_c^b f(x)\mathrm{d}x.$$

注意　性质 2 称为定积分对于积分区间具有可加性.

性质 3　如果在区间 $[a,b]$ 上 $f(x) \equiv 1$,则
$$\int_a^b 1 \cdot \mathrm{d}x = \int_a^b \mathrm{d}x = b - a.$$

请读者自行证明.

注意　结合性质 1、3,对某一常数 k,我们有

$$\int_a^b k\,\mathrm{d}x = k\int_a^b \mathrm{d}x = k(b-a).$$

性质 4　如果在区间 $[a,b]$ 上,$f(x) \geqslant 0$,则

$$\int_a^b f(x)\mathrm{d}x \geqslant 0 (a < b).$$

证　因为 $f(x) \geqslant 0$,所以 $f(\xi_i) \geqslant 0 (i=1,2,\cdots,n)$,又因为 $\Delta x_i \geqslant 0 (i=1,2,\cdots,n)$,因此

$$\sum_{i=1}^n f(\xi_i)\Delta x_i \geqslant 0,$$

令 $\lambda = \max\{\Delta x_1, \Delta x_2, \cdots, \Delta x_n\} \to 0$,由极限的保号性便得到要证的不等式.

推论 1　如果在区间 $[a,b]$ 上,$f(x) \leqslant g(x)$,则

$$\int_a^b f(x)\mathrm{d}x \leqslant \int_a^b g(x)\mathrm{d}x (a < b).$$

证　因为 $g(x) - f(x) \geqslant 0$,由性质 4 得

$$\int_a^b [g(x) - f(x)]\mathrm{d}x \geqslant 0,$$

结合性质 1,便得到要证的不等式.

推论 2　$\left| \int_a^b f(x)\mathrm{d}x \right| \leqslant \int_a^b |f(x)|\,\mathrm{d}x (a < b).$

证　因为在区间 $[a,b]$ 上

$$-|f(x)| \leqslant f(x) \leqslant |f(x)|,$$

由推论 1 得

$$-\int_a^b |f(x)|\,\mathrm{d}x \leqslant \int_a^b f(x)\mathrm{d}x \leqslant \int_a^b |f(x)|\,\mathrm{d}x,$$

即

$$\left| \int_a^b f(x)\mathrm{d}x \right| \leqslant \int_a^b |f(x)|\,\mathrm{d}x.$$

推论 3　若 $m \leqslant f(x) \leqslant M, x \in [a,b]$,则

$$m(b-a) \leqslant \int_a^b f(x)\mathrm{d}x \leqslant M(b-a) (a < b).$$

证　因为 $m \leqslant f(x) \leqslant M$,所以由推论 1,得

$$\int_a^b m\,\mathrm{d}x \leqslant \int_a^b f(x)\mathrm{d}x \leqslant \int_a^b M\mathrm{d}x,$$

再由性质 3,便得到要证的不等式.

性质 5　如果函数 $f(x)$ 在闭区间 $[a,b]$ 上连续,则在 $[a,b]$ 上至少存在一点 ξ,使下式成立

$$\int_a^b f(x)\mathrm{d}x = f(\xi)(b-a) (a \leqslant \xi \leqslant b).$$

证　　因为 $f(x)$ 在闭区间 $[a,b]$ 上连续,所以一定取得最大值 M 和最小值 m,由性质4的推论3,得

$$m(b-a) \leqslant \int_a^b f(x)\mathrm{d}x \leqslant M(b-a),$$

即

$$m \leqslant \frac{1}{b-a}\int_a^b f(x)\mathrm{d}x \leqslant M,$$

故数值 $\dfrac{1}{b-a}\displaystyle\int_a^b f(x)\mathrm{d}x$ 介于函数 $f(x)$ 的最小值 m 和最大值 M 之间,根据闭区间上连续函数的介值定理,在 $[a,b]$ 上至少存在一点 ξ,使得

$$f(\xi) = \frac{1}{b-a}\int_a^b f(x)\mathrm{d}x \quad (a \leqslant \xi \leqslant b)$$

成立,上式两端乘以 $b-a$,便得到所要证的等式.

　　注意　当 $b < a$ 时,性质5中的等式也是成立的,我们称性质5为积分中值定理.它的几何解释是:在区间 $[a,b]$ 上,至少存在一点 ξ,使得以 $[a,b]$ 为底边、以连续曲线 $f(x)$ 为曲边的曲边梯形的面积等于同一底边而高为 $f(\xi)$ 的矩形面积(如图 3-9 所示).

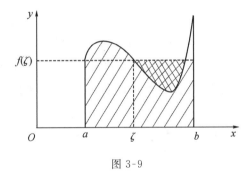

图 3-9

习　题　3.5

1.比较下列各对积分的大小:

(1) $\displaystyle\int_0^{\frac{\pi}{4}} \arctan x\,\mathrm{d}x$ 与 $\displaystyle\int_0^{\frac{\pi}{4}} (\arctan x)^2\,\mathrm{d}x$;

(2) $\displaystyle\int_0^{-2} \mathrm{e}^x\,\mathrm{d}x$ 与 $\displaystyle\int_0^{-2} x\,\mathrm{d}x$;

(3) $\displaystyle\int_3^4 \ln x\,\mathrm{d}x$ 与 $\displaystyle\int_3^4 (\ln x)^2\,\mathrm{d}x$.

2.已知函数 $f(x)$ 连续,且 $f(x) = x - \displaystyle\int_0^1 f(x)\,\mathrm{d}x$,求函数 $f(x)$.

3.利用定积分的性质证明:

(1) $\dfrac{1}{2} \leqslant \displaystyle\int_1^4 \dfrac{1}{2+x}\mathrm{d}x \leqslant 1$;   (2) $\dfrac{1}{2} \leqslant \displaystyle\int_{\frac{\pi}{4}}^{\frac{\pi}{2}} \dfrac{\sin x}{x}\mathrm{d}x \leqslant \dfrac{\sqrt{2}}{2}$.

4.设 $f(x)$ 可导,且 $\lim\limits_{x\to+\infty} f(x) = 1$,求 $\lim\limits_{x\to+\infty} \displaystyle\int_x^{x+2} t\sin\dfrac{3}{t}f(t)\mathrm{d}t$.

5.设 $f(x)$ 在区间 $[0,1]$ 上可微,且满足条件 $f(1) = 2\displaystyle\int_0^{\frac{1}{2}} xf(x)\mathrm{d}x$,试证:存在 $\xi \in (0, 1)$,使 $f(\xi) + \xi f'(\xi) = 0$.

习题 3.5 详解

3.6 微积分基本定理

在上一节中,我们试着利用定义求解定积分(参见《微积分及其应用导学(上册)》3.5节),发现即便被积函数很简单,但直接用定义计算并不是一件很容易的事情,下面我们先从变速直线运动的位置函数与速度函数之间的联系入手,来寻找计算定积分的有效、简捷的方法.

由上一节可知,拥有速度 $v(t)$ 的物体在时间间隔 $[T_1, T_2]$ 内经过的路程 s 可表示为 $\displaystyle\int_{T_1}^{T_2} v(t)\mathrm{d}t$;但这段路程 s 同时也等于位置函数 $s(t)$ 在 $[T_1, T_2]$ 上的增量 $s(T_2) - s(T_1)$. 所以,变速直线运动的位置函数与速度函数之间满足如下关系

$$\int_{T_1}^{T_2} v(t)\mathrm{d}t = s(T_2) - s(T_1),$$

同时,我们也注意到 $s'(t) = v(t)$,即位置函数 $s(t)$ 是速度函数 $v(t)$ 在 $[T_1, T_2]$ 上的一个原函数. 所以,我们得到速度函数 $v(t)$ 在区间 $[T_1, T_2]$ 上的定积分等于它的原函数 $s(t)$ 在区间 $[T_1, T_2]$ 上的增量.

上述问题是否具有普遍性呢?如果函数 $f(x)$ 在区间 $[a,b]$ 上连续,那么它的定积分是否等于它的原函数 $F(x)$ 在区间 $[a,b]$ 上的增量呢?为此,我们有了下面的讨论.

3.6.1 积分上限的函数及其导数

设函数 $f(x)$ 在区间 $[a,b]$ 上可积,x 为 $[a,b]$ 上的任意一点,我们来考察 $f(x)$ 在部分区间 $[a,x]$ 上的定积分

$$\int_a^x f(x)\mathrm{d}x.$$

上述积分表达式中的 x 既表示定积分的上限,又表示积分变量,根据定积分与积分变量的选取无关的性质,为了避免混淆,可以把积分变量改为 t,得

$$\int_a^x f(x)\mathrm{d}x = \int_a^x f(t)\mathrm{d}t, x \in [a,b].$$

当积分上限 x 在 $[a,b]$ 上变动时,对于每一个取定的 x 值,根据定积分 $\int_a^x f(t)\mathrm{d}t$ 的实数本质,我们得到一个定义在 $[a,b]$ 上的函数,记作 $\Phi(x)$,即

$$\Phi(x) = \int_a^x f(t)\mathrm{d}t (a \leqslant x \leqslant b),$$

称 $\Phi(x)$ 为积分上限的函数或称为变上限积分. $\Phi(x)$ 具有以下重要性质.

定理 3.9 设函数 $f(x)$ 在区间 $[a,b]$ 上连续,则积分上限的函数

$$\Phi(x) = \int_a^x f(t)\mathrm{d}t$$

在 $[a,b]$ 上可导,且有

$$\Phi'(x) = \frac{\mathrm{d}}{\mathrm{d}x}\int_a^x f(t)\mathrm{d}t = f(x)(a \leqslant x \leqslant b). \tag{3-5}$$

证 若 $x \in (a,b)$,则当 x 取得增量 $\Delta x,(x + \Delta x \in [a,b])$ 时(如图 3-10 所示),函数 $\Phi(x)$ 在 $x + \Delta x$ 处的函数值为

$$\Phi(x + \Delta x) = \int_a^{x+\Delta x} f(t)\mathrm{d}t,$$

由此得函数 $\Phi(x)$ 的增量为

$$\begin{aligned}
\Delta\Phi &= \Phi(x + \Delta x) - \Phi(x) \\
&= \int_a^{x+\Delta x} f(t)\mathrm{d}t - \int_a^x f(t)\mathrm{d}t \\
&= \int_a^x f(t)\mathrm{d}t + \int_x^{x+\Delta x} f(t)\mathrm{d}t - \int_a^x f(t)\mathrm{d}t \\
&= \int_x^{x+\Delta x} f(t)\mathrm{d}t,
\end{aligned}$$

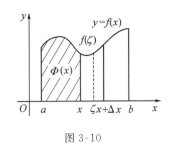

图 3-10

由积分中值定理,得

$$\Delta\Phi = f(\xi) \cdot \Delta x,$$

ξ 介于 x 与 $x + \Delta x$ 之间.

于是

$$\frac{\Delta\Phi}{\Delta x} = f(\xi).$$

因为 $f(x)$ 在 $[a,b]$ 上连续,而当 $\Delta x \to 0$ 时,有 $\xi \to x$,因此 $\lim\limits_{\Delta x \to 0} f(\xi) = f(x)$.对上式两端取极限,得

$$\lim_{\Delta x \to 0}\frac{\Delta\Phi}{\Delta x} = \lim_{\Delta x \to 0} f(\xi) = f(x),$$

故

$$\Phi'(x) = \lim_{\Delta x \to 0} \frac{\Delta \Phi}{\Delta x} = f(x).$$

若 x 取 a 或 b,则把以上的 $\Delta x \to 0$ 分别改为 $\Delta x \to 0^+$ 或 $\Delta x \to 0^-$,有

$$\Phi'_+(a) = f(a), \Phi'_-(b) = f(b).$$

即

$$\frac{\mathrm{d}}{\mathrm{d}x} \int_a^x f(t) \mathrm{d}t = f(x), (a \leqslant x \leqslant b). \text{证毕.}$$

由此,我们就得到本章第一节中的定理 3.1(原函数存在定理).即 $f(x)$ 在 $[a,b]$ 上连续,则 $f(x)$ 在 $[a,b]$ 上必存在一个定积分形式的原函数 $\int_a^x f(t)\mathrm{d}t$.

利用复合函数的求导法则,可进一步得到:

推论 1 设函数 $f(x)$ 连续,函数 $\varphi(x)$ 可导,则有

$$\frac{\mathrm{d}}{\mathrm{d}x} \int_a^{\varphi(x)} f(t) \mathrm{d}t = f[\varphi(x)] \varphi'(x). \tag{3-6}$$

证 将 $\int_a^{\varphi(x)} f(t) \mathrm{d}t$ 看作是以 $u = \varphi(x)$ 为中间变量的复合函数,由复合函数的求导法则及公式(3-5),得

$$\frac{\mathrm{d}}{\mathrm{d}x} \int_a^{\varphi(x)} f(t) \mathrm{d}t = \frac{\mathrm{d}}{\mathrm{d}u} \int_a^u f(t) \mathrm{d}t \cdot \frac{\mathrm{d}u}{\mathrm{d}x} = f(u) \cdot \frac{\mathrm{d}u}{\mathrm{d}x}$$

$$= f[\varphi(x)] \varphi'(x).$$

推论 2 设 $f(x)$ 是连续函数,$\varphi(x)$、$\psi(x)$ 均可导,则有

$$\frac{\mathrm{d}}{\mathrm{d}x} \int_{\varphi(x)}^{\psi(x)} f(t) \mathrm{d}t = f[\psi(x)] \psi'(x) - f[\varphi(x)] \varphi'(x). \tag{3-7}$$

证 由定积分的性质 2,得

$$\int_{\varphi(x)}^{\psi(x)} f(t) \mathrm{d}t = \int_{\varphi(x)}^a f(t) \mathrm{d}t + \int_a^{\psi(x)} f(t) \mathrm{d}t$$

$$= \int_a^{\psi(x)} f(t) \mathrm{d}t - \int_a^{\varphi(x)} f(t) \mathrm{d}t,$$

故

$$\frac{\mathrm{d}}{\mathrm{d}x} \int_{\varphi(x)}^{\psi(x)} f(t) \mathrm{d}t = \frac{\mathrm{d}}{\mathrm{d}x} \left[\int_a^{\psi(x)} f(t) \mathrm{d}t - \int_a^{\varphi(x)} f(t) \mathrm{d}t \right],$$

$$= f[\psi(x)] \psi'(x) - f[\varphi(x)] \varphi'(x).$$

例 3.51 求 $\dfrac{\mathrm{d}}{\mathrm{d}x} \left[\displaystyle\int_{\cos x}^{\sin x} \dfrac{\sin t}{t} \mathrm{d}t \right]$.

解 $\dfrac{\mathrm{d}}{\mathrm{d}x} \left[\displaystyle\int_{\cos x}^{\sin x} \dfrac{\sin t}{t} \mathrm{d}t \right] = \dfrac{\sin(\sin x)}{\sin x} \cos x - \dfrac{\sin(\cos x)}{\cos x}(-\sin x)$

$$= \cot x \sin(\sin x) + \tan x \sin(\cos x).$$

例 3.52 求 $\displaystyle\lim_{x \to 0} \dfrac{\displaystyle\int_{\sin x}^0 \sin(t^2) \mathrm{d}t}{x^3}$.

解　注意到该极限是 $\dfrac{0}{0}$ 型的未定式,且 $\displaystyle\int_{\sin x}^{0}\sin(t^2)\mathrm{d}t = -\int_{0}^{\sin x}\sin(t^2)\mathrm{d}t$,根据洛必达法则、公式(3-6)及等价无穷小代换,得

$$\lim_{x\to 0}\frac{\displaystyle\int_{\sin x}^{0}\sin(t^2)\mathrm{d}t}{x^3} = \lim_{x\to 0}\frac{-\displaystyle\int_{0}^{\sin x}\sin(t^2)\mathrm{d}t}{x^3}$$

$$= \lim_{x\to 0}\frac{-\sin(\sin^2 x)\cos x}{3x^2}$$

$$= \lim_{x\to 0}\left(\frac{-\sin^2 x}{3x^2}\cdot\cos x\right) = -\frac{1}{3}.$$

3.6.2　牛顿 — 莱布尼茨公式

下面,我们根据定理 3.9 来证明一个重要的定理.

定理 3.10　设 $f(x)$ 是 $[a,b]$ 上的连续函数,$F(x)$ 是 $f(x)$ 在 $[a,b]$ 上的一个原函数,则

$$\int_{a}^{b}f(x)\mathrm{d}x = F(b) - F(a). \tag{3-8}$$

证　因为 $F(x)$ 与 $\Phi(x) = \displaystyle\int_{a}^{x}f(t)\mathrm{d}t$ 均为 $f(x)$ 在 $[a,b]$ 上的原函数,故令

$$F(x) - \Phi(x) = C(a \leqslant x \leqslant b),$$

即

$$F(x) = \Phi(x) + C,$$

进一步得

$$F(b) - F(a) = \Phi(b) - \Phi(a) = \int_{a}^{b}f(t)\mathrm{d}t - \int_{a}^{a}f(t)\mathrm{d}t$$

$$= \int_{a}^{b}f(t)\mathrm{d}t,$$

把积分变量 t 替换成 x,得

$$\int_{a}^{b}f(x)\mathrm{d}x = F(b) - F(a).$$

证毕.

公式(3-8)称为牛顿 — 莱布尼茨公式.为方便起见,我们把 $F(b) - F(a)$ 记为 $F(x)\Big|_{a}^{b}$ 或 $\big[F(x)\big]_{a}^{b}$,于是公式(3-8)又可表示为

$$\int_{a}^{b}f(x)\mathrm{d}x = F(x)\Big|_{a}^{b} = F(b) - F(a)$$

或

$$\int_{a}^{b}f(x)\mathrm{d}x = \big[F(x)\big]\Big|_{a}^{b} = F(b) - F(a).$$

牛顿 — 莱布尼茨公式揭示了定积分与不定积分之间的联系.它表明:一个连续函数在 $[a,b]$ 上的定积分等于它的任意一个原函数在 $[a,b]$ 上的增量,这就给定积分的计算提供了一个有效、简便的方法.

例 3.53　利用牛顿 — 莱布尼茨公式计算定积分 $\displaystyle\int_{0}^{1}x^2\mathrm{d}x$.

解 因为 $\dfrac{x^3}{3}$ 是 x^2 的一个原函数，所以按牛顿 — 莱布尼茨公式，得

$$\int_0^1 x^2 \mathrm{d}x = \dfrac{x^3}{3}\Big|_0^1 = \dfrac{1^3}{3} - \dfrac{0^3}{3} = \dfrac{1}{3}.$$

例 3.54 求 $\displaystyle\int_{-1}^{\sqrt{3}} \dfrac{x^4}{1+x^2}\mathrm{d}x$.

解
$$\int_{-1}^{\sqrt{3}} \dfrac{x^4}{1+x^2}\mathrm{d}x = \int_0^1 \dfrac{x^4-1+1}{1+x^2}\mathrm{d}x = \int_{-1}^{\sqrt{3}} \left(x^2-1+\dfrac{1}{1+x^2}\right)\mathrm{d}x$$

$$= \int_{-1}^{\sqrt{3}} x^2\mathrm{d}x - \int_{-1}^{\sqrt{3}}\mathrm{d}x + \int_{-1}^{\sqrt{3}} \dfrac{1}{1+x^2}\mathrm{d}x$$

$$= \dfrac{x^3}{3}\Big|_{-1}^{\sqrt{3}} - x\Big|_{-1}^{\sqrt{3}} + \arctan x\Big|_{-1}^{\sqrt{3}}$$

$$= \sqrt{3} + \dfrac{1}{3} - [\sqrt{3}-(-1)] + \dfrac{\pi}{3} - \left(-\dfrac{\pi}{4}\right)$$

$$= \dfrac{7\pi}{12} - \dfrac{2}{3}.$$

例 3.55 求 $\displaystyle\int_{-\frac{\pi}{2}}^{\frac{\pi}{3}} \sqrt{1-\cos^2 x}\,\mathrm{d}x$.

解
$$\int_{-\frac{\pi}{2}}^{\frac{\pi}{3}} \sqrt{1-\cos^2 x}\,\mathrm{d}x = \int_{-\frac{\pi}{2}}^{\frac{\pi}{3}} \sqrt{\sin^2 x}\,\mathrm{d}x = \int_{-\frac{\pi}{2}}^{\frac{\pi}{3}} |\sin x|\,\mathrm{d}x$$

$$= -\int_{-\frac{\pi}{2}}^{0} \sin x\mathrm{d}x + \int_0^{\frac{\pi}{3}} \sin x\mathrm{d}x$$

$$= \cos x\Big|_{-\frac{\pi}{2}}^{0} - \cos x\Big|_0^{\frac{\pi}{3}} = \dfrac{3}{2}.$$

例 3.56 设 $f(x) = \begin{cases} \sin x, & 0 \leqslant x \leqslant \dfrac{\pi}{2}, \\ 1, & \dfrac{\pi}{2} < x \leqslant \pi. \end{cases}$ 求变上限积分 $\Phi(x) = \displaystyle\int_0^x f(t)\mathrm{d}t$ 在区间 $[0,$

$\pi]$ 上的表达式.

解 当 $0 \leqslant x \leqslant \dfrac{\pi}{2}$ 时，$\Phi(x) = \displaystyle\int_0^x f(t)\mathrm{d}t = \int_0^x \sin t\mathrm{d}t = 1-\cos x$，当 $\dfrac{\pi}{2} \leqslant x \leqslant \pi$ 时，$\Phi(x)$

$= \displaystyle\int_0^x f(t)\mathrm{d}t = \int_0^{\frac{\pi}{2}} \sin t\mathrm{d}t + \int_{\frac{\pi}{2}}^x \mathrm{d}t = 1 + x - \dfrac{\pi}{2}$，

所以
$$\Phi(x) = \begin{cases} 1-\cos x, & 0 \leqslant x \leqslant \dfrac{\pi}{2}, \\ 1+x-\dfrac{\pi}{2}, & \dfrac{\pi}{2} < x \leqslant \pi. \end{cases}$$

例 3.57 汽车以每小时 54km 速度行驶，到某处需要减速停车. 设汽车以等加速度 $a = -5\mathrm{m/s^2}$ 刹车，问从开始刹车到停车，汽车经过了多少距离？

解 设从开始刹车到停车经过了 T 秒，当 $t \in [0, T]$ 时，汽车的速度为 $v(t)$，由 $t = 0$ 时，汽车的速度为

$$v_0 = 54\text{km/h} = \frac{54 \times 1000}{3600}\text{m/s} = 15\text{m/s},$$

刹车后汽车匀减速行驶,其速度为

$$v(t) = v_0 + at = 15 - 5t;$$

当汽车停止时,速度 $v(t) = 0$,故解得 $T = \dfrac{15}{5} = 3(\text{s})$;

所以在时间间隔$[0, T]$内,汽车行驶的距离为

$$s = \int_0^T v(t)\,\mathrm{d}t = \int_0^3 (15 - 5t)\,\mathrm{d}t = \left[15t - \frac{5}{2}t^2\right]_0^3 = 22.5(\text{m}).$$

即刹车后,汽车需驶过 22.5m 才能停止.

习　题　3.6

1.计算下列各积分:

$(1)\displaystyle\int_0^1 \mathrm{e}^x\,\mathrm{d}x;$　　　　　　　　　　$(2)\displaystyle\int_{-1}^{\sqrt{3}} \frac{1}{1+x^2}\,\mathrm{d}x;$

$(3)\displaystyle\int_2^4 \frac{1}{x}\,\mathrm{d}x;$　　　　　　　　　　$(4)\displaystyle\int_1^4 x\left(\sqrt{x}+\frac{1}{x^2}\right)\mathrm{d}x;$

$(5)\displaystyle\int_{\frac{1}{\sqrt{3}}}^1 \frac{1+2x^2}{x^2(1+x^2)}\,\mathrm{d}x;$　　　　　$(6)\displaystyle\int_0^1 2^x\mathrm{e}^x\,\mathrm{d}x;$

$(7)\displaystyle\int_0^1 |2x-1|\,\mathrm{d}x;$　　　　　　　$(8)\displaystyle\int_0^1 |x-t|x\,\mathrm{d}x.$

2.计算下列各函数的导数:

$(1)\displaystyle\int_0^x \mathrm{e}^{-t}\,\mathrm{d}t;$　　　　　　　　　$(2)\displaystyle\int_x^1 \cos^2 t\,\mathrm{d}t;$

$(3)\displaystyle\int_{\cos x}^{\sin x} \mathrm{e}^{f(t)}\,\mathrm{d}t;$　　　　　　　$(4)\displaystyle\int_0^x xf(t)\,\mathrm{d}t.$

3.求下列各极限:

$(1)\displaystyle\lim_{x\to0} \frac{1}{x^3}\int_0^x \left(\frac{\sin t}{t}-1\right)\mathrm{d}t;$　　　$(2)\displaystyle\lim_{x\to0} \frac{\left[\int_0^x \ln(1+t)\,\mathrm{d}t\right]^2}{x^4};$

$(3)\displaystyle\lim_{x\to0} \frac{\displaystyle\int_{\cos x}^1 \mathrm{e}^{-t^2}\,\mathrm{d}t}{x^2};$　　　　　$(4)\displaystyle\lim_{x\to0} \frac{x^2 - \displaystyle\int_0^{x^2} \cos t^2\,\mathrm{d}t}{x^{10}}.$

4.设 $f(x) = \dfrac{1}{1+x^2} + x^3\displaystyle\int_0^1 f(x)\,\mathrm{d}x$,求 $\displaystyle\int_0^1 f(x)\,\mathrm{d}x.$

5.设函数 $y = y(x)$ 由方程 $\displaystyle\int_0^{y^2} \mathrm{e}^{t^2}\,\mathrm{d}t + \int_x^0 \sin t\,\mathrm{d}t = 0$ 所确定,求 $\dfrac{\mathrm{d}y}{\mathrm{d}x}.$

6. 设 $f(x)$ 在 $(-\infty,+\infty)$ 内连续且 $f(x) > 0$，证明函数 $F(x) = \dfrac{\displaystyle\int_0^x tf(t)\,\mathrm{d}t}{\displaystyle\int_0^x f(t)\,\mathrm{d}t}$ 在 $(0,+\infty)$

内为单调增加函数.

习题 3.6 详解

3.7 定积分的换元法与分部积分法

既然牛顿—莱布尼茨公式揭示了定积分和不定积分之间的联系，那么不定积分的算法对于定积分是否会带来帮助呢？答案是肯定的，本节将主要介绍定积分的换元法和分部积分法.

3.7.1 定积分的换元积分法

定理 3.11 设函数 $f(x)$ 在区间 $[a,b]$ 上连续，单值函数 $x = \varphi(t)$ 满足：

(1) $\varphi(\alpha) = a,\varphi(\beta) = b$，且 $\varphi([\alpha,\beta])$（或 $\varphi([\beta,\alpha])$）等于 $[a,b]$；

(2) $\varphi(t)$ 在区间 $[\alpha,\beta]$（或 $[\beta,\alpha]$）上具有连续导数；

则
$$\int_a^b f(x)\,\mathrm{d}x = \int_\alpha^\beta f[\varphi(t)]\varphi'(t)\,\mathrm{d}t. \tag{3-9}$$

公式(3-9)称为定积分换元公式.

证 因为函数(3-9)两端的被积函数均连续，所以它们可积且原函数都存在. 设 $F(x)$ 是 $f(x)$ 在 $[a,b]$ 上的一个原函数，则由牛顿—莱布尼茨公式，得

$$\int_a^b f(x)\,\mathrm{d}x = F(b) - F(a).$$

另一方面，记 $\Phi(t) = F[\varphi(t)]$，由复合函数求导法则，得

$$\Phi'(t) = \frac{\mathrm{d}F}{\mathrm{d}x} \cdot \frac{\mathrm{d}x}{\mathrm{d}t} = f(x)\varphi'(t) = f[\varphi(t)]\varphi'(t),$$

即 $\Phi(t)$ 是 $f[\varphi(t)]\varphi'(t)$ 的一个原函数，故

$$\int_\alpha^\beta f[\varphi(t)]\varphi'(t)\,\mathrm{d}t = \Phi(\beta) - \Phi(\alpha).$$

$$= F[\varphi(\beta)] - F[\varphi(\alpha)] = F(b) - F(a).$$

所以
$$\int_a^b f(x)\,\mathrm{d}x = F(b) - F(a) = \int_\alpha^\beta f[\varphi(t)]\varphi'(t)\,\mathrm{d}t,$$

证毕.

注意　在应用公式(3-9)计算定积分时,通过变换 $x = \varphi(t)$ 把原来的变量 x 换成新变量 t 时,积分上、下限也要相应于新变量 t 的积分限.

例 3.58　求 $\int_0^1 \sqrt{1-x^2}\,\mathrm{d}x$.

解　设 $x = \sin t$,则 $\mathrm{d}x = \cos t\,\mathrm{d}t$,且

当 $x = 0$ 时,$t = 0$;当 $x = 1$ 时,$t = \dfrac{\pi}{2}$.

于是
$$\int_0^1 \sqrt{1-x^2}\,\mathrm{d}x = \int_0^{\frac{\pi}{2}} \cos^2 t\,\mathrm{d}t = \int_0^{\frac{\pi}{2}} \frac{1+\cos 2t}{2}\,\mathrm{d}t$$
$$= \frac{1}{2}\left[t + \frac{1}{2}\sin 2t\right]_0^{\frac{\pi}{2}} = \frac{\pi}{4}.$$

例 3.59　求 $\int_0^1 x\sqrt{3-2x}\,\mathrm{d}x$.

解　设 $\sqrt{3-2x} = t$,则 $x = \dfrac{3-t^2}{2}$,$\mathrm{d}x = -t\,\mathrm{d}t$,且当 $x = 0$ 时,$t = \sqrt{3}$;当 $x = 1$ 时,$t = 1$.

于是
$$\int_0^1 x\sqrt{3-2x}\,\mathrm{d}x = \int_{\sqrt{3}}^1 \frac{3-t^2}{2}\cdot t\cdot(-t)\,\mathrm{d}t = \frac{1}{2}\int_{\sqrt{3}}^1 (t^4 - 3t^2)\,\mathrm{d}t$$
$$= \frac{1}{2}\left[\frac{1}{5}t^5 - t^3\right]_{\sqrt{3}}^1 = \frac{3\sqrt{3}-2}{5}.$$

注意　例 3.59 中的换元 $x = \dfrac{3-t^2}{2}$,在 $t \in [1,\sqrt{3}]$ 是单调的单值函数,所以该换元方法是有效的.

例 3.60　求 $\int_0^{\frac{\pi}{2}} \cos^3 x\sin x\,\mathrm{d}x$.

解　设 $\cos x = t$,则 $-\sin x\,\mathrm{d}x = \mathrm{d}t$,且当 $x = 0$ 时,$t = 1$;当 $x = \dfrac{\pi}{2}$ 时,$t = 0$. 于是
$$\int_0^{\frac{\pi}{2}} \cos^3 x\sin x\,\mathrm{d}x = -\int_1^0 t^3\,\mathrm{d}t = \int_0^1 t^3\,\mathrm{d}t = \frac{1}{4}t^4\Big|_0^1 = \frac{1}{4}.$$

注意　在例 3.60 中,如果我们采用类似于不定积分的凑微分法,不经换元,但使得被积函数能够直接进行积分计算,此时定积分的上、下限就不要变更. 这是定积分换元法比较常用的手法,由此本例计算过程可简写如下:
$$\int_0^{\frac{\pi}{2}} \cos^3 x\sin x\,\mathrm{d}x = -\int_0^{\frac{\pi}{2}} \cos^3 x\,\mathrm{d}(\cos x) = -\left[\frac{1}{4}\cos^4 x\right]_0^{\frac{\pi}{2}} = \frac{1}{4}.$$

例 3.61　求 $\int_0^\pi \sqrt{\sin x - \sin^3 x}\,\mathrm{d}x$.

解
$$\int_0^\pi \sqrt{\sin x - \sin^3 x}\,\mathrm{d}x = \int_0^\pi \sqrt{\sin x(1-\sin^2 x)}\,\mathrm{d}x$$
$$= \int_0^\pi \sqrt{\sin x}\,|\cos x|\,\mathrm{d}x$$
$$= \int_0^{\frac{\pi}{2}} \sqrt{\sin x}\cos x\,\mathrm{d}x - \int_{\frac{\pi}{2}}^\pi \sqrt{\sin x}\cos x\,\mathrm{d}x$$

$$= \int_0^{\frac{\pi}{2}} \sin^{\frac{1}{2}} x \, \mathrm{d}(\sin x) - \int_{\frac{\pi}{2}}^{\pi} \sin^{\frac{1}{2}} x \, \mathrm{d}(\sin x)$$

$$= \left[\frac{2}{3} \sin^{\frac{3}{2}} x \right]_0^{\frac{\pi}{2}} - \left[\frac{2}{3} \sin^{\frac{3}{2}} x \right]_{\frac{\pi}{2}}^{\pi} = \frac{2}{3} - \left(-\frac{2}{3} \right) = \frac{4}{3}.$$

注意: $|\cos x|$ 分区间去绝对值.

由上面的几个例题,我们不难知道,定积分的换元法与不定积分的换元法既有联系,又有区别.在计算奇函数、偶函数在关于原点对称的区间上的定积分的时候,以及关于周期的连续函数的定积分计算,我们还可以得到下面更简化的结果.

定理 3.12 设函数 $f(x)$ 在 $[-a,a]$ 上连续,则

(1) 当 $f(x)$ 为偶函数,有 $\int_{-a}^{a} f(x) \mathrm{d}x = 2 \int_0^a f(x) \mathrm{d}x$;

(2) 当 $f(x)$ 为奇函数,有 $\int_{-a}^{a} f(x) \mathrm{d}x = 0$.

证 因为 $\int_{-a}^{a} f(x) \mathrm{d}x = \int_{-a}^{0} f(x) \mathrm{d}x + \int_0^a f(x) \mathrm{d}x$,对积分 $\int_{-a}^{0} f(x) \mathrm{d}x$ 做代换 $x = -t$,得

$$\int_{-a}^{0} f(x) \mathrm{d}x = \int_a^0 f(-t)(-\mathrm{d}t) = \int_0^a f(-t) \mathrm{d}t = \int_0^a f(-x) \mathrm{d}x.$$

于是
$$\int_{-a}^{a} f(x) \mathrm{d}x = \int_0^a f(-x) \mathrm{d}x + \int_0^a f(x) \mathrm{d}x$$

$$= \int_0^a [f(-x) + f(x)] \mathrm{d}x.$$

(1) 若 $f(x)$ 为偶函数,即 $f(-x) + f(x) = 2f(x)$,得

$$\int_{-a}^{a} f(x) \mathrm{d}x = \int_0^a [f(-x) + f(x)] \mathrm{d}x = 2 \int_0^a f(x) \mathrm{d}x;$$

(2) 若 $f(x)$ 为奇函数,即 $f(-x) + f(x) = 0$,得

$$\int_{-a}^{a} f(x) \mathrm{d}x = \int_0^a [f(-x) + f(x)] \mathrm{d}x = 0,$$

证毕.

定理 3.13 设 $f(x)$ 是定义在实数域上以 l 为周期的连续函数,a 为任意实数,则

$$\int_a^{a+l} f(x) \mathrm{d}x = \int_0^l f(x) \mathrm{d}x = \int_{-\frac{l}{2}}^{\frac{l}{2}} f(x) \mathrm{d}x.$$

证 因为 $\int_a^{a+l} f(x) \mathrm{d}x = \int_a^0 f(x) \mathrm{d}x + \int_0^l f(x) \mathrm{d}x + \int_l^{a+l} f(x) \mathrm{d}x$,积分 $\int_l^{a+l} f(x) \mathrm{d}x$ 做代换 $x = l + t$,并注意到 $f(x)$ 的周期性,得

$$\int_l^{a+l} f(x) \mathrm{d}x = \int_0^a f(l+t) \mathrm{d}t = \int_0^a f(t) \mathrm{d}t = -\int_a^0 f(x) \mathrm{d}x,$$

于是

$$\int_a^{a+l} f(x) \mathrm{d}x = \int_a^0 f(x) \mathrm{d}x + \int_0^l f(x) \mathrm{d}x - \int_a^0 f(x) \mathrm{d}x = \int_0^l f(x) \mathrm{d}x,$$

即
$$\int_a^{a+l} f(x)\mathrm{d}x = \int_0^l f(x)\mathrm{d}x.$$

又由 a 为任意实数,故,取 $a = -\dfrac{l}{2}$,上式可进一步得
$$\int_0^l f(x)\mathrm{d}x = \int_{-\frac{l}{2}}^{\frac{l}{2}} f(x)\mathrm{d}x,$$

从而
$$\int_a^{a+l} f(x)\mathrm{d}x = \int_0^l f(x)\mathrm{d}x = \int_{-\frac{l}{2}}^{\frac{l}{2}} f(x)\mathrm{d}x,$$

证毕.

例 3.62　求 $\displaystyle\int_0^{2\pi} \sin^3 x\cos^4 x\mathrm{d}x.$

解　显然,$l = 2\pi$ 为函数 $\sin^3 x\cos^4 x$ 的周期,由定理 3.13 得
$$\int_0^{2\pi} \sin^3 x\cos^4 x\mathrm{d}x = \int_{-\pi}^{\pi} \sin^3 x\cos^4 x\mathrm{d}x,$$

注意到 $\sin^3 x\cos^4 x$ 在 $[-\pi,\pi]$ 上为奇函数,则有
$$\int_0^{2\pi} \sin^3 x\cos^4 x\mathrm{d}x = 0.$$

注意　例 3.62 是属于当 $I_{n,m} = \displaystyle\int_0^{2\pi} \sin^n x\cos^m x\mathrm{d}x (m,n$ 为自然数$)$ 形式的定积分,由此可知,当 n 为奇数时,均有 $I_{n,m} = 0$;读者可自行证明,当 m 为奇数时,也有 $I_{n,m} = 0$.

例 3.63　求 $\displaystyle\int_{-4}^4 \dfrac{x^2 + x\cos x}{1 + x^2}\mathrm{d}x.$

解　注意到积分区间 $[-4,4]$ 关于原点对称和函数的奇偶性,有
$$\int_{-4}^4 \frac{x^2 + x\cos x}{1 + x^2}\mathrm{d}x = \int_{-4}^4 \frac{x^2}{1 + x^2}\mathrm{d}x + \int_{-4}^4 \frac{x\cos x}{1 + x^2}\mathrm{d}x$$
$$= 2\int_0^4 \frac{x^2}{1 + x^2}\mathrm{d}x + 0 = 2\int_0^4 \left(1 - \frac{1}{1 + x^2}\right)\mathrm{d}x$$
$$= 2[x - \arctan x]_0^4 = 2(4 - \arctan 4).$$

例 3.64　设 $f(x)$ 在 $[0,1]$ 上连续,证明:

(1) $\displaystyle\int_0^{\frac{\pi}{2}} f(\sin x)\mathrm{d}x = \int_0^{\frac{\pi}{2}} f(\cos x)\mathrm{d}x;$

(2) $\displaystyle\int_0^{\pi} xf(\sin x)\mathrm{d}x = \frac{\pi}{2}\int_0^{\pi} f(\sin x)\mathrm{d}x,$ 并由此计算
$$\int_0^{\pi} \frac{x\sin x}{1 + \cos^2 x}\mathrm{d}x.$$

证(1) 设 $x = \dfrac{\pi}{2} - t$,则 $\mathrm{d}x = -\mathrm{d}t$,且当 $x = 0$ 时,$t = \dfrac{\pi}{2}$;当 $x = \dfrac{\pi}{2}$ 时,$t = 0$.

于是
$$\int_0^{\frac{\pi}{2}} f(\sin x)\mathrm{d}x = \int_{\frac{\pi}{2}}^0 f\left[\sin\left(\frac{\pi}{2} - t\right)\right](-\mathrm{d}t)$$

$$= \int_0^{\frac{\pi}{2}} f(\cos t) \mathrm{d}t = \int_0^{\frac{\pi}{2}} f(\cos x) \mathrm{d}x.$$

（2）设 $x = \pi - t$，则 $\mathrm{d}x = -\mathrm{d}t$，且当 $x = 0$ 时，$t = \pi$；当 $x = \pi$ 时，$t = 0$.

于是
$$\int_0^\pi x f(\sin x) \mathrm{d}x = \int_\pi^0 (\pi - t) f[\sin(\pi - t)](-\mathrm{d}t)$$

$$= \int_0^\pi (\pi - t) f(\sin t) \mathrm{d}t$$

$$= \pi \int_0^\pi f(\sin t) \mathrm{d}t - \int_0^\pi t f(\sin t) \mathrm{d}t$$

$$= \pi \int_0^\pi f(\sin x) \mathrm{d}x - \int_0^\pi x f(\sin x) \mathrm{d}x,$$

所以
$$\int_0^\pi x f(\sin x) \mathrm{d}x = \frac{\pi}{2} \int_0^\pi f(\sin x) \mathrm{d}x.$$

对于定积分 $\int_0^\pi \dfrac{x \sin x}{1 + \cos^2 x} \mathrm{d}x$，被积函数可以看成 $x f(\sin x)$，利用上述结论，即得

$$\int_0^\pi \frac{x \sin x}{1 + \cos^2 x} \mathrm{d}x = \frac{\pi}{2} \int_0^\pi \frac{\sin x}{1 + \cos^2 x} \mathrm{d}x = -\frac{\pi}{2} \int_0^\pi \frac{\mathrm{d}(\cos x)}{1 + \cos^2 x}$$

$$= -\frac{\pi}{2} \arctan(\cos x) \Big|_0^\pi = -\frac{\pi}{2} \left(-\frac{\pi}{4} - \frac{\pi}{4} \right) = \frac{\pi^2}{4}.$$

3.7.2 定积分的分部积分法

定理 3.14　设函数 $u(x)$、$v(x)$ 在区间 $[a,b]$ 上具有连续的导数，则

$$\int_a^b u(x) \mathrm{d}v(x) = [u(x)v(x)] \Big|_a^b - \int_a^b v(x) \mathrm{d}u(x), \tag{3-10}$$

简记为
$$\int_a^b u \mathrm{d}v = [uv]_a^b - \int_a^b v \mathrm{d}u.$$

证　结合不定积分的分部积分法及牛顿 — 莱布尼茨公式，得

$$\int_a^b u(x) \mathrm{d}v(x) = \left[\int u(x) \mathrm{d}v(x) \right]_a^b$$

$$= \left[u(x)v(x) - \int v(x) \mathrm{d}u(x) \right]_a^b$$

$$= [u(x)v(x)]_a^b - \int_a^b v(x) \mathrm{d}u(x).$$

公式(3-10) 称为定积分的分部积分公式，下面我们来看几个例子.

例 3.65　求 $\int_2^4 \ln x \mathrm{d}x$.

解　$\int_2^4 \ln x \mathrm{d}x = x \ln x \Big|_2^4 - \int_2^4 x \mathrm{d}(\ln x)$

$$= (8\ln 2 - \ln 2) - \int_2^4 x \frac{1}{x} \mathrm{d}x = 7\ln 2 - 2.$$

例 3.66　求 $\int_2^3 \mathrm{e}^{-\sqrt{x-2}} \mathrm{d}x$.

解　设 $\sqrt{x-2}=t$，则 $x=t^2+2$，$\mathrm{d}x=2t\mathrm{d}t$，且当 $x=2$ 时，$t=0$；当 $x=3$ 时，$t=1$，

于是

$$\int_2^3 \mathrm{e}^{-\sqrt{x-2}}\mathrm{d}x = 2\int_0^1 \mathrm{e}^{-t}t\mathrm{d}t = -2\int_0^1 t\mathrm{d}(\mathrm{e}^{-t})$$

$$= -2t\mathrm{e}^{-t}\Big|_0^1 + 2\int_0^1 \mathrm{e}^{-t}\mathrm{d}t = 2 - \frac{4}{\mathrm{e}}.$$

例 3.67　证明定积分公式：

$$I_n = \int_0^{\frac{\pi}{2}}\sin^n x\,\mathrm{d}x\left(=\int_0^{\frac{\pi}{2}}\cos^n x\,\mathrm{d}x\right)$$

$$= \begin{cases} \dfrac{n-1}{n}\cdot\dfrac{n-3}{n-2}\cdot\cdots\cdot\dfrac{4}{5}\cdot\dfrac{2}{3}, & n\text{ 为大于 }1\text{ 的正奇数,} \\[2mm] \dfrac{n-1}{n}\cdot\dfrac{n-3}{n-2}\cdot\cdots\cdot\dfrac{3}{4}\cdot\dfrac{1}{2}\cdot\dfrac{\pi}{2}, & n\text{ 为正偶数} \end{cases}$$

证　$I_n = \displaystyle\int_0^{\frac{\pi}{2}}\sin^n x\,\mathrm{d}x = -\int_0^{\frac{\pi}{2}}\sin^{n-1}x\,\mathrm{d}(\cos x)$

$$= \left[-\sin^{n-1}x\cos x\right]\Big|_0^{\frac{\pi}{2}} + (n-1)\int_0^{\frac{\pi}{2}}\cos^2 x\sin^{n-2}x\,\mathrm{d}x$$

$$= (n-1)\int_0^{\frac{\pi}{2}}\sin^{n-2}x\,\mathrm{d}x - (n-1)\int_0^{\frac{\pi}{2}}\sin^n x\,\mathrm{d}x$$

$$= (n-1)I_{n-2} - (n-1)I_n,$$

所以

$$I_n = \frac{n-1}{n}I_{n-2}.$$

这个等式称为积分 I_n 关于下标的递推公式，如果把 n 换成 $n-2$，则得

$$I_{n-2} = \frac{n-3}{n-2}I_{n-4}.$$

依此进行下去，直到 I_n 的下标递减到 0 或 1 为止. 而

$$I_0 = \int_0^{\frac{\pi}{2}}\mathrm{d}x = \frac{\pi}{2}, \quad I_1 = \int_0^{\frac{\pi}{2}}\sin x\,\mathrm{d}x = 1,$$

所以，当 n 为大于 1 的正奇数时，

$$I_n = \frac{n-1}{n}\cdot\frac{n-3}{n-2}\cdot\cdots\cdot\frac{4}{5}\cdot\frac{2}{3}\cdot I_1 = \frac{n-1}{n}\cdot\frac{n-3}{n-2}\cdot\cdots\cdot\frac{4}{5}\cdot\frac{2}{3};$$

当 n 为正偶数时，

$$I_n = \frac{n-1}{n}\cdot\frac{n-3}{n-2}\cdot\cdots\cdot\frac{3}{4}\cdot\frac{1}{2}\cdot I_0 = \frac{n-1}{n}\cdot\frac{n-3}{n-2}\cdot\cdots\cdot\frac{3}{4}\cdot\frac{1}{2}\cdot\frac{\pi}{2}.$$

例如

$$\int_0^{\frac{\pi}{2}}\cos^9 t\,\mathrm{d}t = \frac{8}{9}\cdot\frac{6}{7}\cdot\frac{4}{5}\cdot\frac{2}{3} = \frac{128}{315}.$$

习 题 3.7

1. 求下列定积分:

(1) $\int_1^2 \dfrac{1}{(3x-1)^2}\mathrm{d}x$;

(2) $\int_{-5}^1 \dfrac{x+1}{\sqrt{5-4x}}\mathrm{d}x$

(3) $\int_0^4 \dfrac{x+2}{\sqrt{2x+1}}\mathrm{d}x$;

(4) $\int_0^{\ln 2} \sqrt{\mathrm{e}^x-1}\,\mathrm{d}x$;

(5) $\int_0^{\ln 3} \dfrac{\mathrm{e}^x}{1+\mathrm{e}^x}\mathrm{d}x$;

(6) $\int_0^a \sqrt{a^2-x^2}\,\mathrm{d}x$;

(7) $\int_0^{\frac{\pi}{2}} \cos^6 x \sin x\,\mathrm{d}x$;

(8) $\int_{-\frac{\pi}{4}}^{\frac{\pi}{4}} \dfrac{1}{1+\sin x}\mathrm{d}x$;

(9) $\int_0^3 \mathrm{e}^{|2-x|}\,\mathrm{d}x$;

(10) $\int_0^1 \dfrac{\arctan\sqrt{x}}{\sqrt{x}(1+x)}\mathrm{d}x$;

(11) $\int_0^\pi \cos x \sqrt{1+\cos^2 x}\,\mathrm{d}x$;

(12) $\int_1^3 f(x-2)\mathrm{d}x, f(x)=\begin{cases} 1+x^2, & x<0, \\ \mathrm{e}^x, & x\geqslant 0. \end{cases}$

2. 求下列定积分:

(1) $\int_0^{\frac{1}{2}} \arcsin x\,\mathrm{d}x$;

(2) $\int_0^1 \arctan x\,\mathrm{d}x$

(3) $\int_0^1 x\arctan x\,\mathrm{d}x$;

(4) $\int_0^1 x\mathrm{e}^{-2x}\,\mathrm{d}x$;

(5) $\int_1^3 \ln x\,\mathrm{d}x$;

(6) $\int_0^1 x\ln(1+x)\,\mathrm{d}x$;

(7) $\int_0^{\frac{\pi}{4}} \dfrac{x}{1+\cos 2x}\mathrm{d}x$;

(8) $\int_{\frac{1}{2}}^1 \mathrm{e}^{-\sqrt{2x-1}}\,\mathrm{d}x$;

(9) $\int_{-2}^2 (|x|+x)\mathrm{e}^{-|x|}\,\mathrm{d}x$;

(10) $\int_0^{\frac{\pi}{2}} x^2 \sin x\,\mathrm{d}x$.

3. 利用函数的奇偶性计算下列定积分:

(1) $\int_{-1}^1 (|x|+\sin x)x^2\,\mathrm{d}x$;

(2) $\int_{-1}^1 \dfrac{2x^2+x\cos x}{1+\sqrt{1-x^2}}\mathrm{d}x$;

(3) $\int_{-1}^1 \dfrac{|x|+x\cos x}{1+|x|}\mathrm{d}x$;

(4) $\int_{-2}^2 \dfrac{x^2-x^5\cos x}{2+\sqrt{4-x^2}}\mathrm{d}x$.

4. 设 $f(x)=\int_0^x \dfrac{\sin t}{\pi-t}\mathrm{d}t$, 求 $\int_0^\pi f(x)\mathrm{d}x$.

5. 设 $f(x)$ 为连续函数, 证明 $\int_0^x \left[\int_0^u f(t)\mathrm{d}t\right]\mathrm{d}u = \int_0^x (x-u)f(u)\mathrm{d}u$.

6.求定积分 $I = \int_0^{n\pi} |\sin x| \, \mathrm{d}x$,其中 n 为自然数.

习题 3.7 详解

3.8　广义积分

我们前面介绍的定积分有两个基本的条件:积分区间 $[a,b]$ 的有限性和被积函数 $f(x)$ 的有界性.但在某些实际问题中,常会遇到积分区间为无穷区间或者被积函数为无界函数的积分,我们通常称这两类积分为广义积分或反常积分.

3.8.1　无穷限的广义积分

定义 3.4　设函数 $f(x)$ 在无穷区间 $[a,+\infty)$ 的任意有限子区间上可积,如果极限

$$\lim_{b \to +\infty} \int_a^b f(x) \mathrm{d}x$$

存在,则称此极限值为函数 $f(x)$ 在无穷区间 $[a,+\infty)$ 上的广义积分,记作 $\int_a^{+\infty} f(x)\mathrm{d}x$,即

$$\int_a^{+\infty} f(x) \mathrm{d}x = \lim_{b \to +\infty} \int_a^b f(x) \mathrm{d}x, \tag{3-11}$$

这时也称广义积分 $\int_a^{+\infty} f(x)\mathrm{d}x$ **收敛**;如果式(3-11)中的极限不存在,则称广义积分 $\int_a^{+\infty} f(x)\mathrm{d}x$ **发散**,这时记号 $\int_a^{+\infty} f(x)\mathrm{d}x$ 不再表示数值.

类似地,若函数 $f(x)$ 在无穷区间 $(-\infty,b]$ 的任意有限子区间上可积,如果极限

$$\lim_{a \to -\infty} \int_a^b f(x) \mathrm{d}x$$

存在,则称广义积分 $\int_{-\infty}^b f(x)\mathrm{d}x$ **收敛**,且

$$\int_{-\infty}^b f(x) \mathrm{d}x = \lim_{a \to -\infty} \int_a^b f(x) \mathrm{d}x,$$

否则,称广义积分 $\int_{-\infty}^b f(x)\mathrm{d}x$ **发散**.

设函数 $f(x)$ 在无穷区间 $(-\infty,+\infty)$ 的任意有限子区间上可积,如果广义积分

$$\int_{-\infty}^0 f(x) \mathrm{d}x \text{ 与 } \int_0^{+\infty} f(x) \mathrm{d}x$$

都收敛,则称广义积分 $\int_{-\infty}^{+\infty} f(x)\mathrm{d}x$ **收敛**,且

$$\int_{-\infty}^{+\infty} f(x)\mathrm{d}x = \int_{-\infty}^{0} f(x)\mathrm{d}x + \int_{0}^{+\infty} f(x)\mathrm{d}x$$

$$= \lim_{a\to-\infty}\int_{a}^{0} f(x)\mathrm{d}x + \lim_{b\to+\infty}\int_{0}^{b} f(x)\mathrm{d}x;$$

否则,称广义积分 $\int_{-\infty}^{+\infty} f(x)\mathrm{d}x$ 发散.

上述广义积分统称为无穷限的广义积分,设 $F(x)$ 为 $f(x)$ 的一个原函数,记

$$F(+\infty) = \lim_{x\to+\infty} F(x), F(-\infty) = \lim_{x\to-\infty} F(x),$$

则当 $F(-\infty)$ 与 $F(+\infty)$ 都存在时,有

结合牛顿 — 莱布尼茨公式.

$$\int_{a}^{+\infty} f(x)\mathrm{d}x = \left[F(x)\right]_{a}^{+\infty} = F(+\infty) - F(a);$$

$$\int_{-\infty}^{b} f(x)\mathrm{d}x = \left[F(x)\right]_{-\infty}^{b} = F(b) - F(-\infty);$$

$$\int_{-\infty}^{+\infty} f(x)\mathrm{d}x = \left[F(x)\right]_{-\infty}^{+\infty} = F(+\infty) - F(-\infty).$$

例 3.68　求广义积分 $\int_{-\infty}^{+\infty} \dfrac{\mathrm{d}x}{x^2 - 2x + 2}$.

解　$\displaystyle\int_{-\infty}^{+\infty} \frac{\mathrm{d}x}{x^2 - 2x + 2} = \int_{-\infty}^{+\infty} \frac{\mathrm{d}(x-1)}{1 + (x-1)^2} = \left[\arctan(x-1)\right]_{-\infty}^{+\infty}$

$$= \lim_{x\to+\infty}\arctan(x-1) - \lim_{x\to-\infty}\arctan(x-1)$$

$$= \frac{\pi}{2} - \left(-\frac{\pi}{2}\right) = \pi.$$

注意　一般地,像例3.68这样,当广义积分 $\int_{-\infty}^{+\infty} f(x)\mathrm{d}x(f(x)\geqslant 0)$ 收敛时,其广义积分值表示位于曲线 $y = f(x)$ 下方,x 轴上方的图形的面积. 如图 3-11 所示,当 $a\to-\infty$、$b\to+\infty$ 时,虽然阴影部分向左、向右无限延伸,但其面积却有极限值 π.

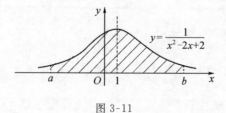

$$y = \frac{1}{x^2 - 2x + 2}$$

图 3-11

例 3.69　求广义积分 $\int_{\frac{2}{\pi}}^{+\infty} \dfrac{1}{x^2}\sin\dfrac{1}{x}\mathrm{d}x$.

解　$\displaystyle\int_{\frac{2}{\pi}}^{+\infty} \frac{1}{x^2}\sin\frac{1}{x}\mathrm{d}x = -\int_{\frac{2}{\pi}}^{+\infty} \sin\frac{1}{x}\mathrm{d}\left(\frac{1}{x}\right) = -\lim_{b\to+\infty}\int_{\frac{2}{\pi}}^{b} \sin\frac{1}{x}\mathrm{d}\left(\frac{1}{x}\right)$

$$= -\lim_{b \to +\infty} \left[\cos \frac{1}{x} \right]_{\frac{2}{\pi}}^{b} = \lim_{b \to +\infty} \left(\cos \frac{1}{b} - \cos \frac{\pi}{2} \right) = 1.$$

例 3.70　设 $a > 0$，求广义积分 $\displaystyle\int_0^{+\infty} \frac{1}{\sqrt{(x^2 + a^2)^3}} \mathrm{d}x.$

解　令 $x = a\tan t$，则 $\mathrm{d}x = a\sec^2 t \mathrm{d}t$，且当 $x = 0$ 时，$t = 0, x \to +\infty$ 时，$t \to \dfrac{\pi}{2}$，于是

$$\int_0^{+\infty} \frac{1}{\sqrt{(x^2 + a^2)^3}} \mathrm{d}x = \int_0^{\frac{\pi}{2}} \frac{a\sec^2 t}{a^3 \sec^3 t} \mathrm{d}t = \frac{1}{a^2} \int_0^{\frac{\pi}{2}} \cos t \mathrm{d}t$$

$$= \frac{1}{a^2} \sin t \Big|_0^{\frac{\pi}{2}} = \frac{1}{a^2}.$$

例 3.71　讨论广义积分 $\displaystyle\int_{-\infty}^{+\infty} \frac{x}{1+x^2} \mathrm{d}x$ 的敛散性.

解　因为 $\displaystyle\int_0^{+\infty} \frac{x}{1+x^2} \mathrm{d}x = \frac{1}{2} \ln(1 + x^2) \Big|_0^{+\infty} = \lim_{x \to +\infty} \frac{1}{2} \ln(1 + x^2) = +\infty$，所以 $\displaystyle\int_0^{+\infty} \frac{x}{1+x^2} \mathrm{d}x$ 发散，从而 $\displaystyle\int_{-\infty}^{+\infty} \frac{x}{1+x^2} \mathrm{d}x$ 发散.

注意　虽然被积函数在 $(-\infty, +\infty)$ 为奇函数，但 $\displaystyle\int_{-\infty}^{+\infty} \frac{x}{1+x^2} \mathrm{d}x$ 并不是定积分，所以不能因此得出 $\displaystyle\int_{-\infty}^{+\infty} \frac{x}{1+x^2} \mathrm{d}x = 0.$

例 3.72　讨论广义积分 $\displaystyle\int_1^{+\infty} \frac{\mathrm{d}x}{x^p}$ 的敛散性，其中 $p > 0$，且为常数.

解　当 $p = 1$ 时，

$$\int_1^{+\infty} \frac{\mathrm{d}x}{x^p} = \int_1^{+\infty} \frac{\mathrm{d}x}{x} = \ln x \Big|_1^{+\infty} = \lim_{x \to +\infty} \ln x = +\infty;$$

当 $p \neq 1$ 时，

$$\int_1^{+\infty} \frac{\mathrm{d}x}{x^p} = \frac{x^{1-p}}{1-p} \Big|_1^{+\infty} = \lim_{x \to +\infty} \frac{x^{1-p}}{1-p} - \frac{1}{1-p} = \begin{cases} +\infty, & p < 1, \\ \dfrac{1}{p-1}, & p > 1. \end{cases}$$

因此，当 $p > 1$ 时，广义积分 $\displaystyle\int_1^{+\infty} \frac{\mathrm{d}x}{x^p}$ 收敛，其值为 $\dfrac{1}{p-1}$；当 $p \leqslant 1$ 时，广义积分 $\displaystyle\int_1^{+\infty} \frac{\mathrm{d}x}{x^p}$ 发散.

3.8.2　无界函数的广义积分

下面，我们来讨论被积函数为无界函数的情形. 如果函数 $f(x)$ 在点 a 的任一邻域（或左、右邻域）内都无界，则点 a 称为函数 $f(x)$ 的瑕点. 无界函数的广义积分也称为瑕积分.

定义 3.5　设函数 $f(x)$ 在 $(a, b]$ 的任一闭子区间上可积，点 a 为函数 $f(x)$ 的瑕点. 取 $t > a$，如果极限

$$\lim_{t \to a^+} \int_t^b f(x) \mathrm{d}x$$

存在,则称此极限值为函数 $f(x)$ 在区间 $(a,b]$ 上的广义积分,记作 $\int_a^b f(x)\mathrm{d}x$,即

$$\int_a^b f(x)\mathrm{d}x = \lim_{t\to a^+}\int_t^b f(x)\mathrm{d}x, \tag{3-12}$$

此时也称广义积分 $\int_a^b f(x)\mathrm{d}x$ 收敛;如果式(3-12)中的极限不存在,则称广义积分 $\int_a^b f(x)\mathrm{d}x$ 发散.

类似地,设函数 $f(x)$ 在 $[a,b)$ 的任一闭子区间上可积,点 b 为函数 $f(x)$ 的瑕点.取 $t < b$,如果极限

$$\lim_{t\to b^-}\int_a^t f(x)\mathrm{d}x$$

存在,则称广义积分 $\int_a^b f(x)\mathrm{d}x$ 收敛,且有

$$\int_a^b f(x)\mathrm{d}x = \lim_{t\to b^-}\int_a^t f(x)\mathrm{d}x;$$

否则,称广义积分 $\int_a^b f(x)\mathrm{d}x$ 发散.

又设点 $c\in(a,b)$,且点 c 为函数 $f(x)$ 的瑕点,那么当且仅当下列两个广义积分

$$\int_a^c f(x)\mathrm{d}x \text{ 与 } \int_c^b f(x)\mathrm{d}x$$

都收敛时,广义积分 $\int_a^b f(x)\mathrm{d}x$ 收敛,且有

$$\int_a^b f(x)\mathrm{d}x = \int_a^c f(x)\mathrm{d}x + \int_c^b f(x)\mathrm{d}x$$
$$= \lim_{t\to c^-}\int_a^t f(x)\mathrm{d}x + \lim_{t\to c^+}\int_t^b f(x)\mathrm{d}x;$$

否则,称广义积分 $\int_a^b f(x)\mathrm{d}x$ 发散.

设 a 为函数 $f(x)$ 的瑕点,$F(x)$ 为 $f(x)$ 在 $(a,b]$ 上的一个原函数,如果 $\lim\limits_{x\to a^+}F(x)$ 存在,记

$$F(a^+) = \lim_{x\to a^+}F(x),$$

则当 $\lim\limits_{x\to a^+}F(x)$ 存在时,有

$$\int_a^b f(x)\mathrm{d}x = F(b) - \lim_{x\to a^+}F(x) = F(b) - F(a^+);$$

结合牛顿 — 莱布尼茨公式.

如果 $\lim\limits_{x\to a^+}F(x)$ 不存在,则广义积分 $\int_a^b f(x)\mathrm{d}x$ 发散.

如果仍用记号 $[F(x)]_a^b$ 表示 $F(b) - F(a^+)$,则对广义积分,形式上仍有

$$\int_a^b f(x)\mathrm{d}x = [F(x)]_a^b.$$

注意 由上面的记号 $[F(x)]_a^b$ 说明可知,通常的定积分和反常积分的记号形式上完全一样,但后者隐含有收敛、发散的问题,而前者没有.

例 3.73 求广义积分 $\int_0^a \dfrac{\mathrm{d}x}{\sqrt{a^2 - x^2}} (a > 0)$.

解 因为

$$\lim_{x \to a^-} \frac{1}{\sqrt{a^2 - x^2}} = +\infty,$$

所以点 a 为瑕点,于是

$$\int_0^a \frac{\mathrm{d}x}{\sqrt{a^2 - x^2}} = \arcsin \frac{x}{a} \Big|_0^a$$

$$= \lim_{x \to a^-} \arcsin \frac{x}{a} - 0 = \frac{\pi}{2}.$$

注意 如图 3-12 所示,例 3.73 中的广义积分值的几何意义在于:曲线 $y = \dfrac{1}{\sqrt{a^2 - x^2}}$ 之下、x 轴之上、直线 $x = 0$ 与 $x = a$ 之间的图形面积是 $\dfrac{\pi}{2}$.

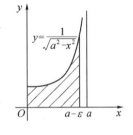

图 3-12

例 3.74 求广义积分 $\int_0^3 \dfrac{\mathrm{d}x}{(x-1)^{4/5}}$.

解 因为

$$\lim_{x \to 1} \frac{1}{(x-1)^{4/5}} = +\infty,$$

所以点 $x = 1$ 为瑕点,于是

$$\int_0^3 \frac{\mathrm{d}x}{(x-1)^{4/5}} = \int_0^1 \frac{\mathrm{d}x}{(x-1)^{4/5}} + \int_1^3 \frac{\mathrm{d}x}{(x-1)^{4/5}}$$

$$= 5(x-1)^{1/5} \Big|_0^1 + 5(x-1)^{1/5} \Big|_1^3$$

$$= 5 \lim_{x \to 1^-} (x-1)^{1/5} + 5 + 5\sqrt[5]{2} - \lim_{x \to 1^+} (x-1)^{1/5}$$

$$= 5(1 + \sqrt[5]{2}).$$

例 3.75 求广义积分 $\int_{-1}^1 \dfrac{\mathrm{d}x}{x^2}$.

以下解法正确吗?为什么?

$$\int_{-1}^1 \frac{\mathrm{d}x}{x^2} = -\frac{1}{x} \Big|_{-1}^1 = -1 - 1 = -2.$$

解 因为

$$\lim_{x \to 0} \frac{1}{x^2} = +\infty,$$

所以点 $x=0$ 为瑕点. 由于

$$\int_{-1}^{0} \frac{\mathrm{d}x}{x^2} = -\frac{1}{x}\Big|_{-1}^{0} = \lim_{x \to 0^-}\left(-\frac{1}{x}\right) - 1 = +\infty,$$

故广义积分 $\int_{-1}^{0} \frac{\mathrm{d}x}{x^2}$ 发散,从而广义积分 $\int_{-1}^{1} \frac{\mathrm{d}x}{x^2}$ 发散.

例 3.76 证明广义积分 $\int_{0}^{1} \frac{\mathrm{d}x}{x^q}$ 当 $0 < q < 1$ 时收敛,当 $q \geqslant 1$ 时发散.

证 当 $q = 1$ 时,

$$\int_{0}^{1} \frac{\mathrm{d}x}{x^q} = \int_{0}^{1} \frac{\mathrm{d}x}{x} = \ln x\big|_{0}^{1} = -\lim_{x \to 0^+}\ln x = +\infty.$$

当 $q \neq 1$ 时,

$$\int_{0}^{1} \frac{\mathrm{d}x}{x^q} = \frac{1}{1-q} x^{1-q}\Big|_{0}^{1} = \frac{1}{1-q}(1 - \lim_{x \to 0^+} x^{1-q}) = \begin{cases} \dfrac{1}{1-q}, & 0 < q < 1, \\ +\infty, & q > 1. \end{cases}$$

因此,当 $0 < q < 1$ 时,广义积分收敛,其值为 $\dfrac{1}{1-q}$;当 $q \geqslant 1$ 时,广义积分发散.

例 3.77 求广义积分 $\int_{2}^{+\infty} \dfrac{\mathrm{d}x}{(x+7)\sqrt{x-2}}$

注意到点 $x=2$ 为瑕点.

解 令 $t = \sqrt{x-2}$,则 $\mathrm{d}x = 2t\mathrm{d}t$,且当 $x=2$ 时,$t=0$,$x=3$ 时,$t=1$,$x \to +\infty$ 时,$t \to +\infty$,于是

$$\int_{2}^{+\infty} \frac{\mathrm{d}x}{(x+7)\sqrt{x-2}} = \int_{2}^{3} \frac{\mathrm{d}x}{(x+7)\sqrt{x-2}} + \int_{3}^{+\infty} \frac{\mathrm{d}x}{(x+7)\sqrt{x-2}}$$

$$= \int_{0}^{1} \frac{2t\mathrm{d}t}{(t^2+9)\cdot t} + \int_{1}^{+\infty} \frac{2t\mathrm{d}t}{(t^2+9)\cdot t}$$

$$= \frac{2}{3}\arctan\frac{t}{3}\Big|_{0}^{1} + \frac{2}{3}\arctan\frac{t}{3}\Big|_{1}^{+\infty}$$

$$= \frac{2}{3}\arctan\frac{1}{3} - \lim_{t \to 0^+}\frac{2}{3}\arctan\frac{t}{3} + \lim_{t \to +\infty}\frac{2}{3}\arctan\frac{t}{3} - \frac{2}{3}\arctan\frac{1}{3}$$

$$= \frac{\pi}{3}.$$

注意 像例 3.77 这样,当广义积分的积分区间为无穷区间,且被积函数又有瑕点时,可以把它拆分成若干个积分,使每一个积分只是单纯的无穷区间上的广义积分或无界函数的广义积分,然后再分别讨论每个广义积分的敛散性.

*3.8.3 　 Γ 函数

下面,我们简单介绍一下在理论和实用中都有重要意义的 Γ 函数.这个函数可利用广义积分定义如下:

定义 3.6 　 当 $p > 0$ 时,广义积分 $\int_0^{+\infty} x^{p-1} \mathrm{e}^{-x} \mathrm{d}x$ 是 p 的函数,记为 $\Gamma(p)$,即

$$\Gamma(p) = \int_0^{+\infty} x^{p-1} \mathrm{e}^{-x} \mathrm{d}x \, (p > 0),$$

称为 Γ 函数.

一方面,Γ 函数为无穷区间的广义积分;另一方面,当 $p-1 < 0$ 时,Γ 函数又是以 $x = 0$ 为瑕点的瑕积分.可以证明,当 $p > 0$ 时,Γ 函数是收敛的,其图形如图 3-13 所示.

以下讨论 Γ 函数的几个重要性质.

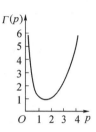

图 3-13

性质 1 　 Γ 函数的递推公式:
$$\Gamma(p+1) = p\Gamma(p) \, (p > 0).$$

证 　 由 Γ 函数的定义及分部积分法,得

$$\Gamma(p+1) = \int_0^{+\infty} x^{p+1-1} \mathrm{e}^{-x} \mathrm{d}x = -\int_0^{+\infty} x^p \mathrm{d}(\mathrm{e}^{-x})$$

$$= -x^p \mathrm{e}^{-x} \Big|_0^{+\infty} + p \int_0^{+\infty} \mathrm{e}^{-x} x^{p-1} \mathrm{d}x$$

$$= p\Gamma(p).$$

由于 　 　 　 　 　 $\Gamma(1) = \int_0^{+\infty} \mathrm{e}^{-x} \mathrm{d}x = -\mathrm{e}^{-x} \Big|_0^{+\infty} = 1,$

运用递推公式,得

$$\Gamma(2) = 1 \cdot \Gamma(1) = 1,$$
$$\Gamma(3) = 2 \cdot \Gamma(2) = 2!,$$
$$\Gamma(4) = 3 \cdot \Gamma(3) = 3!,$$
$$\cdots\cdots$$

注意 　 一般地,对任意正整数 n,有
$$\Gamma(n+1) = n!,$$
所以,我们可将 Γ 函数看成是阶乘的推广.

性质 2 　 当 $p \to 0^+$ 时,$\Gamma(p) \to +\infty$.

证 　 因为

$$\Gamma(p) = \frac{\Gamma(p+1)}{p} \text{ 及 } \Gamma(1) = 1$$

而 Γ 函数在 $p > 0$ 时连续(证明从略),所以当 $p \to 0^+$ 时,$\Gamma(p) \to +\infty$.

性质 3 Γ 函数的余元公式:

$$\Gamma(p)\Gamma(1-p) = \frac{\pi}{\sin(\pi p)}(0 < p < 1).$$

注意 性质 3 在此不做证明. 但当 $p = \frac{1}{2}$ 时,由余元公式可得

$$\Gamma\left(\frac{1}{2}\right) = \sqrt{\pi}.$$

性质 4 $\Gamma(p) = 2\displaystyle\int_0^{+\infty} \mathrm{e}^{-u^2} u^{2p-1} \mathrm{d}u.$

证 在 $\Gamma(p) = \displaystyle\int_0^{+\infty} x^{p-1} \mathrm{e}^{-x} \mathrm{d}x$ 中做代换 $x = u^2$,则

$$\Gamma(p) = \int_0^{+\infty} x^{p-1} \mathrm{e}^{-x} \mathrm{d}x = \int_0^{+\infty} u^{2p-2} \mathrm{e}^{-u^2} 2u \mathrm{d}u$$

$$= 2\int_0^{+\infty} \mathrm{e}^{-u^2} u^{2p-1} \mathrm{d}u.$$

记 $2p-1 = \alpha$,或 $p = \dfrac{1+\alpha}{2}$,则性质 4 可表示为

$$\int_0^{+\infty} \mathrm{e}^{-u^2} u^{\alpha} \mathrm{d}u = \frac{1}{2} \Gamma\left(\frac{1+\alpha}{2}\right)(\alpha > -1).$$

注意 上式左端的积分在实用中比较常见,它的值可以通过 Γ 函数来计算. 在上式中令 $\alpha = 0$,得

$$\int_0^{+\infty} \mathrm{e}^{-u^2} \mathrm{d}u = \frac{1}{2} \Gamma\left(\frac{1}{2}\right) = \frac{\sqrt{\pi}}{2}.$$

这是概率论中常用的积分.

习　题　3.8

1.下列广义积分是否收敛,如果收敛求出它的值:

$(1)\displaystyle\int_0^{+\infty} \mathrm{e}^{-x} \mathrm{d}x$;

$(2)\displaystyle\int_0^{+\infty} \sin x \mathrm{d}x$;

$(3)\displaystyle\int_0^{+\infty} \frac{x}{(1+x)^3} \mathrm{d}x$;

$(4)\displaystyle\int_1^{+\infty} \frac{\ln x}{x^2} \mathrm{d}x$;

(5) $\displaystyle\int_0^{+\infty} \mathrm{e}^{-\sqrt{x}}\mathrm{d}x$；

(6) $\displaystyle\int_0^a \frac{\mathrm{d}x}{\sqrt{a^2-x^2}}(a>0)$；

(7) $\displaystyle\int_1^2 \frac{\mathrm{d}x}{x\ln x}$；

(8) $\displaystyle\int_0^3 \frac{\mathrm{d}x}{(x-1)^{\frac{2}{3}}}$；

(9) $\displaystyle\int_0^1 \frac{\arcsin\sqrt{x}}{\sqrt{x(1-x)}}\mathrm{d}x$；

(10) $\displaystyle\int_0^1 \frac{\mathrm{d}x}{(2-x)\sqrt{1-x}}$.

2. 设 $f(x)=\begin{cases} 1/(1+x^2), & -\infty<x\leqslant 0, \\ 2, & 0<x\leqslant 1, \\ 0, & 1<x<+\infty. \end{cases}$ 求广义积分 $\displaystyle\int_{-\infty}^{+\infty} f(x)\mathrm{d}x$.

3. 当 k 为何值时，广义积分 $\displaystyle\int_2^{+\infty} \frac{1}{x(\ln x)^k}\mathrm{d}x$ 收敛？当 k 为何值时，该广义积分发散？

4. 讨论广义积分 $\displaystyle\int_a^b \frac{\mathrm{d}x}{(x-a)^q}(q>0)$ 的敛散性.

*5. 利用递推公式计算反常积分 $I_n=\displaystyle\int_0^{+\infty} x^n\mathrm{e}^{-x}\mathrm{d}x$.

习题 3.8 详解

3.9　定积分的几何应用举例

定积分作为一项数学工具，在几何学、物理学、经济学等方面都具有广泛的应用，本节将介绍用定积分解决实际问题的基本思想和方法（微元法），并用定积分来计算和处理一些几何量.

3.9.1　微元法

为了说明定积分的微元法，我们首先回顾在 3.5 节中通过研究曲边梯形的面积而引入定积分定义的过程.

设函数 $f(x)$ 在区间 $[a,b]$ 上连续（$f(x)\geqslant 0$），由 $x=a$、$x=b$、$y=0$ 及连续曲线 $y=f(x)$ 所围成的图形面积 A 可表示为定积分

$$A=\int_a^b f(x)\mathrm{d}x,$$

当时解决该问题的三个步骤为：

(1) 近似：在区间 $[a,b]$ 内任意插入 $n-1$ 个分点

$$a=x_0<x_1<x_2<\cdots<x_{i-1}<x_i<\cdots<x_{n-1}<x_n=b,$$

记 $[a,b]$ 的 n 个小区间 $[x_0,x_1]$，$[x_1,x_2]$，$\cdots$，$[x_{i-1},x_i]$，$\cdots$，$[x_{n-1},x_n]$ 的长度依次为 $\Delta x_1 = x_1 - x_0$，$\Delta x_2 = x_2 - x_1$，$\cdots$，$\Delta x_i = x_i - x_{i-1}$，$\cdots$，$\Delta x_n = x_n - x_{n-1}$，在每个小区间 $[x_{i-1},x_i]$ 上任取一点 ξ_i，以底边长为 Δx_i、高为 $f(\xi_i)$ 的小矩形面积 $f(\xi_i)\Delta x_i$ 近似代替第 $i(i=1,2,\cdots,n)$ 个小曲边梯形的面积.

（2）求和：将 n 个小矩形的面积相加，得原曲边梯形面积 A 的近似值

$$A \approx f(\xi_1)\Delta x_1 + f(\xi_2)\Delta x_2 + \cdots + f(\xi_n)\Delta x_n = \sum_{i=1}^{n} f(\xi_i)\Delta x_i.$$

（3）逼近：对区间 $[a,b]$ 分割越细密，和式 $\sum\limits_{i=1}^{n} f(\xi_i)\Delta x_i$ 作为原曲边梯形面积 A 近似值的近似程度将越高，为此，记 $\lambda = \max\{\Delta x_1,\Delta x_2,\cdots,\Delta x_n\}$，并令 $\lambda \to 0$，则和式 $\sum\limits_{i=1}^{n} f(\xi_i)\Delta x_i$ 的极限就是原曲边梯形面积 A 的值，即

$$A = \lim_{\lambda \to 0} \sum_{i=1}^{n} f(\xi_i)\Delta x_i.$$

从上面的讨论可以看出：所求面积 A（总量）被分割成 $[a,b]$ 的若干个部分区间的小曲边梯形面积 ΔA_i（部分量）之和，即

$$A = \sum_{i=1}^{n} \Delta A_i,$$

这一性质称为所求量对于区间 $[a,b]$ 具有可加性.并且以 $f(\xi_i)\Delta x_i$ 近似代替部分量 ΔA_i 时，误差是一个比 Δx_i 高阶的无穷小，这样就保证了和式 $\sum\limits_{i=1}^{n} f(\xi_i)\Delta x_i$ 的极限成为总量 A 的精确值，即

$$A = \int_a^b f(x)\mathrm{d}x.$$

观察上述过程，我们发现，如果把近似运算中的 ξ_i 用 x 代替，Δx_i 用 $\mathrm{d}x$ 代替，并省略下标，则以上过程在应用学科中常简化如下：

（1）由分割近似写微元：取变化区间 $[a,b]$ 的任意小区间 $[x,x+\mathrm{d}x]$，用 $\mathrm{d}A = f(x)\mathrm{d}x$ 作为 ΔA 的近似值（如图 3-14 所示），即总量 A 的微元

$$\mathrm{d}A = f(x)\mathrm{d}x \approx \Delta A,$$

（2）由求和极限写积分：由 $\mathrm{d}A = f(x)\mathrm{d}x$ 求出总量 A 的定积分

$$A = \sum \mathrm{d}A = \int_a^b f(x)\mathrm{d}x.$$

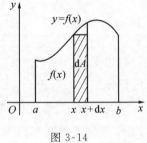

图 3-14

上述方法通常称为微元法（或元素法）.微元法的关键在于写出部分量 ΔA 的等价无穷小量，即微元 $\mathrm{d}A$.在接下来的学习中，我们将应用微元法来讨论一些几何问题、物理问题和经济学问题.

3.9.2　平面图形的面积

1.直角坐标情形

设曲边形由连续曲线 $y=f(x)$、$y=g(x)(f(x) \geqslant g(x))$ 和直线 $x=a$、$x=b(a<b)$ 围成(如图 3-15 所示),现在我们用微元法来求平面图形的面积 A.

在变化区间 $[a,b]$ 内任取一个小区间 $[x,x+\mathrm{d}x]$,则相应于这个小区间的图形的面积近似于高为 $f(x)-g(x)$、底为 $\mathrm{d}x$ 的矩形面积,从而得到面积微元

$$\mathrm{d}A = [f(x)-g(x)]\mathrm{d}x.$$

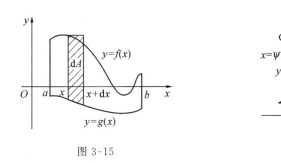

图 3-15　　　　　　　　　　图 3-16

于是,我们得到直角坐标系下该平面图形面积的计算公式.

平面图形 $f(x) \leqslant y \leqslant g(x)(a \leqslant x \leqslant b)$ 的面积为

$$A = \int_a^b [f(x)-g(x)]\mathrm{d}x. \tag{3-13}$$

类似地,当平面图形由曲线 $x=\varphi(y)$、$x=\psi(y)(\varphi(y) \geqslant \psi(y))$ 和直线 $y=c$、$y=d(c<d)$ 围成时(如图 3-16),其直角坐标系下平面图形面积的计算公式如下.

平面图形 $\psi(y) \leqslant x \leqslant \varphi(y)(c \leqslant y \leqslant d)$ 的面积为

$$A = \int_c^d [\varphi(y)-\psi(y)]\mathrm{d}y. \tag{3-14}$$

例 3.78　求由曲线 $y=\dfrac{1}{x}$ 及直线 $y=x$、$x=2$ 所围成的平面图形面积 A.

解　曲边形如图 3-17 所示,故有

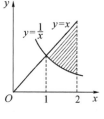

$$A = \int_1^2 \left(x-\frac{1}{x}\right)\mathrm{d}x = \left[\frac{1}{2}x^2-\ln x\right]_1^2$$

$$= (2-\ln 2) - \left(\frac{1}{2}-0\right) = \frac{3}{2}-\ln 2.$$

图 3-17

例 3.79 求由曲线 $y^2 = 2x$ 与直线 $y = x - 4$ 所围图形的面积.

解 曲边形如图 3-18 所示,曲线 $y^2 = 2x$ 与直线 $y = x - 4$ 的图形的交点坐标为 $(2, -2)$ 及 $(8, 4)$. 取 y 为积分变量,右边界曲线的方程为 $x = y + 4$,左边界曲线的方程为 $x = \frac{1}{2}y^2$,积分区间为 $[-2, 4]$,于是

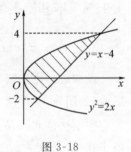

图 3-18

$$A = \int_{-2}^{4} \left[(y + 4) - \frac{1}{2}y^2 \right] \mathrm{d}y$$

$$= \left[\frac{1}{2}y^2 + 4y - \frac{1}{6}y^3 \right]_{-2}^{4} = 18.$$

> 若取 x 为积分变量,计算如何进行呢?

例 3.80 求椭圆 $\dfrac{x^2}{a^2} + \dfrac{y^2}{b^2} = 1$ 所围图形的面积.

解 由椭圆关于两坐标轴的对称性(如图 3-19 所示),得椭圆所围图形的面积

$$A = 4A_1,$$

其中 A_1 为该椭圆在第一象限部分与两坐标轴所围图形的面积,于是

$$A = 4A_1 = 4\int_0^a y\mathrm{d}x.$$

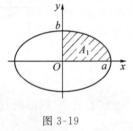

图 3-19

由椭圆的参数方程可知

$$\begin{cases} x = a\cos t, \\ y = b\sin t, \end{cases} \left(0 \leqslant t \leqslant \frac{\pi}{2} \right)$$

由定积分的换元法,令 $x = a\cos t$,则 $y = b\sin t$,$\mathrm{d}x = -a\sin t\mathrm{d}t$,当 x 由 0 变到 a 时,t 由 $\frac{\pi}{2}$ 变到 0,所以

$$A = 4\int_{\frac{\pi}{2}}^{0} b\sin t(-a\sin t)\mathrm{d}t = 4ab\int_0^{\frac{\pi}{2}} \sin^2 t\mathrm{d}t$$

$$= 4ab \cdot \frac{1}{2} \cdot \frac{\pi}{2} = \pi ab.$$

注意 当 $a = b$ 时,就是我们所熟悉的圆面积的公式 $A = \pi a^2$.

2. 极坐标情形

在极坐标系中,由曲线 $\rho = r(\theta)$ 及射线 $\theta = \alpha$、$\theta = \beta (\alpha < \beta)$ 所围成的平面图形 AOB 称为曲边扇形(如图 3-20 所示).下面我们用定积分的微元法计算曲边扇形的面积 A.

在变化区间 $[\alpha, \beta]$ 内任取一个小区间 $[\theta, \theta + \mathrm{d}\theta]$,则相应于这个小区间的图形的面积近似于极径 $r(\theta)$ 为半径、圆心角为 $\mathrm{d}\theta$ 的圆扇形面积,从而得到面积微元

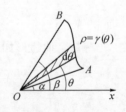

图 3-20

$$dA = \frac{1}{2}[r(\theta)]^2 d\theta.$$

于是,我们得到极坐标系下该平面图形面积的计算公式.

曲边扇形 $0 \leqslant \rho \leqslant r(\theta)(\alpha \leqslant \theta \leqslant \beta)$ 的面积为
$$A = \frac{1}{2}\int_\alpha^\beta [r(\theta)]^2 d\theta. \tag{3-15}$$

例 3.81 求双纽线 $\rho^2 = a^2\cos2\theta(a > 0)$ 所围图形的面积.

解 双纽线所围成的图形如图 3-21 所示.由图形的对称性,所求图形的面积 A 等于它在第一象限内图形面积 A_1 的 4 倍,故

$$A = 4A_1 = 4 \cdot \frac{1}{2}\int_0^{\frac{\pi}{4}} (a\sqrt{\cos2\theta})^2 d\theta = 2a^2\int_0^{\frac{\pi}{4}} \cos2\theta d\theta$$

$$= 2a^2\left[\frac{1}{2}\sin2\theta\right]_0^{\frac{\pi}{4}} = a^2.$$

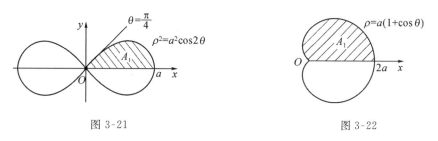

图 3-21   图 3-22

例 3.82 求心形线 $\rho = a(1+\cos\theta)(a > 0)$ 所围图形的面积.

解 心形线所围成的图形如图 3-22 所示.由图形的对称性,所求图形的面积 A 等于它在极轴上方部分图形面积 A_1 的 2 倍,故

$$A = 2A_1 = 2 \cdot \frac{1}{2}\int_0^\pi a^2(1+\cos\theta)^2 d\theta$$

$$= a^2\int_0^\pi (1+2\cos\theta+\cos^2\theta) d\theta$$

$$= a^2\int_0^\pi \left(\frac{3}{2} + 2\cos\theta + \frac{1}{2}\cos2\theta\right) d\theta$$

$$= a^2\left[\frac{3}{2}\theta + 2\sin\theta + \frac{1}{4}\sin2\theta\right]_0^\pi = \frac{3}{2}\pi a^2.$$

3.9.3 特殊形体的体积

1.旋转体的体积

某一平面图形绕着它所在平面内的一条直线旋转一周所形成的立体称为旋转体,这条直线称为旋转轴.我们现在求连续曲线 $y = f(x)(f(x) \geqslant 0)$、直线 $x = a$、$x = b$ 及 x 轴所围

成的曲边梯形绕 x 轴旋转一周而成的旋转体（如图3-23所示）的体积 V.

在变化区间 $[a,b]$ 内任取一个小区间 $[x,x+\mathrm{d}x]$，则相应于该小区间的窄曲边梯形绕 x 轴旋转而成的薄片的体积近似于以 x 点处的函数值 $f(x)$ 为底圆半径、$\mathrm{d}x$ 为高的圆柱体薄片体积，从而得到旋转体体积微元

$$\mathrm{d}V = \pi[f(x)]^2\mathrm{d}x.$$

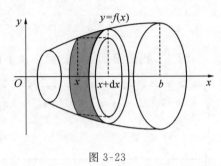

图 3-23

于是，我们得到曲边梯形绕 x 轴旋转一周而成的旋转体的体积计算公式.

曲边梯形 $0 \leqslant y \leqslant f(x)(a \leqslant x \leqslant b)$ 绕 x 轴旋转一周而成的旋转体的体积为

$$V_x = \pi\int_a^b [f(x)]^2\mathrm{d}x. \tag{3-16}$$

类似地，由连续曲线 $x = \varphi(y)(\varphi(y) \geqslant 0)$、直线 $y = c$、$y = d(c < d)$ 及 y 轴所围成的曲边梯形绕 y 轴旋转一周而成的旋转体（如图3-24所示）的体积计算公式如下.

曲边梯形 $0 \leqslant x \leqslant \varphi(y)(c \leqslant y \leqslant d)$ 绕 y 轴旋转一周而成的旋转体的体积为

$$V_y = \pi\int_c^d [\varphi(y)]^2\mathrm{d}y. \tag{3-17}$$

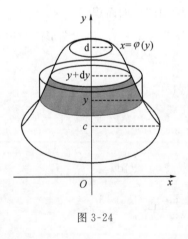

图 3-24

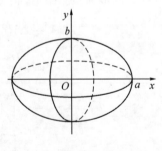

图 3-25

例 3.83 求由椭圆 $\dfrac{x^2}{a^2} + \dfrac{y^2}{b^2} = 1$ 所围成的平面图形分别绕 x 轴、y 轴旋转而成的旋转体（称为旋转椭球体）的体积.

解 绕 x 轴旋转的旋转椭球体可以看作是由上半个椭圆 $y = \dfrac{b}{a}\sqrt{a^2 - x^2}$ 及 x 轴所围成的平面图形绕 x 轴旋转一周所形成的立体（如图3-24），有

$$V_x = \pi \int_{-a}^{a} \frac{b^2}{a^2}(a^2 - x^2)\mathrm{d}x = \frac{2\pi b^2}{a^2}\left(a^2 x - \frac{1}{3}x^3\right)\Big|_0^a = \frac{4}{3}\pi ab^2.$$

绕 y 轴旋转的旋转椭球体可以看作是由右半个椭圆 $x = \dfrac{a}{b}\sqrt{b^2 - y^2}$ 及 y 轴所围成的平面图形绕 y 轴旋转一周所形成的立体,有

$$V_y = \pi \int_{-b}^{b} \frac{a^2}{b^2}(b^2 - y^2)\mathrm{d}y = \frac{2\pi a^2}{b^2}\left(b^2 y - \frac{1}{3}y^3\right)\Big|_0^b = \frac{4}{3}\pi a^2 b.$$

例 3.84　求由摆线 $\begin{cases} x = a(t - \sin t), \\ y = a(1 - \cos t) \end{cases}$ 的一拱 $(0 \leqslant t \leqslant 2\pi)$ 及 x 轴所围成的平面图形分别绕 x 轴、y 轴旋转而成的旋转体的体积.

解　依据摆线的参数方程和定积分的换元积分法,所述平面图形绕 x 轴旋转而成的旋转体的体积为

$$\begin{aligned}
V_x &= \pi \int_0^{2\pi a} y^2 \mathrm{d}x = \pi \int_0^{2\pi} a^2(1 - \cos t)^2 \cdot a(1 - \cos t)\mathrm{d}t \\
&= \pi a^3 \int_0^{2\pi}(1 - 3\cos t + 3\cos^2 t - \cos^3 t)\mathrm{d}t = 5\pi^2 a^3.
\end{aligned}$$

所述平面图形绕 y 轴旋转而成的旋转体的体积可看成曲边梯形 $OABCO$ 与 $OBCO$(图 3-26)分别绕 y 轴旋转而成的旋转体的体积之差. 依据摆线的参数方程和定积分的换元积分法,所述平面图形绕 y 轴旋转而成的旋转体的体积为

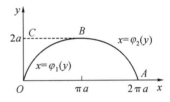

图 3-26

$$\begin{aligned}
V_y &= \pi \int_0^{2a} [\varphi_2(y)]^2 \mathrm{d}y - \pi \int_0^{2a} [\varphi_1(y)]^2 \mathrm{d}y \\
&= \pi \int_{2\pi}^{\pi} a^2(t - \sin t)^2 \cdot a\sin t \mathrm{d}t - \pi \int_0^{\pi} a^2(t - \sin t)^2 \cdot a\sin t \mathrm{d}t \\
&= -\pi a^3 \int_{2\pi}^{\pi}(t - \sin t)^2 \sin t \mathrm{d}t = 6\pi^3 a^3.
\end{aligned}$$

2. 平行截面面积为已知的立体的体积

若某一空间立体,其垂直于某一定轴的各截面的面积是可以获知的,则该立体的体积也可以用定积分来计算. 简单起见,我们取定轴为 x 轴,并设该立体介于过点 $x = a$、$x = b(a < b)$ 且垂直于 x 轴的两个平面(如图 3-27 所示)之间. 假设过点 x 且垂直于 x 轴的平行截面面积函数 $A(x)$ 是 x 的连续函数,称这样的立体为平行截面面积为已知的立体,下面来计算该立体的体积.

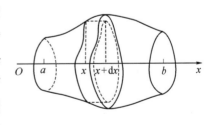

图 3-27

在变化区间 $[a, b]$ 内任取一个小区间 $[x, x + \mathrm{d}x]$,则该小区间的薄片的体积近似于底面积为 $A(x)$、高为 $\mathrm{d}x$ 的扁柱体的体积,即体积微元

$$\mathrm{d}V = A(x)\mathrm{d}x.$$

于是,我们得到该平行截面面积为已知的立体的体积计算公式.

> 夹在过点 $x = a$、$x = b$ 且垂直于 x 轴的两个平面之间,且平行截面面积为 $A(x)$ 的立体体积为
>
> $$V = \int_a^b A(x)\mathrm{d}x. \tag{3-18}$$

例 3.85 一平面经过半径为 R 的圆柱体的底圆中心,并与底面构成的交角为 α(如图 3-28 所示),求该平面截圆柱体所得立体的体积.

解 取该平面与圆柱体底圆的交线为 x 轴,底面上过圆心且垂直于 x 轴的直线为 y 轴,则底圆的方程为

$$x^2 + y^2 = R^2.$$

在变化区间 $[-R, R]$ 内任取一个小区间 $[x, x + \mathrm{d}x]$. 则该小区间的薄片的体积近似于一个直角三角形,它的两条直角边的长分别为 $\sqrt{R^2 - x^2}$ 及 $\sqrt{R^2 - x^2}\tan\alpha$,因而截面面积为

$$A(x) = \frac{1}{2}(R^2 - x^2)\tan\alpha.$$

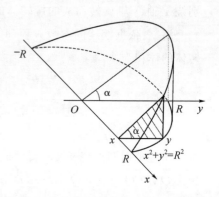

图 3-28

于是,所求立体体积为

$$V = \int_{-R}^R \frac{1}{2}(R^2 - x^2)\tan\alpha\,\mathrm{d}x = \tan\alpha\left(R^2 x - \frac{1}{3}x^3\right)\Big|_0^R$$

$$= \frac{2}{3}R^3\tan\alpha.$$

3.9.4 平面曲线的弧长

在直角坐标系中,若曲线弧 $\overset{\frown}{AB}$ 由

$$y = f(x), \quad (a \leqslant x \leqslant b)$$

给出,且 $f(x)$ 在区间 $[a, b]$ 上具有一阶连续导数,我们考虑曲线弧 $\overset{\frown}{AB}$ 的弧长.

如图 3-29 所示,在变化区间 $[a, b]$ 内任取一个小区间 $[x, x + \mathrm{d}x]$,则相应于这个小区间上一小段曲线弧的弧长 Δs 近似于曲线在点 $(x, f(x))$ 处的切线在该小区间上的长度,由微分的几何意义得弧长微元

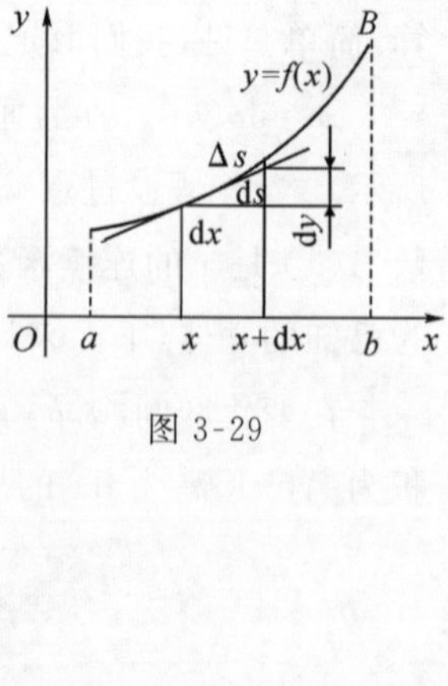

$$\mathrm{d}s = \sqrt{(\mathrm{d}x)^2 + (\mathrm{d}y)^2} = \sqrt{1 + y'^2}\,\mathrm{d}x.$$

于是,我们得到在直角坐标下曲线弧长的计算公式.

图 3-29

曲线弧段 $y = f(x)(a \leqslant x \leqslant b)$ 的长度为

$$s = \int_a^b \sqrt{1 + {y'}^2}\,\mathrm{d}x.\tag{3-19}$$

注意　若曲线弧由参数方程

$$\begin{cases} x = \varphi(t), \\ y = \psi(t), \end{cases} (\alpha \leqslant t \leqslant \beta)$$

给出,且 $\varphi(t)$、$\psi(t)$ 在区间 $[\alpha,\beta]$ 上具有一阶连续导数,则弧长微元

$$\mathrm{d}s = \sqrt{(\mathrm{d}x)^2 + (\mathrm{d}y)^2} = \sqrt{{\varphi'}^2(t) + {\psi'}^2(t)}\,\mathrm{d}t.$$

于是,我们得到参数方程下曲线弧长的计算公式.

曲线弧段 $x = \varphi(t)$,$y = \psi(t)(\alpha \leqslant t \leqslant \beta)$ 的长度为

$$s = \int_\alpha^\beta \sqrt{{\varphi'}^2(t) + {\psi'}^2(t)}\,\mathrm{d}t.\tag{3-20}$$

若曲线弧由极坐标方程

$$\rho = \rho(\theta),(\alpha \leqslant \theta \leqslant \beta)$$

给出,其中 $\rho(\theta)$ 在区间 $[\alpha,\beta]$ 上具有一阶连续导数,并且注意到

$$\begin{cases} x = \rho(\theta)\cos\theta, \\ y = \rho(\theta)\sin\theta, \end{cases} (\alpha \leqslant \theta \leqslant \beta)$$

我们将极坐标方程的情形转化为参数方程情形,则弧长微元

$$\mathrm{d}s = \sqrt{{x'}^2(\theta) + {y'}^2(\theta)}\,\mathrm{d}\theta = \sqrt{\rho^2(\theta) + {\rho'}^2(\theta)}\,\mathrm{d}\theta.$$

于是,我们得到极坐标方程下曲线弧长的计算公式.

曲线弧段 $\rho = \rho(\theta)(\alpha \leqslant \theta \leqslant \beta)$ 的长度为

$$s = \int_\alpha^\beta \sqrt{\rho^2(\theta) + {\rho'}^2(\theta)}\,\mathrm{d}\theta.\tag{3-21}$$

例 3.86　由于自身的重量,两根电线杆之间的电线下垂成曲线 (悬链线).适当选取坐标系后(如图 3-30),悬链线的方程为

$$y = k\mathrm{ch}\frac{x}{k} = \frac{k}{2}(\mathrm{e}^{\frac{x}{k}} + \mathrm{e}^{-\frac{x}{k}}),$$

其中 k 为常数.求悬链线上介于 $x = -b$ 与 $x = b$ 之间一段弧的弧长.

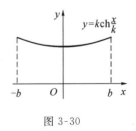

图 3-30

解　$s = \int_{-b}^b \sqrt{1 + \frac{1}{4}(\mathrm{e}^{\frac{x}{k}} - \mathrm{e}^{-\frac{x}{k}})^2}\,\mathrm{d}x = \frac{1}{2}\int_{-b}^b \sqrt{(\mathrm{e}^{\frac{x}{k}} + \mathrm{e}^{-\frac{x}{k}})^2}\,\mathrm{d}x$

$$= \int_0^b (e^{\frac{x}{k}} + e^{-\frac{x}{k}}) dx = k(e^{\frac{x}{k}} - e^{-\frac{x}{k}})\big|_0^b = k(e^{\frac{b}{k}} - e^{-\frac{b}{k}}) = 2k \operatorname{sh}\frac{b}{k}.$$

例 3.87 求星形线 $x = a\cos^3 t, y = a\sin^3 t$ 的全长（如图 3-31）.

解 由图形的对称性,得

$$s = 4\int_0^{\frac{\pi}{2}} \sqrt{9a^2\cos^4 t\sin^2 t + 9a^2\sin^4 t\cos^2 t}\, dt$$

$$= 12a\int_0^{\frac{\pi}{2}} |\sin t\cos t|\, dt = 12a\int_0^{\frac{\pi}{2}} \sin t\, d(\sin t)$$

$$= 6a.$$

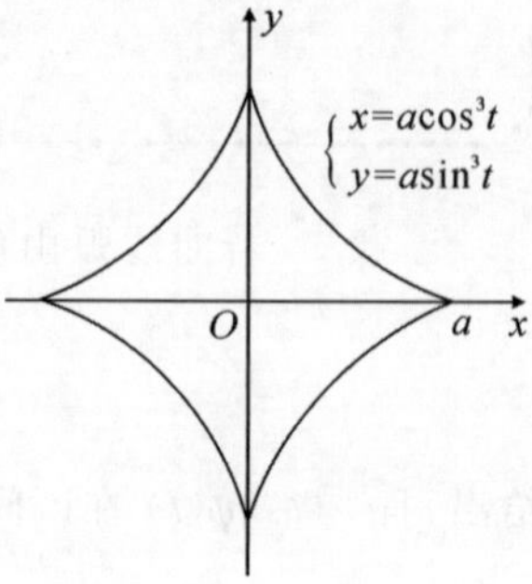

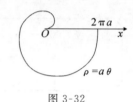

图 3-31

例 3.88 求阿基米德螺线 $\rho = a\theta (a > 0)$ 上相应于 θ 从 0 到 2π 的弧长.

解 如图 3-32,弧长

$$s = \int_\alpha^\beta \sqrt{\rho^2(\theta) + \rho'^2(\theta)}\, d\theta$$

$$= \int_0^{2\pi} \sqrt{a^2\theta^2 + a^2}\, d\theta = a\int_0^{2\pi} \sqrt{\theta^2 + 1}\, d\theta$$

$$= \frac{a}{2}\left[2\pi\sqrt{1 + 4\pi^2} + \ln(2\pi + \sqrt{1 + 4\pi^2})\right].$$

图 3-32

习 题 3.9

1.用定积分求下列各曲线所围成的图形面积:

(1) $y^2 = x$ 和 $y = x^2$ 所围成的图形面积;

(2)抛物线 $y + 1 = x^2$ 与直线 $y = 1 + x$ 所围成的图形面积;

(3)三叶线 $r = a\sin 3\theta$ 所围成的图形面积;

(4)笛卡尔叶形线 $x^3 + y^3 = 3axy$ 所围成的图形面积.

2.用定积分求下列各立体的体积:

(1)底面半径为 r、高为 h 的正圆锥体的体积;

(2)求由抛物线 $y = x^2$、直线 $x = 2$ 与 x 轴所围成的平面图形绕 x 轴、y 轴旋转一周所得立体的体积;

(3)以半径为 R 的圆为底、平行且等于底圆直径的线段为顶、高为 h 的正劈锥体的体积;

(4)由 $x^2 + y^2 \leqslant 2x$ 与 $y \geqslant x$ 所确定的平面图形 A 绕直线 $x = 2$ 旋转一周所得旋转体的体积.

3.用定积分求下列各曲弧的弧长:

(1)曲线 $y = \frac{2}{3}x^{\frac{3}{2}}$ 上相应于 x 从 a 到 b 的一段弧长;

(2)参数曲线 $x = a(\cos t + t\sin t), y = a(\sin t - t\cos t)$ $t \in [0, \pi]$ 的一段弧长;

(3)对数螺线 $\rho\theta=\mathrm{e}^{a\theta}$ 相应于自 $\theta=0$ 到 $\theta=\dfrac{\pi}{3}$ 的一段弧长;

(4)曲线 $\rho\theta=1$ 相应于自 $\theta=\dfrac{3}{4}$ 至 $\theta=\dfrac{4}{3}$ 的一段弧长.

4.证明:由平面图形 $0\leqslant a\leqslant x\leqslant b,0\leqslant y\leqslant f(x)$ 绕轴旋转所成的旋转体的体积为 $v_y=2\pi\displaystyle\int_a^b xf(x)\mathrm{d}x$.

5.在摆线 $\begin{cases}x=a(t-\sin t),\\ y=a(1-\cos t)\end{cases}$ 上求分摆线第一拱成 1:3 的点的坐标.

习题 3.9 详解

3.10　定积分的物理应用举例

在许多物理学的实际问题中,我们常遇到的物理量具有连续性与可加性.这为引入定积分解决相应问题创造了便利条件,因此,定积分在物理学中的应十分广泛,本节将介绍用定积分计算和处理一些简单的物理量.

3.10.1　变力沿直线所做的功

设某一物体在做直线运动,且它所受的合外力为一个不变的力,大小为 F,方向与物体运动方向一致,那么物体移动了距离 s 时,力所做的功为

$$W=F\cdot s.$$

若设物体在直线运动的过程中所受的合外力 F 是变力,我们可假设物体运动所在的直线与 x 轴平行,于是 $F=F(x)$ 是一个随 x 而变化的函数.下面我们利用微元法,配合具体实例说明如何计算变力所做的功 W.

例 3.89　用大小可以忽略不计的水桶从 10m 深的井中提水,起始桶中装有 10kg 的水,由于水桶均匀漏水,每升高 1m 要漏去 0.2kg 的水.求水桶被匀速地从井底提到井口拉力 F 所做的功.

解　如图 3-33 所示,设水桶从原点 O 处,沿 y 轴正方向向上运动,由于水桶在被匀速上拉的过程中,拉力 F 必须始终与水桶重力 P 相平衡.而水桶重力因均匀漏水而随提升高度改变,故拉力 F 的大小与水桶位置的变化关系为

$$F=(10-0.2y)g,$$

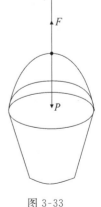

图 3-33

在变化区间$[0,10]$内任取一个小区间$[y,y+\mathrm{d}y]$,当水桶从y移动到$y+\mathrm{d}y$时,拉力所做的功近似于

$$\mathrm{d}W=(10-0.2y)g\mathrm{d}y,$$

若取重力加速度$g=9.8\mathrm{m/s^2}$,则拉力F所做的功为

$$W=\int_0^{10}(10-0.2y)g\mathrm{d}y=(100-0.1y^2\mid_0^{10})\cdot g$$
$$=882(\mathrm{J}).$$

例 3.90 一条总长为$l=0.8\mathrm{m}$的均匀链条,质量为$0.8\mathrm{kg}$,放在桌面上,并使其部分下垂,下垂一段的长度为$0.3\mathrm{m}$(如图3-34所示).假设链条与桌面之间的滑动摩擦系数为$\mu=0.2$,若链条由静止开始运动,在离开桌面的过程中,摩擦力对链条做了多少功?

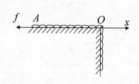

图 3-34

解 作x轴如图3-34所示,设某一时刻链条在桌面上的部分长为x,则摩擦力大小为

$$f=\frac{|x|}{l}\cdot\mu mg=0.2g|x|,$$

在x的变化区间$[-0.5,0]$内任取一个小区间$[x,x+\mathrm{d}x]$,链条从x移动到$x+\mathrm{d}x$时,并考虑到摩擦力f的方向与链条运动方向相反,则f所做的功近似于

$$\mathrm{d}W=-0.2g|x|\mathrm{d}x,$$

若取重力加速度$g=9.8\mathrm{m/s^2}$,则拉力f所做的功为

$$W=-\int_{-0.5}^{0}0.2g|x|\mathrm{d}x=\int_{-0.5}^{0}0.2gx\mathrm{d}x$$
$$=0.1gx^2\mid_{0.5}^{0}=-0.245(\mathrm{J}).$$

摩擦力所做的是负功.

例 3.91 设有一个蓄满水的直径为20m的半球形水池,若要把水抽尽,问要做多少功?

解 建立坐标系(如图3-35所示),在深度x的变化区间$[0,10]$内任取一个小区间$[x,x+\mathrm{d}x]$,则相应于$[x,x+\mathrm{d}x]$的一薄层水的体积近似为

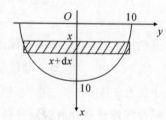

图 3-35

$$\Delta V\approx\pi y^2\mathrm{d}x=\pi(100-x^2)\mathrm{d}x,$$

则这薄层水的重力为$\rho g\pi(100-x^2)\mathrm{d}x$,其中$\rho=1000(\mathrm{kg/m^3})$是水的密度,$g=9.8(\mathrm{m/s^2})$是重力加速度,把这薄层水抽出池外所做功的近似值为

$$\mathrm{d}W=\rho g\pi(100-x^2)\mathrm{d}x\cdot x=\rho g\pi x(100-x^2)\mathrm{d}x.$$

于是所求的功为

$$W=\int_0^{10}\rho g\pi x(100-x^2)\mathrm{d}x=\rho g\pi\int_0^{10}(100x-x^3)\mathrm{d}x$$

$$= \frac{1}{4}\rho g\pi \times 10^4 = 7.693 \times 10^7 \, (\text{J}).$$

3.10.2　水压力

由物理学知识,在密度为 ρ、深度为 h 处的液体压强为 $p = \rho g h$,其中 g 是重力加速度.若有一面积为 A 的平板水平放置在深为 h 处的液体中,则平板一侧所受的液体压力为

$$P = p \cdot A = \rho g h A.$$

如果平板铅直放置在液体中,由于平板上的点处于液体中的不同深度处,故压强 $p = p(h)$ 是一个随 h 而变化的函数.因此平板一侧所受的液体压力就不能用直接使用上述公式计算.以下我们通过具体实例说明如何利用微元法计算平板一侧所受的液体压力 P.

例 3.92　一个横放着的圆柱形水桶,桶内盛有半桶水(如图 3-36 所示).设桶的底半径为 R,水的密度为 ρ,计算桶的一个端面上所受的压力大小.

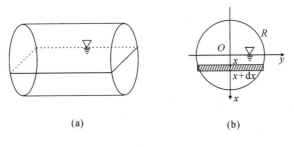

图 3-36

解　由于桶的一个端面是圆片,我们需要计算的是当水平面通过圆心时,铅直放置的半圆片的一侧所受到的水压力.建立坐标系(如图 3-36(b) 所示),取 x 为积分变量,它的变化区间为 $[0,R]$ 内任取一个小区间 $[x,x+\mathrm{d}x]$,半圆片上相应于 $[x,x+\mathrm{d}x]$ 的窄条上各点处的压强近似于 $\rho g x$,窄条的面积近似于 $2\sqrt{R^2-x^2}\mathrm{d}x$,因此窄条一侧所受水压力大小的近似值为

$$\mathrm{d}P = 2\rho g x \sqrt{R^2-x^2}\mathrm{d}x.$$

于是所求的压力大小为

$$P = \int_0^R 2\rho g x \sqrt{R^2-x^2}\mathrm{d}x = -\rho g \int_0^R (R^2-x^2)^{\frac{1}{2}}\mathrm{d}(R^2-x^2)$$

$$= -\rho g \left[\frac{2}{3}(R^2-x^2)^{3/2}\right]_0^R = \frac{2}{3}\rho g R^3.$$

例 3.93　有一装满水的断面为梯形的水箱,其上底为 $3\mathrm{m}$,下底为 $2\mathrm{m}$,高为 $2\mathrm{m}$,则水箱一侧所受到的压力大小为多少?

解　建立坐标系(如图 3-35 所示),取深度 y 为积分变量,若在变化区间 $[0,10]$ 内任取一个小区间 $[y,x+\mathrm{d}y]$,梯形上相应于 $[x,x+\mathrm{d}x]$ 的窄条上各点处的压强近似于 $\rho g(2-y)$,我们注意到梯形侧腰的

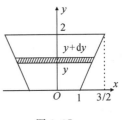

图 3-37

方程为 $x = \dfrac{1}{4}y + 1$，于是窄条的面积近似于 $2x\mathrm{d}y = 2\left(\dfrac{1}{4}y + 1\right)\mathrm{d}y$，因此窄条一侧所受水压力大小的近似值为

$$\mathrm{d}P = \rho g (2 - y) \cdot 2\left(\frac{1}{4}y + 1\right)\mathrm{d}y,$$

则水箱一侧所受到的压力大小为

$$
\begin{aligned}
P &= \int_0^2 \rho g (2 - y) \cdot 2\left(\frac{1}{4}y + 1\right)\mathrm{d}y \\
&= 2\rho g \int_0^2 \left(-\frac{1}{4}y^2 - \frac{1}{2}y + 2\right)\mathrm{d}y \\
&= 2\rho g \left(-\frac{1}{12}y^3 \Big|_0^2 - \frac{1}{4}y^2 \Big|_0^2 + 4\right) = \frac{14}{3}\rho g.
\end{aligned}
$$

3.10.3 引力

由物理学知识，若相距 r，质量分别为 m_1、m_2 的两质点间的引力大小为

$$F = G\frac{m_1 m_2}{r^2},$$

其中 G 为引力系数，引力 F 的方向沿着两质点的连线方向. 若我们涉及的物体间的引力问题，需要考虑物体的几何形状，就不能直接使用上述公式计算. 以下我们通过具体实例说明如何利用定积分来处理相关问题.

例 3.94 若有一根线密度为 μ、长为 l 的均匀细棒，在其中垂线上相距细棒 a 单位处有一质量为 m 的质点，试求细棒对质点的引力.

解 建立坐标系（如图 3-38 所示），取 y 为积分变量，若在变化区间 $\left[-\dfrac{l}{2}, \dfrac{l}{2}\right]$ 内任取一个小区间 $[y, x + \mathrm{d}y]$，则细棒上相应于 $[y, y + \mathrm{d}y]$ 的一段可近似地看成质点，其质量为 $\mu\mathrm{d}y$，与质点的距离为 $r = \sqrt{a^2 + y^2}$，因此该段细棒与质点的引力的近似值为 $\mathrm{d}F = G\dfrac{m\mu\mathrm{d}y}{a^2 + y^2}$，

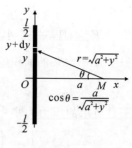

图 3-38

进而可求出 $\mathrm{d}F$ 的水平方向分力大小为 $\mathrm{d}F_x = -G\dfrac{am\mu\mathrm{d}y}{(a^2 + y^2)^{3/2}}$. 考虑到 F_x 指向 x 轴的负向，得到引力在水平方向的分力为

$$F_x = -\int_{-l/2}^{l/2} \frac{Gam\mu}{(a^2 + y^2)^{3/2}}\mathrm{d}y = -\frac{Gaml}{a} \cdot \frac{1}{\sqrt{4a^2 + l^2}}.$$

引力在铅直方向的分力为 $F_y = 0$. 当细棒的长度 l 相对于 a 很大时，可视 l 趋于无穷. 此时，引力大小为 $\dfrac{2Gam\mu}{a}$，方向与细棒垂直，且由质点指向细棒.

习　题　3.10

1. 设有一个弹簧,原长为 10cm,已知 40N 的力使弹簧从原长拉伸至 15cm 长,如果把弹簧从 15cm 长拉伸至 18cm 长,计算所做的功.

2. 一物体按规律 $x = 2t^3$ 做直线运动,式中 x 为时间 t 内通过的距离,媒质的阻力 F 的大小恰好是速度的平方.试求物体由 $x = 0$ 运动到 $x = 2$ 时,阻力所做的功.

3. 半径为 R m 的半球形水池充满了水,要把池内的水完全吸尽,需做多少功?

4. 一块矩形木板长 10m,宽 5m.木板垂直于水平面,沉没于水中,其一宽与水面一样高,求木板一侧受到的压力(水的密度 $\rho = 1.0 \times 10^3 \, \text{kg/m}^3$, $g = 9.8 \, \text{m/s}^2$).

5. 等腰三角形薄板铅直沉入水中,其底与水面相齐,薄板的高为 h,底为 a.

(1)计算薄板一侧所受压力;

(2)若倒转薄板,使顶点与水面相齐,底平行于水面,水对薄板一侧的压力有何变化?

6. 设有一半径为 R、中心角为 φ 的圆弧形细棒,其线密度为常数 μ.在圆心处有一质量为 m 的质点 M.试求这细棒对质点 M 的引力.

习题 3.10 详解

3.11　定积分的经济应用举例

引入定积分解决一些经济学问题,会让原问题更加清晰、严密和完整,本节将介绍用定积分计算和处理一些简单的经济学问题.

3.11.1　由边际函数求总函数

若 $F'(q)$ 表示某个经济函数 $F(q)$(如总成本函数、总收益函数)的边际函数,则由牛顿—莱布尼茨公式

$$\int_{q_0}^{q} F'(t) \mathrm{d}t = F(q) - F(q_0),$$

可得原经济函数为

$$F(q) = \int_{q_0}^{q} F'(t) \mathrm{d}t + F(q_0),$$

例如,假设 $C'(q)$ 表示总成本函数 $C(q)$ 的边际成本函数,C_0 为固定成本,又设 $R'(q)$ 表示总收益函数 $R(q)$ 的边际收益函数,则

总成本函数
$$C(q) = \int_0^q C'(t)\,\mathrm{d}t + C_0,$$

总收益函数
$$R(q) = \int_0^q R'(t)\,\mathrm{d}t,$$

总利润函数
$$L(q) = \int_0^q [R'(t) - C'(t)]\,\mathrm{d}t - C_0.$$

例 3.95 已知生产某产品 q(百台)的边际成本和边际收益分别为

$$C'(q) = 2 + \frac{q}{2}(万元 / 百台),$$

$$R'(q) = 5 - q(万元 / 百台),$$

(1)若固定成本 $C(0) = 1$(万元),求总成本函数与总收益函数;

(2)产量为多少时,总利润最大?最大总利润为多少?

解 (1)总成本函数为

$$\begin{aligned} C(q) &= \int_0^q C'(t)\,\mathrm{d}t + C(0) = \int_0^q \left(2 + \frac{t}{2}\right)\mathrm{d}t + 1 \\ &= \frac{1}{4}q^2 + 2q + 1(万元); \end{aligned}$$

总收益函数为

$$\begin{aligned} R(q) &= \int_0^q R'(t)\,\mathrm{d}t = \int_0^q (5 - t)\,\mathrm{d}t \\ &= 5q - \frac{q^2}{2}(万元). \end{aligned}$$

(2)总利润函数为

$$L(q) = R(q) - C(q) = -\frac{3}{4}q^2 + 3q - 1,$$

令 $L'(q) = 0$ 得 $q = 2$,而 $L''(2) = -\frac{3}{2} < 0$,所以产量 2 百台时,总利润最大,最大总利润为

$$L(2) = R(2) - C(2) = -\frac{3}{4} \times 2^2 + 3 \times 2 - 1 = 2(万元).$$

例 3.96 某煤矿投资 2000 万元建成,在时刻 t 的追加成本和增加收益各为

$$C'(t) = 6 + 2t^{2/3}(百万元 / 年)$$
$$R'(t) = 18 - t^{2/3}(百万元 / 年)$$

试确定该矿何时停止生产可获得最大利润?最大利润是多少?

解 由极值存在的必要条件 $L'(t) = R'(t) - C'(t) = 0$,即

$$18 - t^{2/3} - (6 + 2t^{2/3}) = 12 - 3t^{2/3} = 0,$$

解得 $t = 8$.

又
$$L''(t) = (12 - 3t^{2/3})' = -2t^{-1/3},$$

而 $L''(8) < 0$，所以 $t = 8$ 年时是最佳终止时间，此时的利润为

$$L(t) = \int_0^8 \big[R'(t) - C'(t) \big] \mathrm{d}t - C_0$$

$$= \int_0^8 \big[(18 - t^{2/3}) - (6 + 2t^{2/3}) \big] \mathrm{d}t - 20$$

$$= \Big[12t - \frac{9}{5} t^{5/3} \Big]_0^8 - 20$$

$$= 18.4 (\text{百万元}).$$

3.11.2　其他经济问题中的应用

1.消费者剩余和生产者剩余

在市场经济中，生产与销售某一商品的数量可由这一商品的供给曲线与需求曲线来描述.一般地，商品价格低，需求就大；反之，商品价格高，需求就小，因此需求函数 $P = D(Q)$ 是的单调递减函数.同时商品价格低，生产者就不愿生产，因而供给就少；反之，商品价格高，供给就多，因此供给函数 $P = S(Q)$ 是单调递增函数.在市场作用下，商品价格与数量不断调整，最后趋于平衡价格 P^* 和平衡数量 Q^*，平衡点 $A(P^*, Q^*)$ 是供给曲线与需求曲线的交点（如图 3-39 所示），此时，生产者和消费者之间真正发生了销售与购买活动.

如图 3-39 所示，供给曲线 $P = S(Q)$ 在价格坐标轴上的截距是 P_0，这意味着商品价格为 P_0 时，供给量是零，只有价格高于 P_0 时，才有供给量.需求曲线 $P = D(Q)$ 在价格坐标轴上的截距是 P_1，这意味着商品价格为 P_1 时，需求量是零，只有价格低于 P_1 时，才有需求量，Q_0 表示商品免费赠送时的最大需求量.

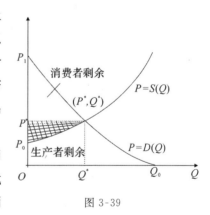

图 3-39

消费者剩余、生产者剩余是经济学中重要的概念，消费者剩余具体意义是：消费者对某种商品愿意付出的代价超出实际付出的代价的差额.在图 3-39 中可以看出，消费者剩余为

$$\int_0^{Q^*} D(Q) \mathrm{d}Q - p^* Q^* , \tag{3-22}$$

它是曲边三角形 $P^* A P_1$ 的面积. $\int_0^{Q^*} D(Q) \mathrm{d}Q$ 表示那些愿意付出比平衡价格 P^* 更高的价格的消费者的总消费量，而 $P^* Q^*$ 则表示实际的消费额，两者之间的差为消费者省下来的费用，即消费者剩余.生产者剩余具体意义是：生产者以均衡价格出售某商品时，超出他们本来计划的以较低的售价出售该商品，由此所获得的额外收入.在图 3-39 中可以看出，生产者剩余为

$$p^* Q^* - \int_0^{Q^*} S(Q) \mathrm{d}Q , \tag{3-23}$$

它是曲边三角形 $P_0 A P^*$ 的面积. $\int_0^{Q^*} S(Q) \mathrm{d}Q$ 表示那些计划低于平衡价格 P^* 的生产者的总收入,而 $P^* Q^*$ 则表示生产者的实际收入. 两者之间的差为生产者盈余的费用,即生产者剩余.

例 3.97　设需求函数为 $D(Q) = 24 - 3Q$,供给函数为 $S(Q) = 2Q + 9$,求消费者剩余和生产者剩余.

解　首先求出均衡价格与供需量. 由 $24 - 3Q = 2Q + 9$,得

$$Q^* = 3, P^* = 15.$$

于是,消费者剩余为

$$\int_0^3 (24 - 3Q)\mathrm{d}Q - 15 \times 3 = \left(24Q - \frac{3}{2}Q^2\right)\Big|_0^3 - 45 = \frac{27}{2},$$

消费者剩余为

$$45 - \int_0^3 (2Q + 9)\mathrm{d}Q = 45 - (Q^2 + 9Q)\Big|_0^3 = 9.$$

2. 资本现值和投资问题

设现有 P 元货币,若按年利率 r 做连续复利计算,t 年后的价值为 $P\mathrm{e}^{rt}$ 元;反之,若 t 年后要有货币 P 元,则现应有货币 $P\mathrm{e}^{-rt}$ 元,我们称它为**资本现值**. 假设 $f = f(t)$ 是定义在时间区间 $[0, T]$ 上 t 时刻的收入函数,若按年利率 r 做连续复利计算,则在时间区间 $[t, t + \mathrm{d}t]$ 内的收入现值为 $f(t)\mathrm{e}^{-rt}\mathrm{d}t$,由定积分微元法的思想,在 $[0, T]$ 内获得的总收入现值为

$$y = \int_0^T f(t)\mathrm{e}^{-rt}\mathrm{d}t, \tag{3-24}$$

若 $f(t) = a$(a 为常数),则总收入现值为

$$y = \int_0^T a\mathrm{e}^{-rt}\mathrm{d}t = \frac{a}{r}(1 - \mathrm{e}^{-rT}). \tag{3-25}$$

例 3.98　有一个大型投资项目,投资成本为 $B = 10000$(万元),投资年利率为 5%,每年的均匀收入率为 $a = 2000$(万元),求该投资为无限期时的纯收入的贴现值.

解　由已知条件收入函数为 $a = 2000$(万元),年利率 $r = 5\%$,故无限期的投资的总收入的贴现值为

$$y = \int_0^{+\infty} a\mathrm{e}^{-rt}\mathrm{d}t = \int_0^{+\infty} 2000\mathrm{e}^{-0.05t}\mathrm{d}t$$

$$= \lim_{A \to +\infty} \int_0^A 2000\mathrm{e}^{-0.05t}\mathrm{d}t = \lim_{A \to +\infty} \frac{2000}{0.05}(1 - \mathrm{e}^{-0.05A})$$

$$= 40000(万元).$$

故投资为无限期时的纯收入贴现值为 $R = y - B = 40000 - 10000 = 30000$(万元).

习　题　3.11

1.已知对某商品的需求量是价格 P 的函数,且边际需求 $Q'(P) = -4$,该商品的最大需求量为 80(即 $P = 0$ 时,$Q = 80$),求需求量与价格的函数关系.

2.若一企业生产某产品的边际成本是产量 x 的函数 $C'(x) = 2\mathrm{e}^{0.2x}$,固定成本 $C_0 = 90$,求总成本函数.

3.已知生产某产品 x 单位时的边际收入为 $R'(x) = 100 - 2x$(元/单位),求生产 40 单位时的总收入及平均收入,并求再增加生产 10 个单位时所增加的总收入.

4.已知某产品的边际收入 $R'(x) = 25 - 2x$,边际成本 $C'(x) = 13 - 4x$,固定成本为 $C_0 = 10$,求当 $x = 5$ 时的毛利和纯利.

5.某出口公司每月销售额是 1000000 美元,平均利润是销售额的 10%.根据公司以往的经验,广告宣传期间月销售额的变化率近似地服从增长曲线 $1000000\mathrm{e}^{0.02t}$(以月为单位),公司现在需要决定是否举行一次类似的总成本为 130000 美元的广告活动.按惯例,对于超过 100000 美元的广告活动,如果新增销售额产生的利润超过广告投资的 10%,则决定做广告.试问该公司按惯例是否应该做此广告.

习题 3.11 详解

复习题　3

1.选择题

(1)已知 $f(x) = 2^x + x^2$,则下面是 $f(x)$ 的原函数的是(　　).

A. $2^x \ln 2 + 2x$　　　　　B. $\dfrac{2^x}{\ln 2} + \dfrac{1}{3}x^3$　　　　　C. $\dfrac{2^x}{\ln 2} + 2x$　　　　　D. $2^x \ln 2 + \dfrac{1}{3}x^3$

(2)设 $F(x)$ 是连续函数 $f(x)$ 的一个原函数,"$M \Leftrightarrow N$" 是指 M 的充要条件是 N,则下列说法正确的是(　　).

A. $F(x)$ 是偶函数 $\Leftrightarrow f(x)$ 是奇函数　　　　B. $F(x)$ 是奇函数 $\Leftrightarrow f(x)$ 是偶函数

C. $F(x)$ 是周期函数 $\Leftrightarrow f(x)$ 是周期函数　　　　D. $F(x)$ 是单调函数 $\Leftrightarrow f(x)$ 是单调函数

(3)已知 $f'(\sin^2 x) = \cos 2x + \tan^2 x, 0 < x < \dfrac{\pi}{2}$,则 $f(x) = ($　　$)$.

A. $-x^2-\ln(1-x)+C$ B. $-x^2-\ln(1-x)+C$

C. $-x^2-\ln(1-x)+C$ D. $-x^2-\ln(1-x)+C$

(4) 定积分 $\int_0^\pi \cos x\,\mathrm{d}x$ 的符号为(　　).

A. 大于零   B. 小于零   C. 等于零   D. 不能确定

(5) 曲线 $y=x(x-1)(x-2)$ 与 x 轴所围成的图形的面积可表示为(　　).

A. $\int_0^1 x(x-1)(x-2)\mathrm{d}x$

B. $\int_0^2 x(x-1)(x-2)\mathrm{d}x$

C. $\int_0^1 x(x-1)(x-2)\mathrm{d}x - \int_1^2 x(x-1)(x-2)\mathrm{d}x$

D. $\int_0^1 x(x-1)(x-2)\mathrm{d}x + \int_1^2 x(x-1)(x-2)\mathrm{d}x$

(6) 下列反常积分发散的是(　　).

A. $\int_{-1}^1 \frac{1}{\sqrt{1-x^2}}\mathrm{d}x$ B. $\int_{-\infty}^{+\infty} xe^{-x^2}\mathrm{d}x$ C. $\int_2^{+\infty} \frac{1}{x\ln^2 x}\mathrm{d}x$ D. $\int_{-1}^1 \frac{1}{\sin x}\mathrm{d}x$

2. 填空题

(1) 一物体由静止开始运动,经 t s 后的速度是 $3t^2(\mathrm{m/s})$,在 3s 后物体离开出发点的距离是_____.

(2) 设 $f(x)$ 是 $\sin x$ 的一个原函数,则 $f(x)$ 的原函数的全体是_____.

(3) $\int \frac{\mathrm{d}x}{e^x+e^{-x}} = $ _____.

(4) $\int_0^1 x\arctan x\,\mathrm{d}x = $ _____.

(5) $\frac{\mathrm{d}}{\mathrm{d}x}\int \sin x^2\,\mathrm{d}x = $ _____.

(6) 汽车以每小时 32km 的速度行驶,到某处需要减速停车,设汽车以加速度 $a=-1.8\mathrm{m/s^2}$ 刹车,则从开始刹车到停车,汽车所走的路程约为_____.

3. 解答题

(1) 求不定积分 $\int \frac{\mathrm{d}x}{x\ln x\ln\ln x}$.

(2) 求不定积分 $\int \frac{1-x}{\sqrt{9-4x^2}}\mathrm{d}x$.

(3) 设 $y(x-y)^2=x$,求 $\int \frac{\mathrm{d}x}{x-3y}$.

(4) 求 $\int \max\{1,|x|\}\mathrm{d}x$.

(5) 求极限 $\lim\limits_{x \to 0} \dfrac{1}{x^3} \displaystyle\int_0^x \left(\dfrac{\sin t}{t} - 1 \right) \mathrm{d}t.$

(6) 求定积分 $\displaystyle\int_{-1}^1 |x^2 - x| \, \mathrm{d}x.$

(7) 设 $f(x) = \begin{cases} \sin x, & 0 \leqslant x \leqslant \dfrac{\pi}{2}, \\ 1, & \dfrac{\pi}{2} < x \leqslant \pi, \end{cases}$ 求 $\Phi(x) = \displaystyle\int_0^x f(t)\mathrm{d}t$，并讨论 $\Phi(x)$ 在区间 $[0, \pi]$

上的连续性.

(8) 设 $f(x) = \begin{cases} 1 + x^2, & x < 0, \\ \mathrm{e}^x, & x \geqslant 0. \end{cases}$ 求 $\displaystyle\int_1^3 f(x-2)\mathrm{d}x.$

(9) 设 $f(x)$ 为连续函数，证明 $\displaystyle\int_0^x \left[\int_0^u f(t)\mathrm{d}t \right] \mathrm{d}u = \int_0^x (x-u)f(u)\mathrm{d}u.$

(10) 设连续非负函数满足 $f(x)f(-x) = 1, (-\infty < x < +\infty)$，求

$$I = \int_{-\frac{\pi}{2}}^{\frac{\pi}{2}} \frac{\cos x}{1 + f(x)} \mathrm{d}x.$$

复习题 3 详解

第 4 章 常微分方程初步

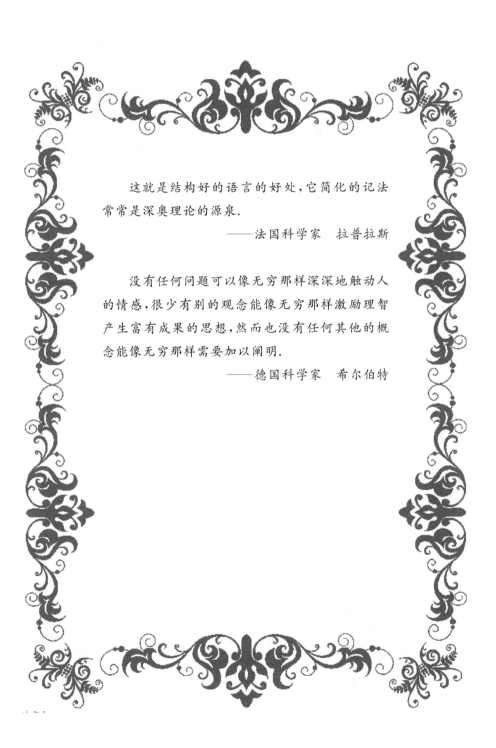

这就是结构好的语言的好处,它简化的记法
常常是深奥理论的源泉.

——法国科学家 拉普拉斯

没有任何问题可以像无穷那样深深地触动人
的情感,很少有别的观念能像无穷那样激励理智
产生富有成果的思想,然而也没有任何其他的概
念能像无穷那样需要加以阐明.

——德国科学家 希尔伯特

本章主要讨论常微分方程,其研究建立一元未知函数与它的导数或微分所得到方程并求解的问题.常微分方程是一元函数微积分学的重要组成部分,是数学联系实际并应用于实际的重要工具,是微积分学进行科学研究的强有力的工具.本章主要介绍一阶微分方程、二阶微分方程的求解方法与理论.并结合一些具体的实例,对常微分方程的建立与求解进行说明.

4.1 常微分方程的基本概念

4.1.1 常微分方程的基本概念

定义 4.1 表示一元未知函数、该函数的导数(或微分)与自变量之间关系的方程称为常微分方程.常微分方程中所出现的未知函数的最高阶导数的阶数,叫作常微分方程的阶.

例如,方程 $y'=2x$ 是一阶常微分方程;方程 $y''-2y'=\sin x$ 是二阶常微分方程.又如,方程 $xy'''-y'+5y=x^2$ 是三阶常微分方程.

一般地,我们认为 n 阶常微分方程的形式是

$$F(x,y,y',\cdots,y^{(n)})=0. \tag{4-1}$$

其中,y 是关于 x 的一元未知函数,且方程中,$y^{(n)}$ 是必须出现的,如果方程(4-1)可表示为如下形式

$$y^{(n)}+a_1(x)y^{(n-1)}+\cdots+a_{n-1}(x)y'+a_n(x)y=g(x). \tag{4-2}$$

其中,$a_1(x),a_2(x),\cdots,a_n(x)$ 和 $g(x)$ 均为自变量 x 的已知函数.则称方程(4-2)为 **n 阶线性常微分方程**,不能表示成形如(4-2)式的常微分方程,统称为非线性方程.本章主要介绍一阶与二阶线性常微分方程的求解方法.

例 4.1 设一物体的温度为 $100\,℃$,将其放置在空气温度为 $20\,℃$ 的环境中冷却.根据冷却定律:物体温度的变化率与物体和当时空气温度之差成正比,设物体的温度 T 与时间 t 的函数关系为 $T=T(t)$,请建立起函数 $T(t)$ 满足的微分方程.

解 依题意,得

$$\frac{\mathrm{d}T}{\mathrm{d}t}=-k(T-20),$$

其中 $k(k>0)$ 为比例常数.这就是**物体冷却的数学模型**.它是一阶线性常微分方程.根据题意,$T=T(t)$ 还需要满足初始条件 $T|_{t=0}=100$.

例 4.2 设一质量为 m 的物体,在只受重力的作用下由静止开始自由垂直降落.若取物体降落的铅垂线方向为 x 轴的正向,物体下落的距离 x 与时间 t 的函数关系为 $x=x(t)$,请建立 $x(t)$ 所满足的微分方程.

解 由牛顿第二定律,$F=ma$,其中 a 为物体运动的加速度,物体下落的起点为原点,则

$x=x(t)$ 满足初始条件 $x|_{t=0}=0$，可建立方程

$$\frac{\mathrm{d}^2 x}{\mathrm{d}t^2}=g,$$

其中 g 为重力加速度常数. 这就是**自由落体运动的数学模型**. 它是二阶线性常微分方程.

4.1.2　常微分方程的解

在前面的例子中，我们在研究这些实际问题时，首先要建立符合相关问题的常微分方程，然后找出满足该方程的函数解，这个函数解就叫作常微分方程的解. 确切地说，设函数 $y=f(x)$ 在区间 I 上有 n 阶连续导数，且满足式子(4-1)，即

$$F(x,f(x),f'(x),\cdots,f^{(n)}(x))=0. \tag{4-3}$$

那么函数 $y=f(x)$ 就叫作常微分方程(4-1)在区间 I 上的解. 如果常微分方程的解中含有相互独立的任意常数(即这些任意常数不能合并)，且任意常数的个数与常微分方程的阶数相同，则称这样的解为常微分方程的通解，若通过具体问题的初始条件，对通解中的任意常数进行确定，就得到常微分方程的特解.

例 **4.3**　验证 $y=C_1\cos x+C_2\sin x$ 是二阶线性常微分方程 $y''+y=0$ 的通解.

解　求出所给函数的一阶与二阶导数

$$y'=-C_1\sin x+C_2\cos x,\ y''=-C_1\cos x-C_2\sin x,$$

代入常微分方程，得

$$-C_1\cos x-C_2\sin x+C_1\cos x+C_2\sin x=0,$$

又因为 $y=C_1\cos x+C_2\sin x$ 中含有两个独立的任意常数，所以它是原方程的通解.

例 **4.4**　求满足例 4.2 的常微分方程的特解.

解　依题意，例 4.2 满足下列初值问题

$$\begin{cases} \dfrac{\mathrm{d}^2 x}{\mathrm{d}t^2}=g, \\ x(0)=0,x'(0)=0. \end{cases}$$

对方程 $\dfrac{\mathrm{d}^2 x}{\mathrm{d}t^2}=g$ 两端积分一次，得

$$v=\frac{\mathrm{d}x}{\mathrm{d}t}=gt+C_1,$$

再积分一次，得

$$x=\frac{1}{2}gt^2+C_1 t+C_2,$$

这里的 C_1、C_2 都是任意常数，把初始条件 $x(0)=0$ 代入得 $C_2=0$，把初始条件 $x'(0)=0$ 代入得 $C_1=0$，故 $x=\dfrac{1}{2}gt^2$ 为例 4.2 的特解.

4.1.3　线性常微分方程解的结构

在常微分方程的讨论中,线性微分方程(式子(4-2)所表示的方程)是一类存在较普遍、求解也较简单的常微分方程,下面我们以二阶线性常微分方程为例,来探讨这类方程解的结构问题.因此而获得的结论,既适用于一阶线性常微分方程,也适用于高于二阶的线性常微分方程.

设二阶非齐次线性常微分方程

$$y'' + p(x)y' + q(x)y = f(x) \tag{4-4}$$

所对应的齐次线性常微分方程为

$$y'' + p(x)y' + q(x)y = 0, \tag{4-5}$$

其中,$p(x)$、$q(x)$与$f(x)$是区间I上的连续函数.

定理 4.1　如果函数 $y_1(x)$ 与 $y_2(x)$ 是方程(4-5)的两个线性无关的特解,那么

$$y = C_1 y_1(x) + C_2 y_2(x)$$

是方程(4-5)的通解.

证　对 $y = C_1 y_1(x) + C_2 y_2(x)$ 左右两端分别求一阶与二阶导数,得

$$y' = C_1 y'_1(x) + C_2 y'_2(x),$$
$$y'' = C_1 y''_1(x) + C_2 y''_2(x).$$

代入方程(4-5),得

$$C_1 y''_1(x) + C_2 y''_2(x) + p(x)[C_1 y'_1(x) + C_2 y'_2(x)] + q(x)[C_1 y_1(x) + C_2 y_2(x)]$$
$$= C_1 [y''_1 + p(x)y'_1 + q(x)y_1] + C_2 [y''_2 + p(x)y'_2 + q(x)y_2] = 0,$$

又 $y_1(x)$ 与 $y_2(x)$ 是线性无关的,则

$$y = C_1 y_1(x) + C_2 y_2(x)$$

是方程(4-5)的通解.

定理 4.2　如果函数 $y^*(x)$ 是二阶非齐次线性常微分方程(4-4)的一个特解,函数 $Y(x)$ 是方程(4-4)所对应的齐次方程(4-5)的通解,那么

$$y = Y(x) + y^*(x)$$

是二阶非齐次线性常微分方程(4-4)的通解.

证　把 $y = Y(x) + y^*(x)$ 代入方程式(4-4)的左端,得

$$[Y''(x) + y^{*''}(x)] + p(x)[Y'(x) + y^{*'}(x)] + q(x)[Y(x) + y^*(x)]$$
$$= [Y''_1 + p(x)Y' + q(x)Y] + [y^{*''} + p(x)y^{*'} + q(x)y^*]$$
$$= 0 + f(x) = f(x).$$

又 $Y(x)$ 是方程(4-5)的通解,则 $Y(x)$ 含有两个相互独立的任意常数,所以 $y = Y(x) + y^*(x)$ 也含有两个相互独立的任意常数,从而它是二阶非齐次线性常微分方程(4-4)的通解.

推论　设 $y^*(x)$ 是一阶非齐次线性常微分方程

$$y' + p(x)y = q(x) \tag{4-6}$$

的一个特解,函数 $Y(x)$ 是方程(4-6)所对应的齐次线性常微分方程

$$y' + p(x)y = 0 \tag{4-7}$$

的通解,那么 $y = Y(x) + y^*(x)$ 是一阶非齐次线性常微分方程(4-6)的通解.

定理 4.3　如果二阶非齐次常微分方程(4-4)的右端 $f(x)$ 是两个函数之和,

即

$$y'' + p(x)y' + q(x)y = f_1(x) + f_2(x),$$

而函数 $y_1^*(x)$ 与 $y_2^*(x)$ 分别是方程

$$y'' + p(x)y' + q(x)y = f_1(x)$$

与

$$y'' + p(x)y' + q(x)y = f_2(x)$$

的特解,那么函数 $y_1^*(x) + y_2^*(x)$ 就是原方程的特解.

证　把 $y = y_1^*(x) + y_2^*(x)$ 代入方原方程的左端,得

$$[y_1^*(x) + y_2^*(x)]'' + p(x)[y_1^*(x) + y_2^*(x)]' + q(x)[y_1^*(x) + y_2^*(x)]$$
$$= [y_1^{*''} + p(x)y_1^{*'} + q(x)y_1^*] + [y_2^{*''} + p(x)y_2^{*'} + q(x)y_2^*]$$
$$= f_1(x) + f_2(x)$$

所以 $y = y_1^*(x) + y_2^*(x)$ 是原方程的特解.

定理 4.3 也称为线性常微分方程的解的叠加原理,定理 4.1、定理 4.2 与定理 4.3 均可以推广到 n 阶线性常微分方程中去,这里就不再赘述.

例 4.5　已知 $y_1 = xe^x + e^{2x}, y_2 = xe^x - e^{-x}, y_3 = xe^x + e^{2x} - e^{-x}$ 是某二阶非齐次线性常微分方程的三个特解,试求出该方程的通解,并求出此方程在满足初始条件 $y(0) = 7, y'(0) = 6$ 的特解.

解　由题设知, $e^{2x} = y_3 - y_2, e^{-x} = y_1 - y_3$ 是相应齐次线方程的两个线性无关的解,且 $y_1 = xe^x + e^{2x}$ 是非齐次线性方程的一个特解,故所求方程的通解为

$$y = xe^x + e^{2x} + C_0 e^{2x} + C_2 e^{-x} = xe^x + C_1 e^{2x} + C_2 e^{-x}, \text{其中 } C_1 = 1 + C_0.$$

所以, $y' = e^x + xe^x + 2C_1 e^{2x} - C_2 e^{-x}, y'' = 2e^x + xe^x + 4C_1 e^{2x} + C_2 e^{-x}$,从这两个式子中消去 C_1、C_2,即得到所求方程为

$$y'' - y' - 2y = e^x - 2xe^x.$$

代入初始条件 $y(0) = 7, y'(0) = 6$,得 $C_1 + C_2 = 7, 2C_1 - C_2 + 1 = 6$,得 $C_1 = 4, C_2 = 3$,从而所求特解为

$$y = 4e^{2x} + 3e^{-x} + xe^x.$$

由于常微分方程所研究问题的多样性,求解方法不可能拘泥于同一形式,在接下来的内容中,我们将着重介绍一些常用的一阶与二阶常微分方程求解方法.

习 题 4.1

1.试指出下列方程是什么方程,并指出微分方程的阶数:

(1)$\dfrac{\mathrm{d}y}{\mathrm{d}x}=3x^2-y$;

(2)$x\left(\dfrac{\mathrm{d}y}{\mathrm{d}x}\right)^2-3\dfrac{\mathrm{d}y}{\mathrm{d}x}=4x$;

(3)$\dfrac{\mathrm{d}^2y}{\mathrm{d}x^2}-2\left(\dfrac{\mathrm{d}y}{\mathrm{d}x}\right)+xy=0$.

2.验证函数 $y=(x^2+C)\sin x$(C 为任意常数)是方程

$$\frac{\mathrm{d}y}{\mathrm{d}x}-y\cot x-2x\sin x=0$$

的通解,并求满足初始条件 $y|_{x=\frac{\pi}{2}}=0$ 的特解.

3.设线性无关的函数 y_1、y_2、y_3 都是某二阶非齐次线性常微分方程

$$y''+p(x)y'+q(x)y=f(x)$$

的解,试确定该非齐次方程的通解.

4.试确定常数 n 的值,使 $y=x^n$ 是线性常微分方程

$$x^3y'''-3x^2y''+6xy'-6y=0$$

的解,并求出该方程的通解.

5.试确定常数 r 的值,使 $y=\mathrm{e}^{rx}$ 是线性微分方程 $y'''-3y''-4y'+12y=0$ 的解,并求出该方程的通解.

习题 4.1 详解

4.2 一阶常微分方程

本节介绍一阶常微分方程的一些解法,它通常分成线性与非线性两类,我们先讨论一阶线性常微分方程的解法.

4.2.1 一阶线性常微分方程

由上一节定理 4.2 的推论可知,一阶非齐次线性常微分方程为

$$y' + p(x)y = q(x),\qquad(4\text{-}6)$$

它所对应的**一阶齐次线性常微分方程**为

$$y' + p(x)y = 0.\qquad(4\text{-}7)$$

若 $y^*(x)$ 是一阶非齐次线性常微分方程(4-6)的一个特解,函数 $Y(x)$ 是方程(4-6)所对应的齐次线性常微分方程(4-7)的通解,那么 $y = Y(x) + y^*(x)$ 是一阶非齐次线性常微分方程(4-6)的通解. 我们先来求方程(4-7)的通解.

我们将方程 $y' + p(x)y = 0$ 等价地改写为

$$\frac{\mathrm{d}y}{y} = -p(x)\mathrm{d}x,$$

两端积分,得

$$\ln|y| = -\int p(x)\mathrm{d}x + C_1,$$

即

$$y = C\mathrm{e}^{-\int p(x)\mathrm{d}x}, (C = \pm\,\mathrm{e}^{C_1}).$$

这是齐次方程(4-7)的通解,下面我们使用**常数变易法**来求非齐次线性常微分方程(4-6)的通解.

我们把(4-7)的通解中的 C 换成未知函数 $u(x)$,即设 $y = u(x)\mathrm{e}^{-\int p(x)\mathrm{d}x}$ 是非齐次线性常微分方程(4-6)的通解,我们有

$$u'\mathrm{e}^{-\int p(x)\mathrm{d}x} - up(x)\mathrm{e}^{-\int p(x)\mathrm{d}x} + p(x)u\mathrm{e}^{-\int p(x)\mathrm{d}x} = q(x),$$

即

$$u'\mathrm{e}^{-\int p(x)\mathrm{d}x} = q(x) \text{ 或 } u' = q(x)\mathrm{e}^{\int p(x)\mathrm{d}x},$$

两端积分,得 $u = \int q(x)\mathrm{e}^{\int p(x)\mathrm{d}x}\mathrm{d}x + C$,把它代入 $y = u(x)\mathrm{e}^{-\int p(x)\mathrm{d}x}$,便得到非齐次线性常微分方程(4-6)的通解

$$y = \mathrm{e}^{-\int p(x)\mathrm{d}x}\left(\int q(x)\mathrm{e}^{\int p(x)\mathrm{d}x}\mathrm{d}x + C\right).\qquad(4\text{-}8)$$

将式(4-8)去括号,得

$$y = C\mathrm{e}^{-\int p(x)\mathrm{d}x} + \mathrm{e}^{-\int p(x)\mathrm{d}x}\int q(x)\mathrm{e}^{\int p(x)\mathrm{d}x}\mathrm{d}x,$$

我们记 $Y(x) = C\mathrm{e}^{-\int p(x)\mathrm{d}x}$, $y^*(x) = \mathrm{e}^{-\int p(x)\mathrm{d}x}\int q(x)\mathrm{e}^{\int p(x)\mathrm{d}x}\mathrm{d}x$,由上式可得,$Y(x)$ 是齐次方程(4-7)的通解,$y^*(x)$ 是非齐次方程(4-6)的一个特解. 由此可得,$y = Y(x) + y^*(x)$ 是一阶非齐次线性常微分方程(4-6)的通解.

例 4.6 利用常数变易法求常微分方程 $\dfrac{\mathrm{d}y}{\mathrm{d}x} - \dfrac{3}{x}y = -\dfrac{x}{2}$ 的通解.

解 原方程对应的齐次方程为

$$\frac{\mathrm{d}y}{\mathrm{d}x} - \frac{3}{x}y = 0,$$

即 $\dfrac{\mathrm{d}y}{y} = \dfrac{3}{x}\mathrm{d}x$,两端积分 $\displaystyle\int\dfrac{\mathrm{d}y}{y} = \int\dfrac{3}{x}\mathrm{d}x$,得 $y = Cx^3$,令 $C = u(x)$,将 $y = x^3 u(x)$ 代入原方程,

有

$$x^3 u' + 3x^2 u - \frac{3x^3 u}{x} = -\frac{x}{2},$$

$u = u(x).$

即 $\mathrm{d}u = -\frac{1}{2x^2}\mathrm{d}x$，左右两端积分，$\int \mathrm{d}u = \int -\frac{1}{2x^2}\mathrm{d}x$，得 $u = \frac{1}{2x} + C$，则原方程的通解为 $y = \frac{x^2}{2} + Cx^3$.

例 4.7　求方程 $y' + \frac{1}{x}y = \frac{\sin x}{x}$ 的通解.

解　对照方程(4-6)，得 $p(x) = \frac{1}{x}$，$q(x) = \frac{\sin x}{x}$，由式(4-8)得方程通解

$$\begin{aligned} y &= \mathrm{e}^{-\int \frac{1}{x}\mathrm{d}x}\left(\int \frac{\sin x}{x} \cdot \mathrm{e}^{\int \frac{1}{x}\mathrm{d}x}\mathrm{d}x + C\right) \\ &= \mathrm{e}^{-\ln x}\left(\int \frac{\sin x}{x} \cdot \mathrm{e}^{\ln x}\mathrm{d}x + C\right) \\ &= \frac{1}{x}(-\cos x + C). \end{aligned}$$

例 4.8　求方程 $y^3 \mathrm{d}x + (2xy^2 - 1)\mathrm{d}y = 0$ 的通解.

解　若将 y 看作 x 的函数时，方程变为 $\dfrac{\mathrm{d}y}{\mathrm{d}x} = \dfrac{y^3}{1 - 2xy^2}$，它不是一阶线性常微分方程，不便求解. 但如果将 x 看作 y 的函数，方程可改写为

$$\frac{\mathrm{d}x}{\mathrm{d}y} + \frac{2}{y}x = \frac{1}{y^3},$$

则为一阶非齐次线性常微分方程，对照方程(4-6)，得 $p(y) = \dfrac{2}{y}$，$q(y) = \dfrac{1}{y^3}$，由(4-8)得方程通解

$$x = \mathrm{e}^{-\int \frac{2}{y}\mathrm{d}y}\left(\int y^{-3} \cdot \mathrm{e}^{\int \frac{2}{y}\mathrm{d}y}\mathrm{d}y + C\right) = \frac{1}{y^2}(\ln|y| + C).$$

注意　像例4.8这样，视 y 为自变量，x 看作 y 的函数的问题也是比较常见的，我们应灵活应对.

4.2.2　一阶非线性常微分方程

由前面的知识，一阶线性常微分方程的通解可以通过求解公式进行求解，而一阶非线性常微分方程的解法就没有统一的方法，其求解更多地需要依赖于方程本身的特征，本节仅就可分离变量型方程、齐次方程进行讨论，还有伯努利方程、可经过适当变量代换化为可求解的微分方程等问题，可以参见《微积分及其应用导学(上册)》4.2 节.

一般地,设一阶常微分方程具有

$$g(y)\mathrm{d}y = f(x)\mathrm{d}x \qquad\qquad (4\text{-}9)$$

的形式,则称方程(4-9)为可分离变量的微分方程,其中 $f(x)$、$g(x)$ 都是连续函数. 我们可将(4-9)左右两端积分,得

$$\int g(y)\mathrm{d}y = \int f(x)\mathrm{d}x,$$

求解上面的积分式,我们可以获得方程(4-9)的通解.

例 4.9　求方程 $\mathrm{d}x + xy\mathrm{d}y = y^2\mathrm{d}x + y\mathrm{d}y$ 的通解.

解　合并 $\mathrm{d}x$ 及 $\mathrm{d}y$ 的各项,得 $y(x-1)\mathrm{d}y = (y^2-1)\mathrm{d}x$,设 $y\neq\pm1, x\neq 1$,分离变量,

---

y^2 导致非线性.

得 $\dfrac{y}{y^2-1}\mathrm{d}y = \dfrac{1}{x-1}\mathrm{d}x$,两端积分 $\displaystyle\int\dfrac{y}{y^2-1}\mathrm{d}y = \int\dfrac{1}{x-1}\mathrm{d}x$,得

$$\frac{1}{2}\ln|y^2-1| = \ln|x-1| + \ln|C_1|,$$

于是 $y^2 - 1 = \pm C_1^2(x-1)^2$,记 $C = \pm C_1^2$,得原方程的通解 $y^2 - 1 = C(x-1)^2$.

注意　在例 4.9 分离变量的过程中,我们在假定 $y\neq\pm1$ 的前提下才得到方程的通解,但 $y=\pm1$ 确为原方程的特解. 事实上,我们注意到 $C=0$ 的这一可能性,则其失去的特解仍包含在通解中.

例 4.10　求解初值问题

$$y' = (1-y^2)\tan x, y(0) = 2.$$

解　对初值问题中的方程分离变量,得 $\left(\dfrac{1}{1+y} + \dfrac{1}{1-y}\right)\mathrm{d}y = \dfrac{2\sin x}{\cos x}\mathrm{d}x$,两端积分,得

$\ln\left|\dfrac{1+y}{1-y}\right| + \ln\cos^2 x = \ln|C|$,得通解 $y = \dfrac{C-\cos^2 x}{C+\cos^2 x}$,又 $y(0) = 2$,得 $C=-3$,得初值问题的特解为 $y = \dfrac{3+\cos^2 x}{3-\cos^2 x}$.

注意　在例 4.10 分离变量时,使分母 $1-y^2 = 0$ 的 $y=\pm1$ 是微分方程的解,但不是满足初值条件 $y(0) = 2$ 的特解.

一般地,若一阶常微分方程具有

$$\frac{\mathrm{d}y}{\mathrm{d}x} = f\left(\frac{y}{x}\right) \qquad\qquad (4\text{-}10)$$

的形式,则称方程(4-10)为齐次方程.

齐次方程较容易出现非线性方程,我们做变量代换 $y = ux$,代入方程(4-10)

$$\frac{\mathrm{d}(ux)}{\mathrm{d}x} = f(u),$$

即
$$u + x\frac{\mathrm{d}u}{\mathrm{d}x} = f(u),$$

分离变量,得

$$\frac{\mathrm{d}u}{f(u) - u} = \frac{\mathrm{d}x}{x}.$$

对上式两端积分后,再用 $u = \dfrac{y}{x}$ 回代,即可求出原齐次方程的通解.

例 4.11 求解微分方程 $y^2 + x^2\dfrac{\mathrm{d}y}{\mathrm{d}x} = xy\dfrac{\mathrm{d}y}{\mathrm{d}x}$.

解 原方程变形为 $\dfrac{\mathrm{d}y}{\mathrm{d}x} = \dfrac{y^2}{xy - x^2} = \dfrac{\left(\dfrac{y}{x}\right)^2}{\dfrac{y}{x} - 1}$,

以上为齐次方程.

令 $u = \dfrac{y}{x}$,则 $\dfrac{\mathrm{d}y}{\mathrm{d}x} = u + x\dfrac{\mathrm{d}u}{\mathrm{d}x}$,故原方程变为 $u + x\dfrac{\mathrm{d}u}{\mathrm{d}x} = \dfrac{u^2}{u-1}$,即 $x\dfrac{\mathrm{d}u}{\mathrm{d}x} = \dfrac{u}{u-1}$.

分离变量,得 $\left(1 - \dfrac{1}{u}\right)\mathrm{d}u = \dfrac{\mathrm{d}x}{x}$,两边积分,得 $\ln|xu| = u + C$,回代 $u = \dfrac{y}{x}$,便得所给方程的通解为 $\ln|y| = \dfrac{y}{x} + C$.

例 4.12 求非线性常微分方程 $xy' - y = x\tan\dfrac{y}{x}$ 的通解.

解法 1 化原方程为齐次方程 $\dfrac{\mathrm{d}y}{\mathrm{d}x} = \dfrac{y}{x} + \tan\dfrac{y}{x}$,设 $u = \dfrac{y}{x}$,代入原方程得 $u + x\dfrac{\mathrm{d}u}{\mathrm{d}x} = u$ $+\tan u$,分离变量,得 $\cot u\,\mathrm{d}u = \dfrac{1}{x}\mathrm{d}x$,两边积分,得 $\ln|\sin u| = \ln|x| + \ln|C|$,即 $\sin u = Cx$,

将 $u = \dfrac{y}{x}$ 回代,则得到题设方程的通解为 $\sin\dfrac{y}{x} = Cx$.

解法 2 利用常数变易法求方程的通解. 原方程对应的齐次方程为
$$\frac{\mathrm{d}y}{\mathrm{d}x} - \frac{1}{x}y = 0,$$

即 $\dfrac{\mathrm{d}y}{y} = \dfrac{1}{x}\mathrm{d}x$,两端积分,$\displaystyle\int \dfrac{\mathrm{d}y}{y} = \int \dfrac{1}{x}\mathrm{d}x$,得 $y = Cx$,令 $C = u(x)$,将 $y = xu(x)$ 代入原方程,有

$$xu' + u - \frac{xu}{x} = \tan u,$$

$u = u(x)$.

即 $\dfrac{\mathrm{d}u}{\tan u}=\dfrac{1}{x}\mathrm{d}x$，左右两端积分，$\displaystyle\int\dfrac{\cos u}{\sin u}\mathrm{d}u=\int\dfrac{1}{x}\mathrm{d}x$，得 $\ln|\sin u|=\ln|x|+\ln|C|$，则原方程

的通解为 $\sin\dfrac{y}{x}=Cx$.

习　题　4.2

1．求下列一阶线性微分方程的通解：

（1）$xy'+y=\dfrac{\ln x}{x}$；

（2）$\dfrac{\mathrm{d}y}{\mathrm{d}x}-\dfrac{2y}{x-1}=(x-1)^{\frac{3}{2}}$；

（3）$\dfrac{\mathrm{d}y}{\mathrm{d}x}=\dfrac{y}{y^2+x}$.

2．求下列可分离变量的微分方程的通解：

（1）$\dfrac{\mathrm{d}y}{\mathrm{d}x}=2xy$；

（2）$x(1+y^2)\mathrm{d}x-(1+x^2)y\mathrm{d}y=0$；

（3）$3x^2yy'=\sqrt{1-y^2}$.

3．求下列齐次方程的通解：

（1）$\dfrac{\mathrm{d}y}{\mathrm{d}x}=\dfrac{y}{x}-\cot\dfrac{y}{x}$；

（2）$\dfrac{\mathrm{d}y}{\mathrm{d}x}=\dfrac{x+y}{x-y}$；

（3）$x(\ln x-\ln y)\mathrm{d}y-y\mathrm{d}x=0$.

4．设商品 A 和商品 B 的售价分别为 P_1、P_2，已知价格 P_1 与 P_2 相关，且价格 P_1 相对 P_2 的弹性为 $\dfrac{P_2\mathrm{d}P_1}{P_1\mathrm{d}P_2}=\dfrac{P_2-P_1}{P_2+P_1}$，求 P_1 与 P_2 的函数关系式.

5．求解方程 $\dfrac{\mathrm{d}y}{\mathrm{d}x}+y\dfrac{\mathrm{d}\phi}{\mathrm{d}x}=\phi(x)\dfrac{\mathrm{d}\phi}{\mathrm{d}x}$，$\phi(x)$ 是 x 的已知函数.

习题 4.2 详解

4.3 可降阶的二阶常微分方程

我们将在本节与下节主要讨论二阶微分方程,对于一些特殊类型的二阶常微分方程,我们可以通过直接积分或者通过适当的变量代换把它降为一阶的常微分方程来求解,下面介绍几种容易降阶的二阶常微分方程的求解方法.

4.3.1 $y'' = f(x)$ 型的常微分方程

对于方程

$$y'' = f(x),\tag{4-11}$$

此方程的特点是其左端为未知函数的二阶导数,右端为只含自变量 x 的一元函数. 两端积分,得

$$y' = \int f(x)\mathrm{d}x + C_1,$$

这是一个一阶的常微分方程,再次积分,可得

$$y = \int\left[\int f(x)\mathrm{d}x + C_1\right]\mathrm{d}x + C_2.$$

这就得到方程(4-11)的通解,我们也可依此直接积分的方法,可类似地求更高阶的方程 $y^{(n)} = f(x)(n \geqslant 2)$ 的通解(具体可参见《微积分及其应用导学(上册)》4.3 节).

例 4.13 求方程 $y'' = 1 - \sin x$ 的通解.

解 对原方程积分一次,得

$$y' = \int(1 - \sin x)\mathrm{d}x = x + \cos x + C,$$

再次积分,得原方程的通解

$$y = \frac{1}{2}x^2 + \sin x + C_1 x + C_2.$$

例 4.14 列车在平直线路上以 20m/s 的速度行驶,当制动时列车获得加速度 $-0.4\mathrm{m/s}^2$. 问开始制动后多少时间列车才能停住,以及列车在这段时间里行驶了多少路程?

解 设列车开始制动后 t s 时行驶了 s m. 根据题意,反映制动阶段列车运动规律的函数 $s = s(t)$ 满足初值问题

$$\begin{cases} \dfrac{\mathrm{d}^2 s}{\mathrm{d}t^2} = -0.4, \\ s(0) = 0, s'(0) = 20. \end{cases}$$

对 $\dfrac{\mathrm{d}^2 s}{\mathrm{d}t^2} = -0.4$ 式两端积分一次得

$$v = \frac{\mathrm{d}s}{\mathrm{d}t} = -0.4t + C_1,$$

再积分一次，得

$$s = -0.2t^2 + C_1 t + C_2.$$

把初值条件 $s(0) = 0, s'(0) = 20$，分别代入 s 与 v 得 $C_1 = 20, C_2 = 0$. 即

$$v = -0.4t + 20, s = -0.2t^2 + 20t.$$

在上式中令 $v = 0$，得到列车从开始制动到完全停止所需的时间 $t = 50\mathrm{s}$，进一步有列车在制动阶段行驶的路程

$$s = -0.2 \times 50^2 + 20 \times 50 = 500 (\mathrm{m}).$$

4.3.2　$y'' = f(x, y')$ 型的常微分方程

对于方程

$$y'' = f(x, y'), \tag{4-12}$$

此方程的特点是其左端为未知函数的二阶导数，右端不显含未知函数 y. 我们可通过做变换代换来降低该微分方程的阶数至一阶常微分方程.

令 $y' = p(x)$，即 $\frac{\mathrm{d}y}{\mathrm{d}x} = p$，则 $y'' = \frac{\mathrm{d}p}{\mathrm{d}x} = p'$. 代入 (4-12)，得

$$\frac{\mathrm{d}p}{\mathrm{d}x} = f(x, p).$$

这是关于变量 x、p 的一阶常微分方程，不妨设其通解为

$$p = \phi(x, C_1),$$

注意到 $p(x) = y'$，即

$$\frac{\mathrm{d}y}{\mathrm{d}x} = \phi(x, c_1),$$

对上述方程两端积分，即可得到微分方程 (4-12) 的通解为

$$y = \int \phi(x, C_1) \mathrm{d}x + C_2.$$

例 4.15　求初值问题 $(1 + x^2) y'' = 2xy', y|_{x=0} = 1, y'|_{x=0} = 3$ 的解.

解　因为所给方程是 $y'' = f(x, y')$ 型的，故设 $y' = p$，则 $y'' = \frac{\mathrm{d}p}{\mathrm{d}x}$，代入原方程，得

$$(1 + x^2) \frac{\mathrm{d}p}{\mathrm{d}x} = 2xp.$$

这是可分离变量的一阶常微分方程，得

$$\frac{\mathrm{d}p}{p} = \frac{2x}{1 + x^2} \mathrm{d}x.$$

两边积分，得

$$\ln p = \ln(1 + x^2) + \ln C_1,$$

即
$$p = y' = C_1(1+x^2).$$

由初值条件 $y'|_{x=0} = 3$,代入上式,得

$$3 = C_1(1+0^2), C_1 = 3,$$

所以

$$y' = 3(1+x^2).$$

两边积分,得

$$y = x^3 + 3x + C_2.$$

再由 $y|_{x=0} = 1$,得 $C_2 = 1$. 故所求特解为

$$y = x^3 + 3x + 1.$$

例 4.16 求微分方程 $y'' - y' = e^x$ 的通解.

解 这是 $y'' = f(x, y')$ 型的微分方程. 令 $y' = p$,则 $y'' = p'$,代入原方程,得

$$p' - p = e^x.$$

上述方程是一阶线性常微分方程,故

$$p = e^{\int dx} \left(\int e^x \cdot e^{-\int x \, dx} \, dx + C \right) = e^x(x+C),$$

即

$$\frac{dy}{dx} = e^x(x+C).$$

上式两边积分,得

$$y = \int e^x(x+C) \, dx$$
$$= xe^x - e^x + Ce^x + C_2$$
$$= xe^x + (C-1)e^x + C_2,$$

故所求通解为

$$y = xe^x + C_1 e^x + C_2, (C_1 = C-1).$$

4.3.3 $y'' = f(y, y')$ 型的微分方程

对于方程

$$y'' = f(y, y'), \tag{4-13}$$

此方程的特点是左端为未知函数的二阶导数,右端不含自变量 x. 我们也可通过做变换代换来降低该微分方程的阶数至一阶常微分方程.

我们令 $y' = p(y)$,则由复合函数求导法则,有

$$y'' = \frac{dp}{dx} = \frac{dp}{dy}\frac{dy}{dx} = p\frac{dp}{dy}.$$

从而原方程化为

$$p\frac{dp}{dy} = f(y, p).$$

这是变量 p 与 y 的一阶常微分方程,解得这个方程的通解为

$$p = \frac{\mathrm{d}y}{\mathrm{d}x} = F(y, C_1),$$

这是变量 y 与 x 的一阶常微分方程,可进一步求得方程(4-13)的通解为

$$y = G(x, C_1, C_2).$$

例 4.17　求常微分方程 $y'' + \dfrac{(y')^3}{y} = 0$ 的解.

这是二阶非线性常微分方程.

解　所给方程不显含自变量 x,属于 $y'' = f(y, y')$ 型,设 $y' = p$,则 $y'' = p\dfrac{\mathrm{d}p}{\mathrm{d}y}$,代入原方程得

$$p\frac{\mathrm{d}p}{\mathrm{d}y} + \frac{1}{y}p^3 = 0.$$

若 $p \neq 0$,则约去 p 并分离变量,得

$$-\frac{1}{p^2}\mathrm{d}p = \frac{1}{y}\mathrm{d}y.$$

两端积分,得

$$\frac{1}{p} = \ln y + C_1,$$

即

$$\frac{\mathrm{d}y}{\mathrm{d}x} = \frac{1}{C_1 + \ln y}.$$

再分离变量,得

$$(C_1 + \ln y)\mathrm{d}y = \mathrm{d}x,$$

两端积分,得方程的通解为

$$C_1 y + y\ln y - y = x + C_2.$$

又 $p = 0$ 时,即 $y = C$ 也为方程的解,所以原方程的解为

$$C_1 y + y\ln y - y = x + C_2 \ \text{与} \ y = C.$$

注意　在例 4.17 的通解并不包含 $p = 0$,即 $y = C$ 的解(我们称它为原方程的平凡解). 这也进一步说明了方程的通解与方程的解是两个不同的概念.

例 4.18　求初值问题 $1 - yy'' - y'^2 = 0, y|_{x=0} = 1, y'|_{x=0} = \sqrt{2}$ 的解.

解　所给方程属于 $y'' = f(y, y')$ 型,令 $y' = p$,则 $y'' = p\dfrac{\mathrm{d}p}{\mathrm{d}y}$,代入原方程得

$$1 - yp\frac{\mathrm{d}p}{\mathrm{d}y} - p^2 = 0.$$

分离变量,得

$$\frac{p\,\mathrm{d}p}{p^2-1}=-\frac{\mathrm{d}y}{y}.$$

两端积分,得

$$\frac{1}{2}\ln(p^2-1)=-\ln y+\frac{1}{2}\ln C_1.$$

于是

$$p^2=(y')^2=\frac{C_1}{y^2}+1.$$

将初值条件 $y|_{x=0}=1$,$y'|_{x=0}=\sqrt{2}$ 代入上式,得 $C_1=1$,故

$$(y')^2=\frac{1}{y^2}+1.$$

注意到 $y|_{x=0}=1>0$,$y'|_{x=0}=\sqrt{2}>0$,故

$$y'=\sqrt{\frac{1}{y^2}+1},\frac{\mathrm{d}y}{\mathrm{d}x}=\frac{\sqrt{1+y^2}}{y}.$$

分离变量并两端积分,得

$$\sqrt{1+y^2}=x+C_2.$$

再由条件 $y|_{x=0}=1$ 可得 $C_2=\sqrt{2}$,故所求特解为

$$\sqrt{1+y^2}=x+\sqrt{2}.$$

上述讲解的二阶常微分方程是其方程本身具有可以降阶的特征,但降阶并不是处理二阶和二阶以上微分方程的唯一手段,我们在下一节将继续讨论二阶常微分方程的求解方法.

习 题 4.3

1.求下列二阶常微分方程的通解:

(1) $y''=\mathrm{e}^{2x}-\cos x$;

(2) $(1+x^2)y''-2xy'=0$;

(3) $xy''+2y'=1$;

(4) $yy''-y'^2=0$.

2.求初值问题 $yy''=2(y'^2-y')$,$y(0)=1$,$y'(0)=2$ 的特解.

3.求方程 $xy^{(4)}-y^{(3)}=0$ 的通解.

习题 4.3 详解

4.4　二阶常系数线性常微分方程

本节介绍二阶常系数线性常微分方程的一些解法,我们先讨论二阶常系数齐次线性常微分方程的解法.

4.4.1　二阶常系数齐次线性常微分方程

设二阶非齐次线性常微分方程

$$y'' + p(x)y' + q(x)y = 0$$

中,y'、y 的系数函数 $p(x)$、$q(x)$ 均为常数,即上式成为

$$y'' + py' + qy = 0,\text{(其中 } p、q \text{ 为常数).} \tag{4-14}$$

方程(4-14)称为二阶常系数齐次线性常微分方程.

由定理 4.1,如果函数 $y_1(x)$ 与 $y_2(x)$ 是方程(4-14)的两个线性无关的特解,那么

$$y = C_1 y_1(x) + C_2 y_2(x)$$

是方程(4-14)的通解.

观察方程(4-14)获知,函数 y、y'、y'' 的线性组合恒等于零,故 y、y'、y'' 是相同类型的函数. 而指数函数 $y = e^{rx}$(r 为某一常数)具有这一特征,于是,我们用 $y = e^{rx}$ 来尝试,看能否找到适当的常数 r,使函数 $y = e^{rx}$ 成为方程(4-14)的特解.

设 $y = e^{rx}$,则 $y' = re^{rx}$,$y'' = r^2 e^{rx}$ 代入方程(4-14),得

$$e^{rx}(r^2 + pr + q) = 0.$$

因为 $e^{rx} \neq 0$,则

$$r^2 + pr + q = 0.$$

上式是关于 r 的一元二次方程,若 r 是方程 $r^2 + pr + q = 0$ 的根,则函数 $y = e^{rx}$ 就是方程(4-14)的特解. 于是,二阶常系数齐次线性常微分方程(4-14)的特解可归结为求关于 r 的代数方程 $r^2 + pr + q = 0$ 的根.

定义 4.1　代数方程

$$r^2 + pr + q = 0 \tag{4-15}$$

叫作二阶常系数齐次线性常微分方程 $y'' + py' + qy = 0$ 的特征方程,特征方程的根叫作特征根.

接下来,我们根据特征根的三种不同情况,讨论方程(4-14)通解的形式. 由代数学知道,二次方程 $r^2 + pr + q = 0$ 必有两个根,并可由下列求根公式

$$r_{1,2} = \frac{-p \pm \sqrt{p^2 - 4q}}{2}$$

给出.

(1)当 $p^2-4q>0$ 时，r_1、r_2 是两个不相等的实根，$y_1=e^{r_1 x}$ 与 $y_2=e^{r_2 x}$ 是方程(4-11)的两个特解；且 $\dfrac{y_1}{y_2}=e^{(r_1-r_2)x}\neq$ 常数，所以 $y_1(x)$ 与 $y_2(x)$ 是线性无关的两个函数，由定理 4.1 知，方程(4-14)的通解为

$$y=C_1 e^{r_1 x}+C_2 e^{r_2 x}.$$

(2)当 $p^2-4q=0$ 时，r_1、r_2 是两个相等的实根，$r_1=r_2$，则得到方程(4-14)的一个特解 $y_1=e^{r_1 x}$. 还需找出另一特解 y_2，且 $\dfrac{y_2}{y_1}\neq$ 常数. 故设 $\dfrac{y_2}{y_1}=u(x)$，即 $y_2=u(x)e^{r_1 x}$，所以

$$y'_2=r_1 e^{r_1 x}u+e^{r_1 x}u'=e^{r_1 x}(r_1 u+u'),$$
$$y''_2=r_1 e^{r_1 x}(r_1 u+u')+e^{r_1 x}(r_1 u'+u'')=e^{r_1 x}(r_1^2 u+2r u'+u'').$$

将 y''_2、y'_2、y_2 代入方程(4-14)，得

$$e^{r_1 x}(u''+2r_1 u'+r_1^2 u)+pe^{r_1 x}(r_1 u+u')+qe^{r_1 x}u=0.$$

约去 $e^{r_1 x}$，得

$$u''+(2r_1+p)u'+(r_1^2+pr_1+q)=0.$$

由于 r_1 是特征方程 $r^2+pr+q=0$ 的二重根，即 $r_1^2+pr_1+q=0$，$2r_1=-p$，

故 $$u''=0.$$

为确保 u 不是常数，不妨取 $u=x$，得到 $y_2=xe^{r_1 x}$ 是方程(4-14)的另一特解.

所以方程(4-14)的通解为

$$y=C_1 e^{r_1 x}+C_2 xe^{r_1 x}=(C_1+C_2 x)e^{r_1 x}.$$

(3)当 $p^2-4q<0$ 时，r_1、r_2 是一对共轭复根 $r_{1,2}=\alpha\pm i\beta$. 则

$$y_1=e^{(\alpha+i\beta)x},\quad y_2=e^{(\alpha-i\beta)x}$$

是方程(4-14)的两个复数形式的特解. 由欧拉公式

$$e^{ix}=\cos x+i\sin x \tag{4-16}$$

可得

$$y_1=e^{(\alpha+i\beta)x}=e^{\alpha x}\cdot e^{i\beta x}=e^{\alpha x}(\cos\beta x+i\sin\beta x),$$
$$y_2=e^{(\alpha-i\beta)x}=e^{\alpha x}\cdot e^{-i\beta x}=e^{\alpha x}(\cos\beta x-i\sin\beta x).$$

由解的叠加原理，知

$$\bar{y}_1=\frac{1}{2}(y_1+y_2)=e^{\alpha x}\cos\beta x,$$
$$\bar{y}_2=\frac{1}{2}(y_1-y_2)=e^{\alpha x}\sin\beta x$$

仍是方程(4-14)的解，且

$$\frac{\bar{y}_2}{\bar{y}_1}=\frac{e^{\alpha x}\cos\beta x}{e^{\alpha x}\sin\beta x}=\cot\beta x\neq\text{常数},$$

故

$$y=e^{\alpha x}(C_1\cos\beta x+C_2\sin\beta x)$$

是方程(4-14)的通解.

综上所述,求二阶常系数齐次线性常微分方程 $y''+py'+qy=0$ 的通解的步骤如下:

第一步 写出微分方程 $y''+py'+qy=0$ 的特征方程 $r^2+pr+q=0$;

第二步 求出特征方程 $r^2+pr+q=0$ 的两个根 r_1、r_2;

第三步 根据 r_1、r_2 的三种不同情况,按照下表写出所给方程的通解.

特征方程 $r^2+pr+q=0$ 的两个根	微分方程 $y''+py'+qy=0$ 的通解
两个不相等的实根 r_1、r_2	$y=C_1 \mathrm{e}^{r_1 x}+C_2 \mathrm{e}^{r_2 x}$
两个相等的实根 $r_1=r_2$	$y=(C_1+C_2 x)\mathrm{e}^{r_1 x}$
一对共轭复根 $r_{1,2}=\alpha\pm\mathrm{i}\beta$	$y=\mathrm{e}^{\alpha x}(C_1 \cos\beta x+C_2 \sin\beta x)$

例 4.19 求微分方程 $y''+2y'-3y=0$ 的通解.

解 所给方程的特征方程是 $r^2+2r-3=0$,特征根为两个不相等的实根:$r_1=1$,$r_2=-3$.故所求通解为 $y=C_1 \mathrm{e}^x+C_2 \mathrm{e}^{-3x}$.

例 4.20 求初值问题 $y''+2y'+y=0$,$y|_{x=0}=3$,$y'|_{x=0}=-1$.

解 所给方程的特征方程是 $r^2+2r+1=0$,特征根为两个相等的实根:$r_1=r_2=-1$.故方程的通解为 $y=\mathrm{e}^{-x}(C_1+C_2 x)$.代入初始条件 $y|_{x=0}=3$,得 $C_1=3$,即 $y=\mathrm{e}^{-x}(3+C_2 x)$.上式对 x 求导,得 $y'=C_2 \mathrm{e}^{-x}-(3+C_2 x)\mathrm{e}^{-x}$.由 $y'|_{x=0}=-1$,得 $C_2=2$.得特解 $y=\mathrm{e}^{-x}(3+2x)$.

例 4.21 求微分方程 $y''-4y'+5y=0$ 的通解.

解 所给方程的特征方程是 $r^2-4r+5=0$.特征根是一对共轭复根:$r_{1,2}=2\pm\mathrm{i}$.因此所求通解是 $y=\mathrm{e}^{2x}(C_1 \cos x+C_2 \sin x)$.

4.4.2 二阶常系数非齐次线性常微分方程

设二阶非齐次线性常微分方程

$$y''+p(x)y'+q(x)y=f(x)$$

中,y'、y 的系数函数 $p(x)$、$q(x)$ 均为常数,即上式成为

$$y''+py'+qy=f(x),\text{(其中 } p,q \text{ 为常数}).\tag{4-17}$$

方程(4-17)称为**二阶常系数非齐次线性常微分方程**.

由定理 4.2,如果函数 $y^*(x)$ 是二阶常系数非齐次线性常微分方程(4-17)的一个特解,函数 $Y(x)$ 是方程(4-17)所对应的齐次方程(4-14)的通解,那么

$$y=Y(x)+y^*(x)$$

是二阶常系数非齐次线性常微分方程(4-17)的通解.

因为方程(4-17)的特解是由右端的 $f(x)$ 而确定的,简单起见,我们只讨论 $f(x)$ 取两类常见形式函数时的特解 y^* 的求法.这里提到的两类形式是:

(1) $y'' + py' + qy = P_m(x)\mathrm{e}^{\lambda x}$ 型;

(2) $y'' + py' + qy = \mathrm{e}^{\lambda x}(A\cos\omega x + B\sin\omega x)$ 型,

其中 λ,ω 和 A、B 均为常数,$P_m(x)$ 为 x 的 m 次多项式.

接下来,我们分别介绍上述两类形式时特解 y^* 的求法.

1. $y'' + py' + qy = P_m(x)\mathrm{e}^{\lambda x}$ 型

由多项式与指数函数乘积的导数求导的特征,我们推测二阶常系数非齐次线性常微分方程

$$y'' + py' + qy = P_m(x)\mathrm{e}^{\lambda x} \tag{4-18}$$

的特解 y^* 仍然是多项式与指数函数乘积的形式,即 $y^* = Q(x)\mathrm{e}^{\lambda x}$,其中 $Q(x)$ 是某个待定多项式.我们有如下结论.

定理 4.4 微分方程(4-18)一定具有形如 $y^* = x^k Q_m(x)\mathrm{e}^{\lambda x}$ 的特解,其中 $Q_m(x)$ 是与 $P_m(x)$ 同次(m 次)的待定多项式,而 k 的值按 λ 不是特征方程的根、是特征方程的单根或是特征方程的重根依次取 0、1 或 2.

证 设 $y^* = Q(x)\mathrm{e}^{\lambda x}$ 是方程(4-13)的解,其中 $Q(x)$ 是某个多项式.

$$y^{*\,\prime} = Q'(x)\mathrm{e}^{\lambda x} + \lambda Q(x)\mathrm{e}^{\lambda x} = \mathrm{e}^{\lambda x}[Q'(x) + \lambda Q(x)],$$

$$y^{*\,\prime\prime} = \lambda \mathrm{e}^{\lambda x}[Q'(x) + \lambda Q(x)] + \mathrm{e}^{\lambda x}[Q''(x) + \lambda Q'(x)]$$

$$= \mathrm{e}^{\lambda x}[Q''(x) + 2\lambda Q'(x) + \lambda^2 Q(x)].$$

将 y^*、$y^{*\,\prime}$、$y^{*\,\prime\prime}$ 代入(4-18),得

$$\mathrm{e}^{\lambda x}[Q''(x) + 2\lambda Q'(x) + \lambda^2 Q(x)] + p\mathrm{e}^{\lambda x}[Q'(x) + \lambda Q(x)] + qQ(x)\mathrm{e}^{\lambda x} = P_m(x)\mathrm{e}^{\lambda x},$$

约去 $\mathrm{e}^{\lambda x}$,得

$$Q''(x) + (2\lambda + p)Q'(x) + (\lambda^2 + p\lambda + q)Q(x) = P_m(x).$$

(1)当 $\lambda^2 + p\gamma + q \neq 0$,即 λ 不是特征方程的根时,$Q(x)$ 应是一个 m 次多项式.令 $Q(x) = Q_m(x) = b_0 x^n + b_1 x^{n-1} + \cdots + b_{m-1}x + b_m$,其中 $b_0,b_1,\cdots,b_m$ 是待定常数,把上式代入方程(4-18),就得到以 $b_0,b_1,\cdots,b_m$ 作为未知数的 $m+1$ 个方程的联立方程组,从而可以求出 $b_0,b_1,\cdots,b_m$,因此得到所求的特解

$$y^* = Q_m(x)\mathrm{e}^{\lambda x}.$$

(2)当 $\lambda^2 + p\gamma + q = 0$ 且 $2\gamma + p \neq 0$,即 λ 是特征方程的单根时,$Q'(x)$ 应是一个 m 次多项式.此时可令

$$Q(x) = xQ_m(x) = x(b_0 x^n + b_1 x^{n-1} + \cdots + b_{m-1}x + b_m),$$

用与(1)同样的方法确定 $Q_m(x)$ 的系数 $b_0,b_1,\cdots,b_m$,即可得 $y^* = xQ_m(x)\mathrm{e}^{\lambda x}$.

(3)当 $\lambda^2 + p\gamma + q = 0$ 且 $2\gamma + p = 0$,即 λ 是特征方程的重根时,$Q''(x)$ 应是一个 m 次多项式.此时可令

$$Q(x) = x^2 Q_m(x) = x^2(b_0 x^n + b_1 x^{n-1} + \cdots + b_{m-1}x + b_m),$$

用同样的方法确定 $Q_m(x)$ 的系数 $b_0,b_1,\cdots,b_m$,即可得 $y^* = x^2 Q_m(x)\mathrm{e}^{\lambda x}$.证毕.

例 **4. 22**　确定微分方程 $y'' + 4y = 3e^{2x}$ 的特解 y^* 的形式.

解　所给方程对应的齐次方程为 $y'' + 4y = 0$, 它的特征方程为 $r^2 + 4 = 0$, 特征根为 $r = \pm 2i$. 又由 $f(x) = 3e^{2x}$ 知 $m = 0, \lambda = 2$. 因为 $\lambda = 2$ 不是特征方程的根, 故由定理 4.4 可知, 所给方程的特解形式为 $y^* = ae^{2x}$.

例 **4. 23**　确定求微分方程 $y'' - y' - 2y = 2x - 5$ 的通解.

解　先求原方程对应齐次方程 $y'' - y' - 2y = 0$ 的通解. 它的特征方程为 $r^2 - r - 2 = 0$, 特征根为 $r_1 = 2, r_2 = -1$. 所以对应齐次方程的通解为

$$Y = C_1 e^{2x} + C_2 e^{-x}.$$

由 $f(x) = 2x - 5$ 知, $m = 1, \lambda = 0$, 且 $\lambda = 0$ 不是特征方程的根, 故由定理 4.4 可知, 可设所给方程的特解为 $y^* = b_0 x + b_1$. 把 y^* 代入原方程, 得

$$-2b_0 x - b_0 - 2b_1 = 2x - 5.$$

比较上式两端同次幂的系数, 得

$$\begin{cases} -2b_0 = 2, \\ -b_0 - 2b_1 = -5. \end{cases}$$

解得 $b_0 = -1, b_1 = 3$. 原方程的一个特解为

$$y^* = -x + 3.$$

于是, 原方程的通解为

$$y = C_1 e^{2x} + C_2 e^{-x} - x + 3.$$

例 **4. 24**　求微分方程 $y'' - 5y' + 6y = xe^{2x}$ 的通解.

解　所给方程对应的齐次方程为 $y'' - 5y' + 6y = 0$, 它的特征方程为 $r^2 - 5r + 6 = 0$, 特征根为 $r_1 = 2, r_2 = 3$, 故对应齐次方程的通解为

$$Y = C_1 e^{2x} + C_2 e^{3x}.$$

由 $f(x) = xe^{2x}$ 可知, $m = 1, \lambda = 2$, 且 $\lambda = 2$ 是特征方程的单根, 故由定理 4.4 知, 可设所给方程的特解为 $y^* = x(b_0 x + b_1)e^{2x}$. 求出 $y^{*\prime}$、$y^{*\prime\prime}$, 代入原方程并化简, 得 $-2b_0 x + 2b_0 - b_1 = x$. 比较两端同次幂的系数, 有

$$\begin{cases} -2b_0 = 1, \\ 2b_0 - b_1 = 0. \end{cases}$$

解得

$$b_0 = -\frac{1}{2}, \quad b_1 = -1.$$

所以

$$y^* = x\left(-\frac{1}{2}x - 1\right)e^{2x}.$$

于是, 原方程的通解为

$$y = C_1 e^{2x} + C_2 e^{3x} - \frac{1}{2}(x^2 + 2x)e^{2x}.$$

2. $y'' + py' + qy = e^{\lambda x}[P_l^{(1)}(x)\cos\omega x + P_n^{(2)}(x)\sin\omega x]$ 型

我们可以利用欧拉公式,来推导

$$y'' + py' + qy = e^{\lambda x}[P_l^{(1)}(x)\cos\omega x + P_n^{(2)}(x)\sin\omega x] \tag{4-19}$$

的特解 y^* 的形式,方程(4-19)右端 $P_l^{(1)}(x)$、$P_n^{(2)}(x)$ 是分别 l 与 n 次多项式,我们有如下结论.

定理 4.5 微分方程(4-19)一定具有形如

$$y^* = x^k e^{\lambda x}[R_m^{(1)}(x)\cos\omega x + R_m^{(2)}(x)\sin\omega x]$$

的特解,其中 k 的值按 $\lambda + i\omega$ 不是特征方程的根、是特征方程的根依次取 0、1;$R_m^{(1)}(x)$、$R_m^{(2)}(x)$ 是 m 次多项式,$m = \max\{l, n\}$.

证略.

例 4.25 确定微分方程 $y'' + 2y' + 2y = e^{-x}(\cos x - \sin x)$ 的特解 y^* 的形式.

解 所给方程对应的齐次方程为 $y'' + 2y' + 2y = 0$,它的特征方程为 $r^2 + 2r + 2 = 0$,特征根为 $r_{1,2} = -1 \pm i$. 由 $f(x) = e^{-x}(\cos x - \sin x)$ 可知,$\lambda = -1$,$\omega = 1$,$m = 0$. 由于 $\lambda + i\omega = -1 + i$ 是特征方程的根,故由定理 4.5 知,所给方程的特解形式为 $y^* = x e^{-x}(a\cos x + b\sin x)$.

例 4.26 求微分方程 $y'' - 4y' + 4y = 3\cos 2x$ 的通解.

解 所给方程对应的齐次方程为 $y'' - 2y' + y = 0$,它的特征方程为 $r^2 - 4r + 4 = 0$,其特征根为 $r_1 = r_2 = 2$,故对应齐次方程的通解为 $Y = (C_1 + C_2 x)e^{2x}$. 由 $f(x) = 3\cos 2x$ 可知,$\lambda = 0$,$\omega = 2$,$m = 0$,由于 $\lambda + i\omega = 2i$ 不是特征方程的根,故由定理 4.5 知,所给方程的特解为

$$y^* = a\cos 2x + b\sin 2x.$$

求导得 $y^{*'} = -2a\sin 2x + 2b\cos 2x$,$y^{*''} = -4a\cos 2x - 4b\sin 2x$,把 y^*、$y^{*'}$、$y^{*''}$ 代入所给方程,得

$$-8b\cos 2x + 8a\sin 2x = 3\cos 2x.$$

比较系数,得

$$\begin{cases} -8b = 3, \\ 8a = 0, \end{cases}$$

于是 $a = 0$,$b = -\dfrac{3}{8}$. 故 $y^* = -\dfrac{3}{8}\sin 2x$,所求通解为

$$y = Y + y^* = (C_1 + C_2 x)e^{2x} - \frac{3}{8}\sin 2x.$$

习 题 4.4

1.求下列二阶常系数齐次线性常微分方程的通解:

(1) $y'' - 2y' - 3y = 0$;

(2) $y'' + 4y' + 4y = 0$;

(3) $y'' + 2y' + 5y = 0$;

(4) $y^{(4)} - 2y''' + 5y'' = 0$.

2. 下列方程具有什么样形式的特解？

(1) $y'' + 5y' + 6y = e^{3x}$;

(2) $y'' + 5y' + 6y = 3x e^{-2x}$;

(3) $y'' + 2y' + y = -(3x^2 + 1)e^{-x}$.

3. 求下列二阶常系数非齐次线性常微分方程的一个特解：

(1) $y'' - 2y' - 3y = 3x + 1$;

(2) $y'' - 3y' + 2y = x e^{2x}$;

(3) $y'' + y = x + e^x$;

(4) $y'' - 2y' + y = (6x^2 - 4)e^x + x + 1$.

4. 已知一个四阶常系数齐次线性微分方程的四个线性无关的特解为

$$y_1 = e^x, \quad y_2 = x e^x, \quad y_3 = \cos 2x, \quad y_4 = 3\sin 2x,$$

求这个四阶微分方程及其通解.

5. 设函数 $y(x)$ 满足 $y'(x) = 1 + \int_0^x [6\sin^2 t - y(t)] dt$, $y(0) = 1$, 求 $y(x)$.

习题 4.4 详解

4.5　常微分方程应用举例

在前面几节中，我们已经介绍了一些一阶与二阶常微分方程的解法. 本节通过几个常见问题的常微分方程模型，介绍常微分方程在物理、生物及经济学中的应用.

4.5.1　常微分方程在物理学中的应用举例

例 4.27　（RL 电路模型）设有一个由电阻 $R = 10\Omega$、电感 $L = 2\mathrm{H}$ 和电源电动势 $E = 20\sin 5t\,\mathrm{V}$ 串联组成的电路（见图 4-1），开关 S 合上后，电路中有电流通过，求电流 i 与时间 t 的函数关系.

解　由电学知识，依题意得

$$20\sin 5t - 2\frac{\mathrm{d}i}{\mathrm{d}t} - 10i = 0,$$

所以

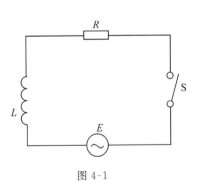

图 4-1

$$\frac{\mathrm{d}i}{\mathrm{d}t}+5i=10\sin5t.$$

这是一阶线性微分方程,由通解公式得

$$i=\mathrm{e}^{-\int 5\mathrm{d}t}\left(\int 10\sin5t\cdot\mathrm{e}^{\int 5\mathrm{d}t}\mathrm{d}t+C\right)$$
$$=\sin5t-\cos5t+C\mathrm{e}^{-5t}.$$

由 $i|_{t=0}=0$ 可知,$C=1$,故所求电流 i 与时间 t 的函数关系为

$$i=\mathrm{e}^{-5t}+\sqrt{2}\sin\left(5t-\frac{\pi}{4}\right).$$

例 4. 28 (物体下沉模型)在船上向海里沉放某一种探测器,按照探测的要求,需要确定仪器的下沉深度 y 和下沉的速度 v 之间的函数关系. 假设仪器在重力的作用下在海平面由静止开始往下沉,在下沉的过程中还受到了阻力和浮力的作用,我们设仪器的质量是 m,体积是 B,海水的比重是 ρ,仪器所受到的阻力跟下沉的速度成正比,比例系数是 $k(k>0)$,试着建立 y 与 v 所满足的微分方程,并且求出函数关系式 $y=y(v)$.

解 同样也是首先把实际的问题转化成常微分方程,根据题目中的条件和牛顿第二定律可以将问题转化成求解初始条件是 $v|_{y=0}=0$ 的二阶微分方程

$$m\frac{\mathrm{d}^2y}{\mathrm{d}t^2}=mg-B\rho-kv.$$

的特解的问题,我们有

$$\frac{\mathrm{d}^2y}{\mathrm{d}t^2}=\frac{\mathrm{d}v}{\mathrm{d}t}=\frac{\mathrm{d}v}{\mathrm{d}y}\frac{\mathrm{d}y}{\mathrm{d}t}=v\frac{\mathrm{d}v}{\mathrm{d}y},$$

得

$$mv\frac{\mathrm{d}v}{\mathrm{d}y}=mg-B\rho-kv,$$

初值条件是 $v|_{y=0}=0$,再利用分离变量法解上述初值问题得

$$y=-\frac{m}{k}v-\frac{m(mg-B\rho)}{k^2}\ln\frac{mg-B\rho-kv}{mg-B\rho}.$$

例 4. 29 (第二宇宙速度模型)人类将要向宇宙发射一颗人造地球卫星,为了让它摆脱地球引力,初始速度应该不少于第二宇宙速度,试求该速度.

解 在物理问题中,关键是要通过建立模型,把物理问题转化成数学问题,在这个题目里设人造地球卫星的质量是 m,地球的质量是 M,卫星的质心到地心的距离是 h,根据牛顿第二定律得

$$m\frac{\mathrm{d}^2h}{\mathrm{d}t^2}=-\frac{GMm}{h^2},(G \text{ 是引力系数}).$$

再设卫星的初速度是 v_0,已知地球的半径 $R\approx 63\times 10^5$,于是就有初值问题

$$\begin{cases}\dfrac{\mathrm{d}^2h}{\mathrm{d}t^2}=-\dfrac{GM}{h^2}, \\ h\big|_{t=0}=R,\dfrac{\mathrm{d}h}{\mathrm{d}t}\bigg|_{t=0}=v_0.\end{cases}$$

求二阶常微分方程的特解的问题,设 $\dfrac{\mathrm{d}h}{\mathrm{d}t}=v(h)$,代入到上述方程组得

$$v\frac{\mathrm{d}v}{\mathrm{d}h}=-\frac{GM}{h^2},$$

从而就有

$$v\mathrm{d}v=-\frac{GM}{h^2}\mathrm{d}h,$$

两边进行积分,得

$$\frac{1}{2}v^2=\frac{GM}{h}+C,$$

再利用初始条件得

$$C=\frac{1}{2}v_0^2-\frac{GM}{R},$$

所以

$$\frac{1}{2}v^2=\frac{1}{2}v_0^2+GM\left(\frac{1}{h}-R\right),$$

注意到

$$\lim_{h\to+\infty}\frac{1}{2}v^2=\frac{1}{2}v_0^2-GM\frac{1}{R},$$

为了让 $v\geqslant0$,v_0 应该满足

$$v_0\geqslant\sqrt{\frac{2GM}{R}}.$$

因为在 $h=R$(在地面上)时,引力跟重力是相等的,即

$$\frac{GMm}{R^2}=mg,(g=9.81\mathrm{m/s}^2)$$

所以

$$GM=R^2g,$$

代入到方程 $v_0\geqslant\sqrt{\dfrac{2GM}{R}}$ 中,得

$$v_0\geqslant\sqrt{2Rg}=\sqrt{2\times63\times10^5\times9.81}\approx11.2\times10^3(\mathrm{m/s}),$$

这就说明第二宇宙速度是 11.2km/s.

例 4.30 (追迹问题模型)设开始时甲、乙水平距离为 1 单位,乙从 A 点沿垂直于 OA 的直线以等速 v_0 向正北行走;甲从乙的左侧 O 点出发,始终对准乙以 $nv_0(n>1)$ 的速度追赶. 求追迹曲线方程,并问乙行多远时,被甲追到.

解 如图 4-2 所示,以 O 点为原点,OA 为 x 轴正方向建立直角坐标系. 设所求追迹的曲线方程为 $y=y(x)$,在时刻 t,甲在追迹曲线上的点为 $P(x,y)$,且乙在点 $Q(1,v_0t)$,于是有

$$\tan\theta=y'=\frac{v_0t-y}{1-x},$$

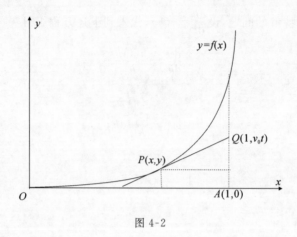

图 4-2

由题设，曲线的弧长 OP 为

$$\int_0^x \sqrt{1+y'^2}\,\mathrm{d}x = nv_0 t,$$

解出 $v_0 t$ 代入 y'，得

$$(1-x)y' + y = \frac{1}{n}\int_0^x \sqrt{1+y'^2}\,\mathrm{d}x,$$

两边对 x 求导，整理得

$$(1-x)y'' = \frac{1}{n}\sqrt{1+y'^2}.$$

这就是追迹问题的数学模型.

这是一个不显含 y 的可降阶的方程，设 $y' = p(x)$，$y'' = p''$，代入方程得

$$(1-x)p' = \frac{1}{n}\sqrt{1+p^2} \ \text{或} \ \frac{\mathrm{d}p}{\sqrt{1+p^2}} = \frac{\mathrm{d}x}{n(1-x)},$$

两边积分，得

$$\ln(p+\sqrt{1+p^2}) = -\frac{1}{n}\ln|1-x| + \ln|C_1|,$$

即

$$p + \sqrt{1+p^2} = \frac{C_1}{\sqrt[n]{1-x}}.$$

将初始条件 $y'|_{x=0} = p|_{x=0}$ 代入上式，得 $C_1 = 1$，于是

$$y' + \sqrt{1+y'^2} = \frac{1}{\sqrt[n]{1-x}},$$

两边同乘 $y' - \sqrt{1+y'^2}$，并化简得

$$y' - \sqrt{1+y'^2} = -\sqrt[n]{1-x},$$

将上面两式相加，得

$$y' = \frac{1}{2}\left(\frac{1}{\sqrt[n]{1-x}} - \sqrt[n]{1-x}\right),$$

两边积分, 得

$$y = \frac{1}{2}\left[-\frac{n}{n-1}(1-x)^{\frac{n-1}{n}} + \frac{n}{n+1}(1-x)^{\frac{n+1}{n}} \right] + C_2,$$

代入初始条件 $y|_{x=0} = 0$ 得 $C_2 = \frac{n}{n^2-1}$, 故所求追迹曲线方程为

$$y = \frac{n}{2}\left[\frac{(1-x)^{\frac{n+1}{n}}}{n+1} - \frac{(1-x)^{\frac{n-1}{n}}}{n+1} \right] + \frac{n}{n^2-1}, (n>1).$$

甲追到乙时, 即曲线上点 P 的横坐标 $x=1$, 此时 $y = \frac{n}{n^2-1}$. 即乙行走至离 A 点 $\frac{n}{n^2-1}$ 个单位

距离时被甲追到.

4.5.2　常微分方程在生物学中的应用举例

例 4.31　(生物生长曲线模型) 氧气充足时, 酵母增长规律为 $A'_t = kA$. 而在缺氧条件
下, 酵母的发酵过程中会产生酒精, 酒精将抑制酵母的继续发酵, 在酵母增长的同时, 酒精量
也相应增加, 酒精的抑制作用也相应增加, 致使酵母的增长率逐渐下降, 直到酵母量稳定地
接近于一个极限值为止. 上述过程的数学模型如下

$$\frac{\mathrm{d}A}{\mathrm{d}t} = kA(A_m - A).$$

其中, A_m 为酵母量最后极限值, 是一个常数. 它表示在前期酵母的增长率逐渐上升, 到后期
酵母的增长率逐渐下降. 求解此微分方程, 并假定当 $t=0$ 时, 酵母的现有量为 A_0.

解　方程 $\frac{\mathrm{d}A}{\mathrm{d}t} = kA(A_m - A)$ 是可分离变量的微分方程, 分离变量得

$$\frac{\mathrm{d}A}{A(A_m - A)} = k\mathrm{d}t.$$

两边积分, 得

$$\int \frac{\mathrm{d}A}{A(A_m - A)} = \int k\mathrm{d}t,$$

即

$$\frac{1}{A_m}\int\left(\frac{1}{A_m - A} + \frac{1}{A} \right)\mathrm{d}A = \int k\mathrm{d}t,$$

得

$$\ln\frac{A}{C(A_m - A)} = kA_m t.$$

因此所求微分方程的通解为

$$\frac{A}{A_m - A} = C\mathrm{e}^{kA_m t}.$$

又由初始条件 $t=0$ 时, $A=A_0$, 可得 $C = \frac{A_0}{A_m - A_0}$. 于是微分方程的特解为

$$\frac{A}{A_m-A}=\frac{A_0}{A_m-A_0}e^{kA_m t},$$

即

$$A=\frac{A_m}{1+\left(\dfrac{A_m}{A_0}-1\right)e^{-kA_m t}}.$$

上式就是在缺氧条件下,酵母的现有量 A 与时间 t 的函数关系.其图形所对应的曲线叫作生物生长曲线.又名 **Logistic** 曲线.如图 4-3 所示,我们在生物学、经济学的实际应用中,经

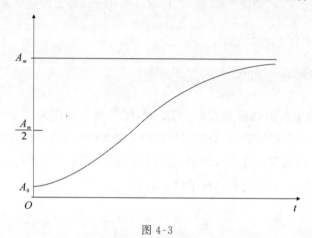

图 4-3

常遇到这样一类变量:变量的增长率 A'_t 与现有量 A、饱和值与现有量的差 A_m-A 都成正比.这种变量往往都是按 Logistic 曲线方程变化的.

例 4.32 (树木生长问题模型)一棵小树刚栽下去的时候长得比较慢,但随着小树逐渐长高,小树长得也越来越快,但它长到一定高度后,它的生长速度趋于稳定,若我们假定它的生长速度既与目前的高度、又与最大高度 H_m 与目前高度之差成正比.设在 t(年)时的高度为 $h(t)$,则有

$$\frac{\mathrm{d}h(t)}{\mathrm{d}t}=kh(t)\big[H_m-h(t)\big],(k>0).$$

求该方程的通解.

解 这个方程为 Logistic 方程,分离变量,并两边积分

$$\int\frac{\mathrm{d}h}{h(H_m-h)}=\int k\mathrm{d}t,$$

得

$$\frac{1}{H_m}[\ln h-\ln(H_m-h)]=kt+C_1,$$

或

$$\frac{h}{H_m-h}=e^{kH_m t+C_1 H_m}=C_2 e^{kH_m t},$$

故所求通解为

$$h(t)=\frac{C_2 H_m e^{kH_m t}}{1+C_2 e^{kH_m t}}=\frac{H_m}{1+Ce^{-kH_m t}},$$

其中的 $C(C=\dfrac{1}{C_2}=\mathrm{e}^{-C_1H_m}>0)$ 是正常数.

注意　在例 4.32 的通解 $h(t)$ 表达式中,我们不难发现:$\lim\limits_{t\to+\infty}h(t)=H_m$.这说明树木的生长属于限制性的增长模式.

4.5.3　常微分方程在经济学中的应用举例

例 4.33　(商品的价格模型)设某种商品的供给量 Q_1 与需求量 Q_2 是只依赖于价格 P 的线性函数,并假设在 t 时刻价格 $P(t)$ 的变化率与这时的过剩需求量成正比.试确定这种商品的价格随时间 t 的变化规律.

解　不妨设 $Q_1=-a+bP$,$Q_2=c-dP$,其中 a、b、c、d 都是已知的正常数.当供给量与需求量相等时,可得平衡价格为 $\overline{P}=\dfrac{a+c}{b+d}$.

当供给量小于需求量时,价格将上涨,这样市场价格就随时间的变化而围绕平衡价格上下波动.因而我们设想价格 P 是时间 t 的函数 $P=P(t)$.

由假定知道,$P(t)$ 的变化率与 Q_2-Q_1 成正比,即

$$\frac{\mathrm{d}P}{\mathrm{d}t}=\alpha(Q_2-Q_1),$$

其中 α 是正常数,将 Q_1、Q_2 代入上式,得

$$\frac{\mathrm{d}P}{\mathrm{d}t}+kP=h,$$

其中 $k=\alpha(b+d)$,$h=\alpha(a+c)$ 都是正常数.则上式是一阶线性常微分方程,其通解为

$$P(t)=\mathrm{e}^{-\int k\mathrm{d}t}\left(\int h\mathrm{e}^{\int k\mathrm{d}t}+C\right)=C\mathrm{e}^{-kt}+\frac{h}{k}=C\mathrm{e}^{-kt}+\overline{P}$$

如果初始价格 $P(0)=P_0$,则商品价格随时间的变化规律为

$$P=(P_0-\overline{P})\mathrm{e}^{-kt}+\overline{P}.$$

例 4.34　(新产品的推广模型)设有某种新产品要推向市场,$x(t)$ 表示 t 时刻的销量函数,若该产品性能良好,t 时刻产品销售的增长率 x'_t 与 $x(t)$ 成正比,同时,x'_t 也与尚未购买该产品的潜在顾客的数量 $N-x(t)$(常数 N 表示市场容量)也成正比,请依据题意建立常微分方程,求其通解,并讨论该产品的销售速度与 N 的关系.

解　依题,得 $\dfrac{\mathrm{d}x}{\mathrm{d}t}=kx(N-x)$,(其中 k 为比例系数).分离变量、积分,可以解得通解为

$$x(t)=\frac{N}{1+C\mathrm{e}^{-kNt}}.$$

由

$$\frac{\mathrm{d}x}{\mathrm{d}t}=\frac{CN^2k\mathrm{e}^{-kNt}}{(1+C\mathrm{e}^{-kNt})^2},$$

则

$$\frac{\mathrm{d}^2x}{\mathrm{d}t^2}=\frac{Ck^2N^3\mathrm{e}^{-kNt}(C\mathrm{e}^{-kNt}-1)}{(1+C\mathrm{e}^{-kNt})^2}.$$

由 $x'(t)>0$，即销量 $x(t)$ 单调增加. 我们记 $t=t^*$ 时，$x(t^*)=\dfrac{N}{2}$，即

$$\frac{N}{1+Ce^{-kNt^*}}=\frac{N}{2},$$

则 $Ce^{-kNt^*}-1=0$，即 $t=t^*$ 时，$\dfrac{\mathrm{d}^2x}{\mathrm{d}t^2}=0$，且我们注意到

$$t<t^*\ \text{时}，x(t)<x(t^*)=\frac{N}{2}，\frac{\mathrm{d}^2x}{\mathrm{d}t^2}>0；$$

$$t>t^*\ \text{时}，x(t)>x(t^*)=\frac{N}{2}，\frac{\mathrm{d}^2x}{\mathrm{d}t^2}<0.$$

上述关系表明，当销量不足市场容量 N 一半时，销售速度不断增大；当销量达到市场容量 N 的一半时，产品最为畅销；当销量超过市场容量 N 一半时，销售速度逐渐减少.

注意 例 4.34 表明，在新产品推出的初期，销售商应采用小批量生产并加强广告宣传；而在产品销售中段，销售商应加大产品生产规模；在产品用户接近饱和时，应适时转产. 这样才能达到最大的经济效益.

习　题　4.5

1. 某质量为 M_0 的放射性元素因不断放射出各种射线而逐渐减少其质量，这种现象称为放射性物质的衰变. 根据实验得知，衰变速度与现存物质的质量成正比，求放射性元素在时刻 t 的质量.

2. 一曲线通过点 $(2,3)$，它在两坐标轴之间的任意一切线段均被切点平分，求此曲线的方程.

3. 小船从河边点 O 出发驶向对岸（两岸为平行直线），设船速为 a，船行方向始终与河岸垂直，又设河宽为 h，河中任意一点处的水流速度与该店到两岸距离的乘积成正比（比例系数为 k），求小船的行船路线.

4. 直径为 $20\mathrm{cm}$ 的圆柱形浮筒，质量为 $20\mathrm{kg}$，铅直地浮在水中，顶面高出水面 $10\mathrm{cm}$，今把它下压使得顶面与水面平齐，然后突然放手不计阻力，求浮筒的震动规律.

5. 设函数 $f(x)$ 在 $[1,+\infty)$ 上连续，若曲线 $y=f(x)$，直线 $x=1$、$x=t(t>1)$ 与 x 轴围成平面图形绕 x 轴旋转所成旋转体的体积

$$V(t)=\frac{\pi}{3}[t^2f(t)-f(1)],$$

试求 $y=f(x)$ 所满足的微分方程，并求 $y(2)=\dfrac{2}{9}$ 的特解.

习题 4.5 详解

复习题 4

1. 选择题

(1) 下列常微分方程是线性微分方程的是(　　).

A. $y' - xy^2 = 0$　　　　　　　　　　　B. $y'' - xy' = \cos x$

C. $y'' - x\sqrt{y} = 0$　　　　　　　　　　D. $y'' - (xy')^2 = 0$

(2) 关于常微分方程得解,则下列说法正确的是(　　).

A. 微分方程的通解包含其特解

B. 含有任意常数的解就是微分方程的通解

C. 微分方程的特解总存在

D. 微分方程的通解未必包含其所有的解

(3) 一阶线性微分方程 $y' + p(x)y = q(x)$ 的通解是(　　).

A. $y = e^{-\int p(x)dx}\left(\int q(x)e^{\int p(x)dx}dx + C\right)$

B. $y = e^{\int p(x)dx}\left(\int q(x)e^{-\int p(x)dx}dx + C\right)$

C. $y = e^{-\int p(x)dx}\left(\int q(x)e^{-\int p(x)dx}dx + C\right)$

D. $y = e^{\int p(x)dx}\left(\int q(x)e^{\int p(x)dx}dx + C\right)$

(4) 二阶线性常微分 $y'' - 3y' + 2y = 0$ 的通解为(　　).

A. $y = Ce^{-x} + Ce^{-2x}$　　　　　　　　B. $y = Ce^{-x} + Ce^{2x}$

C. $y = Ce^{x} + Ce^{2x}$　　　　　　　　　D. $y = Ce^{-x} + Ce^{-2x}$

(5) 高阶常微分方程 $\dfrac{d^4 x}{dt^4} - x = 0$ 的通解为(　　).

A. $x = C_1 e^{it} + C_2 e^{-it} + C_3\cos t + C_4\sin t$

B. $t = C_1 e^{x} + C_2 e^{-x} + C_3\cos x + C_4\sin x$

C. $t = C_1 e^{ix} + C_2 e^{-ix} + C_3\cos x + C_4\sin x$

D. $x = C_1 e^{t} + C_2 e^{-t} + C_3\cos t + C_4\sin t$

(6) 三阶常微分方程 $y''' = \sin x - \cos x$ 的通解是(　　).

A. $y = \cos x + \sin x + C_1 x^2 + C_2 x + C_3$

B. $y = C_1\cos x + C_2\sin x + C_3 x + C_4$

C. $y = C_1\cos x + C_2\sin x + C_3 x^2 + C_4 x$

D. $y = \cos x + \sin x + C_1 x^3 + C_2 x^2 + C_3 x$

2. 填空题

(1) 非线性常微分方程 $y'' + 5y' + 6y = 3xe^{-2x}$；其特解具有 _____ 形式.

(2) 非线性常微分方程 $y'' + 3y' - y = e^x\cos 2x$ 的一个特解是 _____.

(3) 一阶常微分方程 $xy' + y = y(\ln x + \ln y)$ 的通解为 _____.

(4) 常微分方程 $\dfrac{y\mathrm{d}x - x\mathrm{d}y}{y^2} = 0$ 的通解为 _____.

(5) 二阶非齐次常微分方程 $yy'' - y'^2 + y' = 0$ 的通解为 _____.

(6) 1838 年,荷兰生物数学家韦尔侯斯特(Verhulst)提出人口模型边值问题

$$\begin{cases} \dfrac{\mathrm{d}N}{\mathrm{d}t} = r\left(1 - \dfrac{N}{N_m}\right)N, \\ N(t_0) = N_0, \end{cases}$$

其中,其中 r、N_0、N_m 为常数,$N = N(t)$ 是关于 t 的连续函数,则特解为 _____.

3. 解答题

(1) 对给定的曲线族 $y = x^2 + Cx$,求出所对应的微分方程.

(2) 求方程 $(y+1)^2 y' + x^3 = 0$ 的通解.

(3) 求方程 $xy' + x + \sin(x+y) = 0$ 的通解.

(4) 求边值问题的解:$\cos y\mathrm{d}x + (1 + e^{-x})\mathrm{d}y = 0, y\big|_{x=0} = \dfrac{\pi}{4}$.

(5) 用适当的变量代换,求解方程 $y' = \dfrac{1}{x-y} + 1$.

(6) 求解边值问题:$xy'' + x(y')^2 - y' = 0, y\big|_{x=2} = 2, y'\big|_{x=2} = 1$.

(7) 求边值问题的特解:$y'' + 2y' + 10y = 0, y\big|_{x=0} = 1, y'\big|_{x=0} = 2$.

(8) 已知未知曲线 $y = y(x)$ 上原点处的切线垂直于直线 $x + 2y - 1 = 0$ 且 $y(x)$ 满足微分方程 $y'' - 2y' + 5y = e^x\cos 2x$,求此曲线的方程.

(9) 在某一人群中推广新技术是通过其中已掌握新技术的人进行的。设该人群的总人数为 N,在 $t=0$ 时刻已掌握新技术的人数为 x_0,在任意 t 时刻已掌握新技术的人数为 $x(t)$(将 $x(t)$ 视为连续可微变量),其变化率与已掌握新技术人数和未掌握新技术人数之积成正比,比例常数 $k > 0$,求 $x(t)$.

(10) 建筑构件开始的温度为 100℃,放在 20℃ 的空气中,开始的 600s 温度下降到 60℃. 问从 100℃ 下降到 25℃ 需要多长时间.

复习题 4 详解